JORNADAS DE CURA

O DESENVOLVIMENTO DA MENTE, DO CORPO E DO ESPÍRITO ATRAVÉS DOS CHAKRAS

Anodea Judith
Selene Vega

JORNADAS DE CURA

O DESENVOLVIMENTO DA MENTE, DO CORPO E DO ESPÍRITO ATRAVÉS DOS CHAKRAS

Tradução
EUCLIDES L. CALLONI
CLEUSA M. WOSGRAU

EDITORA PENSAMENTO
São Paulo

Título do original:
The Sevenfold Journey
Reclaiming Mind, Body & Spirit Through the Chakras

Publicado originalmente nos Estados Unidos em 1993
por Crossing Press, Freedom, CA, USA.

Edição	Ano
1-2-3-4-5-6-7-8-9	97-98-99

Impresso em nossas oficinas gráficas.

Agradecimentos

Em primeiro lugar, agradecemos a todos os nossos alunos dos Cursos Intensivos sobre os Chakras — cursos com nove meses de duração — que, com confiança e entusiasmo, serviram de "cobaias" para o desenvolvimento deste livro. Nós lhes agradecemos pela coragem, pela honestidade e pela disponibilidade de se tornarem vulneráveis ao mesmo tempo que usavam a mente, o corpo e o espírito no desafio de remodelar seus chakras. Estendemos este reconhecimento aos nossos clientes que compartilharam suas vidas e que demonstraram os efeitos tanto dos agravos da infância como da cura subseqüente aos esforços de recuperação. Também agradecemos o apoio da LIFEWAYS, a organização que patrocinou o Curso Intensivo ano após ano, o que nos permitiu ampliar o material e dispor de tempo para testá-lo.

Pelo moral maravilhosamente expansivo e pela assistência técnica prestada sempre que dela necessitávamos, agradecemos a René Vega. Foi ele quem manteve nossos computadores interligados e se comunicando entre si, que massageou nossas costas e que tornou nossos gráficos compreensíveis, além de dispor do seu corpo esbelto para as fotografias. Agradecemos também a Richard Ely pelo apoio firme, afável e carinhoso, e por participar das aulas no primeiro ano.

Para Judith O'Connor, nossa fotógrafa, nossa estima pelo paciente e agradável trabalho conjunto. O uso criativo que Jaida N'ha Sandra fez do primeiro livro de Anodea, transformando-o num verdadeiro manual, forneceu a idéia para este trabalho, e as aulas de Kabala ministradas por Diana Paxson inspiraram o Curso Intensivo. O conhecimento e a inspiração de B.K.S. Iyengar ampliaram a compreensão de Selene com relação à ioga. Além disso, agradecemos à Llewellyn Publications pela publicação de *Wheels of Life*, que expandiu nossas oportunidades de ensinar sobre os chakras.

E, finalmente, nossa gratidão aos nossos editores, Elaine e John Gill, com os quais o ato de trabalhar se transforma num verdadeiro prazer, e a Julie Feingold, que nos pôs em contato com a Crossing Press. O nosso muito obrigado a todos vocês.

Para
nossos alunos e clientes
e suas jornadas de cura

Sumário

Introdução

Considerações Preliminares

Por muitos anos estivemos dirigindo grupos de pessoas através de uma jornada emocionante de desenvolvimento interior, passando pelos chakras. Quando trilhamos o caminho pela primeira vez, oferecemos o material numa aula por semana. Um chakra por semana, com uma semana introdutória e com uma de recapitulação e de síntese, parecia um esquema simples. Mas, a cada noite, as aulas passaram a terminar mais tarde, pois éramos instadas a responder a perguntas, a analisar as reações das pessoas e a elaborar exercícios para casa. Logo nos demos conta de que o Sistema de Chakras em si é tão profundo, com o conteúdo de cada chakra suscitando uma quantidade tão grande de material pessoal de cada aluno, que tivemos de ampliar para um mínimo de um mês a duração de cada nível para que as pessoas pudessem absorvê-lo plenamente. Mesmo assim, alguns níveis, como por exemplo o trabalho de estabelecimento de equilíbrio para o primeiro chakra, requerem um tempo maior. Outros chakras exigem um período de tempo mais longo para as pessoas porque estas têm interesses específicos ou problemas e questões mais difíceis na área desses chakras.

O *Curso Intensivo sobre os Chakras* desenvolveu-se a partir dessa experiência. Nos últimos seis anos, nós subimos e descemos a escada dos chakras, criando e recriando materiais de ensino novos e diversificados. Este livro é uma compilação desse material. Com ele, você pode passar pelo processo estabelecendo seu próprio ritmo, demorando-se mais nos chakras que necessitam de mais atenção e sendo o artífice do seu próprio programa de desenvolvimento espiritual. Nossa meta é a integração — física e mental, espiritual e prática, interior e exterior. Pela cura de nós mesmos, nós curamos o mundo ao nosso redor.

O que segue é uma abordagem passo a passo na direção de um sistema espiritual profundo. Trabalhar nesse sistema não é simplesmente uma questão de compreender, mas de integrar essa compreensão em todas as atividades da vida. No nível de base do primeiro chakra, nós lhe pedimos que limpe e ponha em ordem seus armários e guarda-roupas, que inicie uma atividade de jardinagem ou que receba massagens. No segundo chakra, pedimos-lhe que nade, que mude alguma coisa, que registre seus padrões emocionais; no quinto chakra, que escreva um poema ou uma canção. Temos a viva sensação de que a espiritualidade pode e deve ser parte da nossa vida diária.

Cada nível levanta uma quantidade imensa de material pessoal e produz uma quantidade transformadora de desenvolvimento. A primeira hora de cada aula é reservada para que os alunos partilhem com o grupo seu trabalho com o chakra, os exercícios do mês anterior e os problemas que surgiram. Consideramos esse processo de apoio tão valioso que decidimos incluir uma amostra das observações que as pessoas fizeram, para que você possa ver o tipo de questão com que os outros trabalham em cada chakra. (Os nomes mencionados são pseudônimos.) Incentivamos a todos os que trabalharem com este livro que incluam em suas atividades diárias, o mais que puderem, a prática do diálogo sobre suas experiências. Sugerimos enfaticamente que se mantenha um diário; você encontrará muitos exercícios desse tipo incluídos aqui. Se você tiver um amigo ou um pequeno grupo que o acompanhe na jornada, você terá condições de levar a cabo essas discussões à medida que prosseguirem, cada um dispondo de apoio e de avaliação na situação em que isso for necessário. É muito importante partilhar suas experiências enquanto vai seguindo as orientações deste livro, mesmo que você esteja percorrendo esse caminho sozinho. A avaliação e a análise de outra pessoa será uma afirmação vigorosa do seu trabalho. Se neste momento você estiver sendo acompanhado por um terapeuta, informe-o sobre seus planos de trabalhar sobre os chakras e peça-lhe esse tipo de assistência.

Este não é um livro que deva ser lido do começo ao fim e depois guardado na estante. Não tenha pressa. Crie o hábito de apreciar cada exercício, de praticar cada um pelo tempo que for necessário para sentir qual é o mais eficaz para você. Em nossa cultura, é muito comum as pessoas lerem apressadamente, aterem-se à compreensão inicial, e nunca investigarem em profundidade.

Queremos que você sinta prazer com o trabalho com você mesmo. Aqui não há disputas, nem notas, nem exames, nem padrões a serem alcançados. Não há um ponto em que você chega, depois de ter conseguido o total domínio. Durante os quinze anos em que Anodea esteve trabalhando com os chakras, e durante os oito em que Selene se juntou a ela, nós ainda estamos aprendendo ou abrindo algo novo cada vez que ministramos este curso.

É necessária uma iniciativa maior quando o caminho é percorrido sem a companhia de uma turma. Nas aulas, nós providenciamos música e materiais, e orientamos os exercícios, as meditações e os rituais. Neste livro nós incluímos uma discografia, fotografias dos exercícios e instruções para a realização dos rituais. Mas você precisa executá-los sozinho. Também a turma com que trabalhamos se encontra apenas uma vez por mês, e cabe aos alunos assumir o peso da responsabilidade. Lembre-se de que os exercícios são cumulativos. Praticá-los uma vez é apenas uma introdução. Praticá-los diariamente por um período de tempo pode provocar mudanças profundas no modo de sentir do seu corpo e na maneira como você age reciprocamente com as outras pessoas. A compreensão das questões relacionadas com esses exercícios ajuda a unir o corpo e a mente numa experiência iluminadora.

Neste livro, você encontrará uma variedade de técnicas que vão desde meditações e exercícios escritos em diário até rituais e atividades políticas. Dependendo de suas características pessoais e de suas preferências gerais, você perceberá que algumas são mais eficazes ou apropriadas do que outras. Você pode ser do tipo de pessoa que prefere trabalhar sozinha, ou que adere mais facilmente ao trabalho com outras pessoas. Alguns exercícios são programados para parceiros ou grupos, e se você está trabalhando com um grupo ou com um parceiro formalmente, você pode praticar esses exercícios com um amigo ou com um grupo de amigos. Algumas pessoas gravitam em torno do físico e evitam o mental, ao passo que outras fazem exatamente o contrário. Falando de maneira geral, nós o incentivamos a fazer o que for melhor para você. Entretanto, todos temos certa tendência a gravitar em torno do que é mais fácil e a evitar as áreas em que precisamos nos esforçar mais. Sendo um tipo tranqüilo, orientado pela mente, pode acontecer que você goste de meditação e que deteste exercícios físicos. Uma vez superada a resistência inicial, procure ter consciência de que os exercícios físicos podem constituir-se no fator mais benéfico para você. O trabalho com o Sistema de Chakras nos oferece um sistema multidimensional que requer o desenvolvimento e a integração dos estados físico, emocional, mental e espiritual. Nossa meta é equilibrar esses diferentes níveis.

Algumas técnicas que usaremos incluem exercícios com o diário, meditações, exercícios físicos, rituais, exercícios de mútua atividade, discussões, tarefas mundanas e arte, música, dança ou elaboração de projetos. Qual dessas técnicas o atrai de maneira mais imediata? Anote as que lhe parecerem menos atraentes, ou mesmo que lhe provoquem aversão. Reserve algum tempo para refletir sobre o que mais o entedia. A meditação é muito maçante? Se for isso, de que tipo é a sua necessidade de "agitação"? Os exercícios físicos o assustam? Se é isso o que acontece, você está se apegando aos padrões de quem? As tarefas parecem difíceis? Se é assim, como você tornou sua vida tão compromissada, que não lhe sobra tempo para suas práticas espirituais? Responder a essas perguntas por você mesmo é uma parte essencial deste trabalho.

Compreensão do Conceito

O Sistema de Chakras é um sistema metafísico antigo que representa o inter-relacionamento entre os vários aspectos do nosso universo multidimensional. Como parte desse universo, nós também somos multidimensionais. Nós temos corpo, emoções, pensamentos, idéias, ações. Vivemos num mundo com comunidades e governos, tecnologia e história, e meditamos sobre os mistérios da terra e do céu, do espírito e da matéria, aqui e no futuro. Somos tão complexos quanto o mundo que nos rodeia.

O Sistema de Chakras aborda a complexidade de uma maneira simples e sistemática. Podemos "trabalhar com nós mesmos" de um modo gradual — um modo prático e direto, mas profundo. Para fazer isso, trabalharemos sobre um chakra por vez, conscientes porém de que cada chakra sempre é influenciado pelos outros.

Esta seção lhe dará uma visão geral do Sistema de Chakras como um todo, para que você possa ter uma idéia do território básico antes de iniciar a jornada. Por apresentarmos neste livro uma abordagem da experiência, essa visão geral é breve. Se desejar informações mais pormenorizadas, consulte o anterior "manual dos chakras" de Anodea, *Wheels of Life: A User's Guide to the Chakra System*, publicado por Llewellyn Publications, 1987.

Cada chakra é simbolizado por um lótus de muitas pétalas; o número de pétalas varia com o chakra. Esses lótus são retirados de diagramas de textos antigos.

O que é um Chakra?

Tendo sua origem nos antigos sistemas de ioga da Índia, os chakras são vórtices de energia criados dentro de nós pela interpenetração da consciência e do corpo físico. Por meio dessa combinação, os chakras se transformam em *centros de atividade para a recepção, assimilação e transmissão de energias vitais*. Tecnicamente, a palavra deriva do sânscrito e se traduz como *roda* ou *disco*. Podemos visualizá-los como esferas de energia que se irradiam dos gânglios nervosos centrais da coluna vertebral.

Correspondências

Há dentro de nós sete chakras principais, dispostos verticalmente desde a base da espinha até o topo da cabeça e relativamente centralizados no meio do nosso corpo. Além da relação mantida com os gânglios nervosos, os chakras correspondem também a glândulas do sistema endócrino, e são responsáveis por vários processos corporais, como a respiração, a digestão ou a procriação. Arquetipicamente, eles representam as forças elementais da terra, da água, do fogo, do ar, do som, da luz e do pensamento. Esses elementos são uma representação metafórica da expressão energética de cada chakra — a terra que é sólida, pesada e densa; a água que flui; o fogo que irradia e transforma; o ar que é suave; o som que comunica; a luz que revela; os pensamentos que armazenam informação.

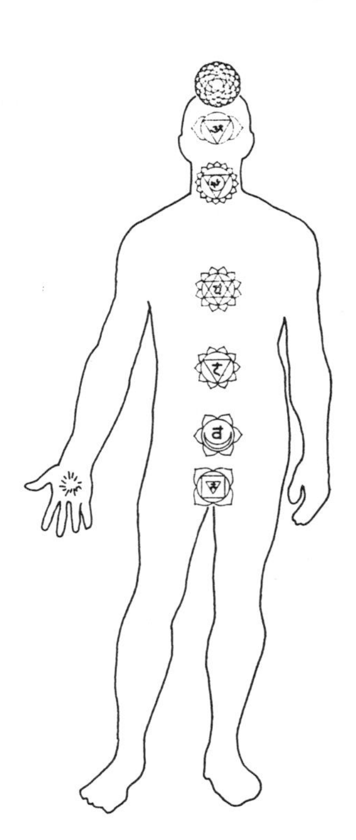

Numerosas correspondências foram atribuídas aos chakras, como cores, sons, divindades, pedras preciosas, ervas e influências planetárias. O exame de cada um desses elementos nos aproxima da compreensão da natureza essencial de um chakra específico. O uso de pedras preciosas, de cores ou de ervas ajuda a fortalecer a associação com o estado que estamos buscando. Uma vela vermelha, por exemplo, pode ajudar-nos a lembrar que queremos nos concentrar em nosso embasamento porque o vermelho é a cor associada ao primeiro chakra e a formação de uma base é uma de suas metas. Assim, as correspondências dos chakras podem ser usádas como artifícios mnemônicos. Incluímos uma tabela geral de correspondências aqui e uma menor no início de cada capítulo. (Ver página seguinte.)

Psicologicamente, os chakras correspondem a áreas fundamentais de nossas vidas (de baixo para cima): sobrevivência, sexo, poder, amor, comunicação, imaginação e espiritualidade. Se tomarmos o sentido literal da palavra chakra (disco) e lhe dermos uma interpretação literal, poderemos imaginar um chakra como um "disquete" psíquico que contém a programação responsável pela condução de vários aspectos de nossa vida. Esses disquetes são ligados ao *hardware* de nossos corpos físicos, e são interpretados pelo "sistema operacional" de nossa consciência básica.

O chakra da base, por exemplo, contém nosso programa de "sobrevivência", como a dieta que nos é mais apropriada, quando precisamos fazer exercícios ou dormir e como nos cuidarmos quando estamos doentes. O segundo chakra contém nossa programação sobre a sexualidade e as emoções — como administramos estados emocionais,

Tabela de Correspondência

	Chakra Um	*Chakra Dois*
Nome Sânscrito	Muladhara	Svadhisthana
Significado	Raiz	Doçura
Localização	Base da espinha, plexo coccígeo, pernas, pés, intestino grosso	Abdome, genitais, região lombar, quadris
Elemento	Terra	Água
Apelo/Questão Principal	Sobrevivência	Sexualidade, emoções
Metas	Estabilidade, base, prosperidade, modo de vida correto, saúde física	Fluidez, prazer, relaxamento
Disfunção	Obesidade, hemorróidas, constipação, ciática, anorexia, problemas nos joelhos, distúrbios ósseos, mal-estar geral e medos freqüentes, incapacidade de focalizar, dispersão, incapacidade de manter-se calmo	Rigidez, problemas sexuais, isolamento, instabilidade ou torpor emocional
Cor	Vermelho	Laranja
Astro	Saturno	Lua
Alimentos	Proteínas, carnes	Líquidos
Direito	De ter	De sentir
Pedras	Granada, hematita, heliotrópio, magnetita	Coral, cornalina
Animais	Elefante, boi, touro	Peixe, jacaré
Princípio Operador	Gravidade	Atração de opostos
Ioga	Hatha Ioga	Tantra Ioga
Arquétipos	Mãe-Terra	Eros

Tabela de Correspondência

Chakra Três Manipura	*Chakra Quatro* Anahata	*Chakra Cinco* Visuddha
Pedra preciosa	Não-batido	Purificação
Plexo Solar	Coração	Garganta
Fogo	Ar	Som
Poder, energia	Amor	Comunicação
Vitalidade, força de vontade, propósito	Equilíbrio, compaixão, aceitação	Comunicação clara, criatividade, ressonância
Úlceras, timidez, dominação, fadiga, distúrbios digestivos	Solidão, co-dependência	Garganta dolorida, pescoço rígido, comunicação deficiente
Amarelo	Verde	Azul brilhante
Marte, Sol	Vênus	Mercúrio
Carboidratos	Vegetais	Frutas
De agir	De amar	De falar
Topázio, âmbar	Esmeralda, quartzo rosa	Turquesa
Carneiro, leão	Antílope, rola	Elefante, touro
Combustão	Equilíbrio	Vibração simpática
Karma Ioga	Bhakti Ioga	Mantra Ioga
Mago	Quan Yin	Hermes

Tabela de Correspondência

	Chakra Seis	*Chakra Sete*
Nome Sânscrito	Ajna	Sahasrara
Significado	Perceber	Multiplicidade
Localização	Fronte	Topo da cabeça
Elemento	Luz	Pensamento
Apelo/Questão Principal	Intuição	Compreensão
Metas	Percepção psíquica, imaginação	Sabedoria, conhecimento, conexão espiritual
Disfunção	Dores de cabeça, pesadelos, alucinações	Confusão, apatia, intelectualidade exagerada
Cor	Azul índigo	Violeta
Astro	Netuno	Urano
Alimentos	Banquetes para os olhos!	Nenhum, jejum
Direito	De ver	De saber
Pedras	Lápis-lazúli	Ametista
Animais	Coruja, borboleta	Elefante, boi, touro
Princípio Operador	Projeção	Consciência
Ioga	Yantra Ioga	Jnana Ioga
Arquétipos	Eremita, Psíquico, Sonhador	Sábio, Mulher sábia

nossa orientação e preferências sexuais. O quarto chakra contém nossa programação sobre os relacionamentos. Cada um de nós tem um modelo de *hardware* ligeiramente diferente, programado numa linguagem distinta com sistemas operacionais únicos. Trabalhamos com os chakras para eliminar os defeitos dos programas e para manter o sistema todo operando regularmente.

Chakras Secundários

Além dos sete chakras principais aqui abordados, há chakras menores nas mãos, nos pés, nos joelhos, na ponta dos dedos, nos ombros, etc. Esses também se constituem em pontos de confluência dos fluxos de energia que percorrem o corpo, mas não apresentam nenhuma associação filosófica importante, sendo simplesmente extensões dos chakras principais. As mãos têm ligação com o terceiro, quarto e quinto chakras, e os pés, com o primeiro chakra. Entretanto, alguém que trabalhe com as mãos provavelmente desejará desenvolver os chakras das mãos e a formação de uma base sólida e adequada deve incluir a abertura dos chakras dos pés.

Abertura do Chakra da Mão

A abertura dos chakras das mãos nos proporciona a maneira mais fácil de sentir o que é um chakra.

1 Estenda ambos os braços à frente, paralelamente ao solo, bem esticados. Vire a mão direita para cima e a esquerda para baixo.

2 Abra e feche rapidamente as mãos umas vinte vezes. Inverta a posição da palma das mãos e repita o exercício, específico para abrir os chakras das mãos.

Abertura do Chakra da Mão (continuação)

3 Para sentir os chakras, abra as mãos e aproxime lentamente as palmas. Comece o movimento a partir de uns sessenta centímetros de afastamento das mãos e mova-as lentamente até uma distância de dez a quinze centímetros. A dez centímetros você pode sentir uma bola sutil de energia, como um campo magnético, flutuando entre as palmas. Concentrando-se profundamente, você poderá sentir inclusive o movimento giratório dos chakras. Depois de alguns momentos, a sensação desaparecerá. Mas você pode recriá-la repetindo os passos indicados.

A energia que você sente entre as mãos nesse exercício também flui pelos braços, pelas pernas, pelo tronco e pelos diversos órgãos o tempo todo. Com prática, você pode aprender a sentir os outros chakras.

Correntes de Energia

Nós, humanos, somos criaturas verticais, mais altos do que largos, e, por isso, nossas principais correntes de energia fluem para cima e para baixo através do corpo. Podemos imaginar-nos como um tubo que recebe e descarrega energia de cada extremidade. Portanto, a energia recebida pela extremidade superior do tubo irá fluir para a base, e a que entra pela base irá ascender em direção à coroa.

O mesmo acontece com o Sistema de Chakras. Formas-pensamento que entram na consciência abrem caminho através dos chakras até atingir o chakra da base (elemento terra, ou a forma manifestada do plano terra). Em cada nível, a forma-pensamento se torna mais específica e mais densa. Uma idéia se transforma numa representação na mente, e logo em seguida em palavras faladas, em ação expressa e em resultado produzido. Essa corrente descendente é chamada de *Caminho de Manifestação*. Pela condensação de formas etéreas, tomamos algo abstrato e o trazemos para o concreto.

O caminho inverso, o que parte do chakra da base e segue na direção ascendente, é chamado de *Caminho de Liberação*. Ao longo desse trajeto, o que está preso à forma gradualmente se liberta para abarcar uma dimensão e uma abstração maiores. Assim, nós queimamos madeira para produzir fogo e calor, e a luz do fogo subsiste em nossas mentes. A energia armazenada na matéria é liberada.

É nossa opinião convicta que essas duas correntes precisam ser igualmente desenvolvidas para que uma pessoa seja plenamente funcional no mundo de hoje. Um embasamento imperfeito, como resultado de bloqueio na corrente descendente, pode trazer como conseqüência uma concentração deficiente, problemas de saúde, dificuldades econômicas e perda de contato com a impressão que causamos aos outros. Um Caminho de Liberação desenvolvido deficientemente acarreta a sensação de estar preso à rotina, de tédio, tirania, depressão, incapacidade de sair do chão e falta de vitalidade.

Há uma terceira e uma quarta correntes, criadas pela combinação das duas primeiras. São as correntes de *Recepção* e de *Expressão* que se manifestam ao longo dos próprios chakras enquanto eles agem reciprocamente com o mundo exterior. Você pode imaginar o tubo tendo buraquinhos como uma flauta. Os buraquinhos que são fechados ou abertos determinam o som como um todo que a flauta emite. De modo semelhante, os chakras abertos e fechados criam o sentido do eu geral que apresentamos ao mundo. O que está bloqueado não recebe nem expressa. Para emitir sons diferentes, precisamos controlar conscientemente a abertura e o fechamento de cada chakra.

Os Bloqueios

Energeticamente, os chakras podem ser *excessivos* ou *deficientes*, termos utilizados pela acupuntura chinesa para descrever o comportamento dos meridianos. Um chakra deficiente pode ser visualizado como um chakra fechado — muito pouca energia passa por ele. Psicologicamente, um chakra é como um feixe de fibras nervosas. Quando passa pouca energia pelo feixe, ele tende a se desagregar. Pense no estado do seu coração quando você está deprimido — é como se seu peito fosse estourar. O corpo modela a si próprio em função de um chakra estar cheio ou vazio, e muitas vezes podemos deduzir o estado de um chakra pelo simples exame da estrutura do corpo.

Quando um chakra está deficiente, poder-se-ia dizer que o programa está preso num padrão *restritivo*, geralmente bloqueando um estímulo que chega, impedindo que este entre. Isto significa que o tipo de atividade relacionado com o chakra (isto é, sexualidade, poder, comunicação) também fica bloqueado. Geralmente há sintomas físicos que indicam a condição de bloqueio dos chakras — como impotência, úlceras ou pescoço rígido (relacionados com os chakras 2, 3 e 5, respectivamente).

Um chakra excessivo também está bloqueado, mas por um motivo diferente. Pense na mesa da sua casa abarrotada com todo tipo de coisa, em total desordem. Em termos energéticos, um chakra excessivo não sabe como liberar energia. Mais uma vez, o programa está preso num padrão restritivo, mas este impede que a energia interior se irradie, ao passo que um chakra deficiente impede a entrada da energia externa. Quando a energia interior não é liberada, o apelo relacionado àquele chakra se transforma numa força dominante permanente no sistema como um todo. Assim, um terceiro chakra excessivo dá origem a um opressor, ou a alguém que sempre tem de estar no controle, muitas vezes às custas do amor, do prazer ou da compreensão; um segundo chakra excessivo se manifesta como perversão sexual, ou como a filtragem de todos os intercâmbios através de uma estrutura sexual. Um primeiro chakra excessivo pode levar ao acúmulo de posses, alimento ou dinheiro. Excesso e deficiência também percorrem o sistema como um todo, procurando um equilíbrio geral que pode precisar de reajuste. Um quinto chakra excessivo (como falar demais) poderia estar equilibrando um segundo chakra deficiente (frustração sexual).

É possível que um chakra seja excessivo em alguns aspectos e deficiente em outros — em outras palavras, esteja desequilibrado. Alguém poderia acumular bens, mas sofrer de anorexia. Ambos os estados são uma reação a uma programação passada, a mecanismos de competição, ou a traumas devidos a questões de sobrevivência.

Se um chakra é deficiente ou excessivo, ele cria um bloqueio na corrente central de energia que flui pelo corpo. A corrente descendente não pode perfazer o trajeto para a manifestação, nem a corrente ascendente pode fluir na direção da liberação. Os pontos de bloqueio dizem muito sobre nós como pessoas. Se nossos chakras estão bloqueados no segundo ou no terceiro níveis, por exemplo, o Caminho de Liberação é restrito, e nós tenderíamos a formar base até certo ponto, mas resistiríamos à mudança e ao desenvolvimento. Se existe bloqueio nos chakras cinco ou seis, a corrente de Liberação flui bem, mas a corrente de Manifestação apresenta problemas. Poderíamos ter muitas idéias, mas vagas e dispersas, e raramente teríamos condições de realizá-las.

Esses padrões de energia nos oferecem as características clássicas de pessoas que estão basicamente "na cabeça" ou que são muito físicas ou antiintelectuais. Um bloqueio no chakra cardíaco poderia parecer mais equilibrado, mas há uma separação entre mente e corpo. Bloqueios nos chakras da base ou da coroa criam os desequilíbrios mais fortes — a energia se acumula sobre si mesma sem completar sua transformação. (Ver diagramas.)

O bloqueio em um chakra pode ser afetado por padrões gerais nas correntes ascendente e descendente. Uma atividade relacionada com esse chakra ou teria dificuldade de manifestar-se ou se manifestaria com problemas freqüentes, especialmente os que se repetem. Por exemplo, um bloqueio do chakra cardíaco pode ter como conseqüência dificuldades em estabelecer relacionamentos (manifestação bloqueada), ou uma tendência a envolver-se repetidamente em relacionamentos inadequados (liberação bloqueada).

O que Bloqueia um Chakra?

Falando de maneira geral, é a programação das nossas experiências infantis e dos valores culturais que faz com que nossos chakras fiquem bloqueados. Uma criança espancada pelos pais aprende a cercear suas sensações corporais. Uma criança negligenciada emocionalmente bloqueia o segundo chakra emocional. Uma cultura que nega a sexualidade e que promove a obediência à autoridade nos obriga a diminuir a atividade de nosso segundo e terceiro chakras. A poluição sonora, um ambiente de que não gostemos ou mentiras nos fazem obstruir nosso quinto, sexto e sétimo chakras, respectivamente. O sofrimento do amor não-correspondido nos faz bloquear o chakra do coração. Basicamente, o sofrimento ou a tensão, qualquer que seja sua origem, afeta o funcionamento saudável dos nossos chakras. Esta é uma simplificação de um processo complexo, que examinaremos através de exercícios com o diário incluídos neste livro, e com mais profundidade em *The Psychology of the Chakras*, uma obra em elaboração.

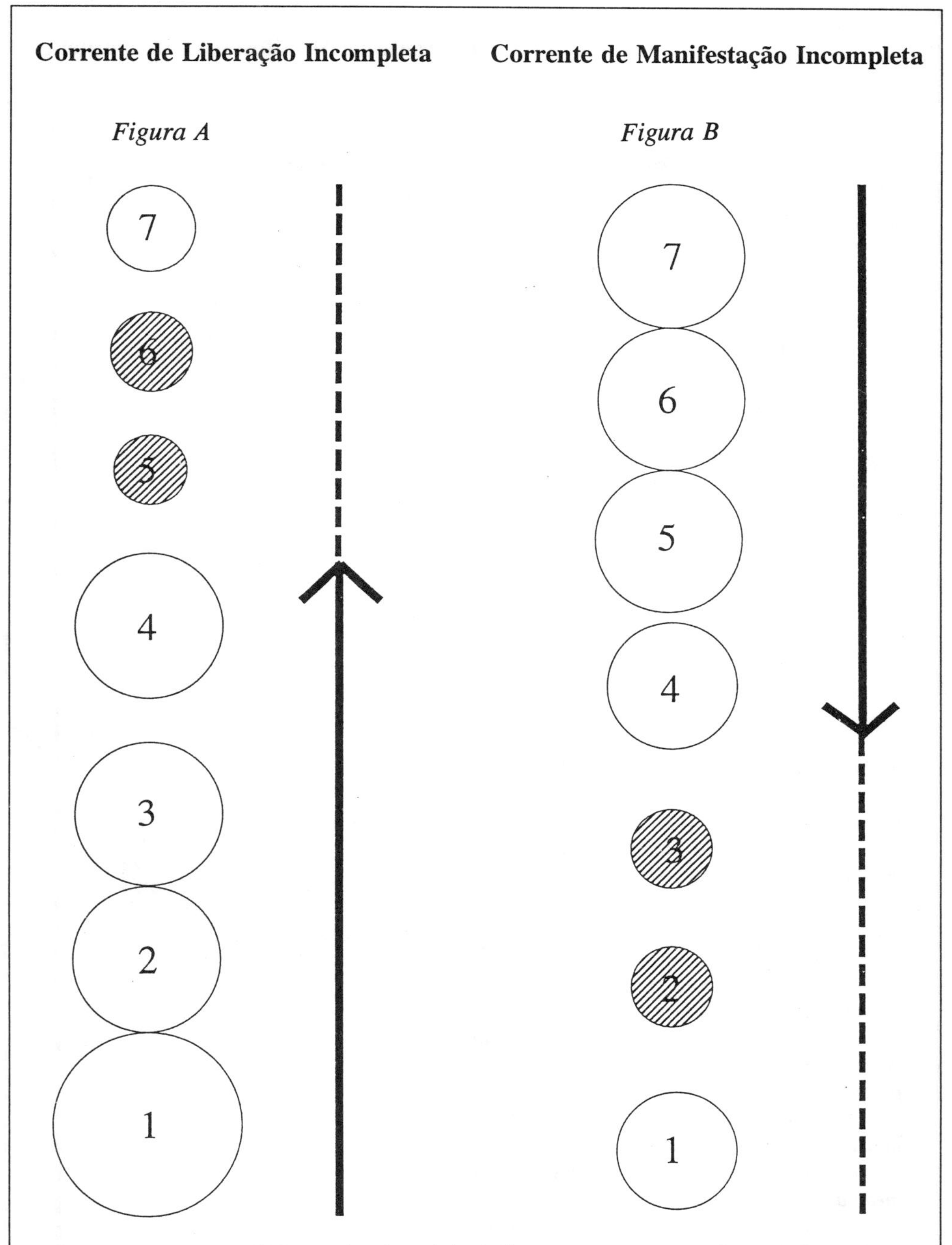

Quando um chakra está bloqueado, ele pode impedir que a corrente ascendente ou descendente complete seu trajeto, deixando assim um chakra atrás do bloqueio (como o chakra sete na figura A, ou o chakra um na figura B) enfraquecido. O resultado disso é um chakra deficiente, mas que pode não ficar bloqueado.

Corrente de Manifestação Incompleta

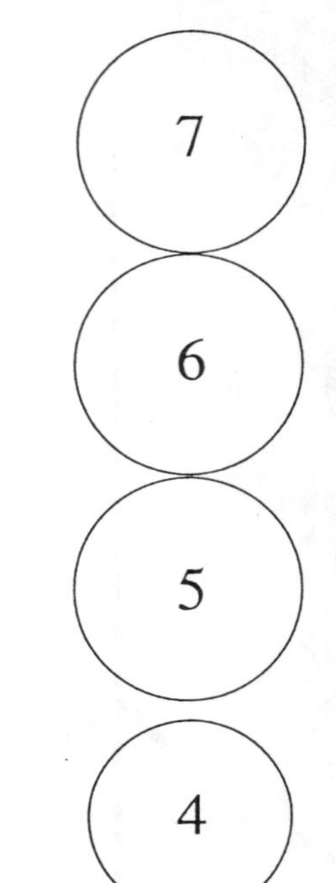

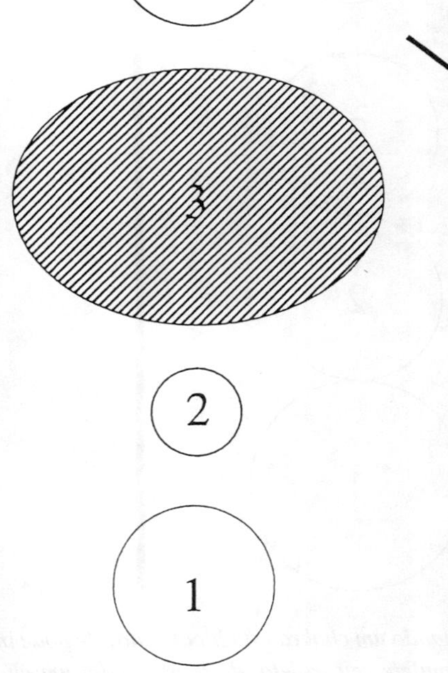

O bloqueio de chakra também pode ocorrer através de um chakra excessivo. Uma quantidade muito grande da energia total é retida por um determinado chakra, neste caso o chakra três. A energia de manifestação que tenta descer desde o topo fica absorvida pelo chakra excessivo, em detrimento dos chakras que ficam abaixo, deixados em condições de deficiência. Isso pode acontecer com correntes de manifestação e também de liberação. Chakras excessivos podem ocorrer como resultado de uma estimulação excessiva, ou como compensação por outras áreas bloqueadas.

A corrente de liberação, neste caso, é quase inexistente, pois não há energia suficiente para iniciá-la. Esse tipo de pessoa teria medo de ter uma base, de estar em contato com a parte inferior do corpo. Devido à falta de energia de liberação, há a tendência para ficar preso e fixo, daí o terceiro chakra excessivo.

Os Sete Direitos Básicos

Podemos descrever os chakras como centros energéticos que representam sete direitos básicos — direitos que deveriam ser nossos desde o nascimento. Infelizmente, esses direitos são violados pelas circunstâncias ao longo de nossa vida. Quando aprendemos a aceitar essas violações, o chakra pode chegar a uma compensação exagerada (tornar-se excessivo) ou pode ficar bloqueado (tornar-se deficiente).

Chakra Um: O direito de ter

O direito fundamental do primeiro chakra é o direito de estar aqui, o que se desdobra no direito de ter o que precisamos para sobreviver. Quando nos são negadas as necessidades básicas de sobrevivência — alimento, roupa, abrigo, calor, cuidados médicos, ambiente saudável, toque físico — nossos direitos de ter são ameaçados. Como conseqüência, provavelmente questionaremos esse direito ao longo de nossa vida, com relação a muitas coisas, desde dinheiro e posses até amor ou reserva de tempo para nós mesmos.

Chakra Dois: O direito de sentir

"Pare de chorar, você não tem nada com que ficar perturbado!" "Você não tem o direito de ficar irritado." "Como você pode expressar suas emoções dessa maneira? Você devia envergonhar-se!" Esses tipos de reprimendas são um desrespeito ao nosso direito de sentir. Uma cultura que vê a expressão emocional com reservas, ou que classifica alguém de fraco por ter sensibilidade, também transgride esse direito básico. Um subcorolário desse direito é o direito de querer. Se não podemos sequer sentir, é muito difícil saber o que queremos.

Chakra Três: O direito de agir

Esse direito é restringido pela autoridade abusiva dos pais e da cultura. Os que resistem ao recrutamento militar são presos. Os que fazem demonstrações pacíficas praticando a não-violência também são presos e muitas vezes maltratados por agirem de acordo com seus sentimentos sobre seus direitos de sobreviver. Somos ensinados a obedecer e a seguir — é aconselhável que as ações empreendidas sejam adequadas. O medo da punição e a coação à obediência cega, quer provenham dos pais ou da cultura, prejudicam seriamente nosso poder pessoal — o uso consciente de nosso direito de agir.

Chakra Quatro: O direito de amar e de ser amado

Numa família, esse direito é transgredido quando os pais não amam e não zelam por seus filhos de um modo coerente e incondicional. Quando se impõem condições ao amor, o amor-próprio da criança é ameaçado. No condicionamento cultural, a restrição ao chakra do coração pode ser vista em atitudes de julgamento com relação a homens que amam homens e a mulheres que amam mulheres, ou a alguém de uma raça que ama alguém de outra, ou a pessoas que amam mais do que uma pessoa. O direito de amar é lesado no conflito racial, pelo domínio de uma cultura sobre outra, pela guerra, ou por qualquer situação que crie hostilidade entre grupos. Quando somos magoados ou rejeitados, nuitas vezes questionamos ou restringimos nosso direito de amar e, conseqüentemente, bloqueamos nosso coração.

Chakra Cinco: O direito de falar e de ouvir a verdade

Aqui, a dificuldade acontece quando não somos autorizados a falar na nossa casa. "Não me fale desse jeito, rapaz!" Isso inclui não sermos ouvidos quando falamos e/ou ser-nos dirigida a palavra desonestamente. Quando somos impedidos de nos expressar, ou quando nos pedem que guardemos segredos ou que fechemos os olhos a mentiras de família, nosso quinto chakra fica bloqueado. Quando somos criticados por nossas tentativas de falar ou temos nossa confiança abalada pela divulgação de assuntos pessoais, gradualmente perdemos contato com o nosso direito de falar.

Chakra Seis: O direito de ver

Este direito é desrespeitado quando nos dizem que o que percebemos não é real, quando as coisas são deliberadamente escondidas ou negadas (como o fato de o pai beber) ou quando a amplitude de nossa visão é mal-entendida e depreciada. Quando o que vemos é feio, assustador ou incoerente com relação a algo mais que vemos, nossa visão física pode ser afetada pelo fechamento do terceiro olho. Reivindicar o direito de ver nos ajuda a reivindicar também nossas habilidades psíquicas.

Chakra Sete: O direito de saber

Isto inclui o direito à informação, o direito à verdade e o direito à educação e ao conhecimento. Igualmente importantes são os nossos direitos espirituais, de nos conectarmos com o Divino, seja qual for a concepção que tenhamos Dele pessoalmente. Impingir a outra pessoa um dogma espiritual, como os cristãos dominando as bruxas da Europa ou as culturas tribais remanescentes em outras partes do mundo, é uma violação dos nossos direitos pessoais do sétimo chakra.

O Desenvolvimento dos Chakras

O desenvolvimento das capacidades e dos conceitos relacionados com cada chakra ocorre progressivamente ao longo da vida. Embora cada chakra receba e organize informação continuamente, há estágios de desenvolvimento em que concentramos nossa atenção principalmente para aprender certas tarefas. Esses estágios não são exatos e irão sobrepor-se e variar de indivíduo para indivíduo. Entretanto, ao avaliar seus próprios chakras, é útil considerar como esses estágios foram conservados em sua vida, que dificuldades ou traumas possam ter ocorrido, e como podem ter afetado os chakras que estavam se desenvolvendo na época.

Chakra Um: Segundo trimestre a nove meses

O primeiro chakra se relaciona com o desenvolvimento pré-natal e com os primeiros meses de vida, quando a quase totalidade da consciência da criança se concentra na sobrevivência e no conforto físico. É nessa etapa da vida que o crescimento do corpo é mais rápido. O aspecto mais importante desse desenvolvimento é que a criança aprende a se sentir segura, a ter confiança no mundo e a ter suas necessidades de sobrevivência adequadamente satisfeitas.

Chakra Dois: Seis a vinte e quatro meses

O estágio seguinte começa no nascimento, mas tem seu ponto alto entre o primeiro e o segundo ano de vida. Este é o estágio de percepção do "outro", da sensação e das emoções. É também o período em que a criança começa a se locomover e a explorar o mundo através dos sentidos. Além da sobrevivência, a criança precisa se sentir amada, sentir prazer em estar viva, e dispor de uma variedade agradável e estimulante de sensações para explorar, como cores e sons, texturas e sabores, e um toque não invasivo, e sim substancioso por parte dos pais e babás.

Chakra Três: Dezoito meses a três anos

O chakra três entra em ação com o período de busca da autonomia e do desenvolvimento da vontade. A criança é naturalmente egocêntrica, e quer firmar um sentido de pessoalidade, de poder e de capacidade de moldar a si mesma. As mães em geral chamam este período de "época terrível dos dois anos" ou o estágio do "não". O ponto importante aqui é deixar que a criança sinta sua própria autonomia e experiencie seu próprio poder, e também tenha um sentido saudável dos limites baseado no respeito e não na imposição por parte dos pais.

Chakra Quatro: Três a seis anos

O chakra quatro se desenvolve quando a criança começa a descobrir seu relacionamento na família e no mundo à sua volta. Ela começa a imitar, a responder à dinâmica da família e a desenvolver sua própria maneira de ser nas relações com as pessoas. As amizades e o jogo com as outras crianças assumem a maior importância e os colegas começam a exercer uma influência sutil na formação da personalidade.

Os pais precisam dar um apoio amoroso no seio familiar que possibilite à criança expandir gradualmente sua rede de relacionamentos para se sentir amada e conectada com um mundo mais amplo. Uma dinâmica familiar disfuncional exerce um impacto particularmente grande nessa idade. As crianças precisam ter modelos de papéis saudáveis para a expressão de afeto e de amor.

Chakra Cinco: Seis a dez anos

A identidade social que se desenvolve nos anos precedentes se desenvolve neste período por meio da expressão criativa. Por meio da comunicação, a criança começa a testar sua compreensão do mundo. É importante apoiar a criatividade sem julgamentos, ouvir com atenção e comunicar com honestidade.

Chakra Seis: Sete a doze anos

Aprendendo por meio da comunicação e da investigação, a criança começa a formar seu quadro interno do mundo e do seu lugar dentro dele. Ela entra em contato com o chakra seis, o reino da imaginação, e começa a reconhecer padrões, a desenvolver a sensibilidade psíquica e a perceber o que encontra com uma mente aberta. Nesse estágio, é importante que os pais forneçam informações e proporcionem experiências sem invalidar as percepções da criança. Jogos que requerem imaginação criativa (por exemplo, pedindo à criança que projete imagens em cenários diferentes através de perguntas como "E que tal se...?") ajudam a desenvolver essa habilidade.

Chakra Sete: Doze anos em diante

No chakra sete nós nos envolvemos na busca do conhecimento — o aprendizado, o treinamento, o pensamento e a reunião de informação. Temos então um conjunto completo de ferramentas para processar toda a experiência passada e futura. Este pode ser também um período de busca espiritual, embora essa questão varie de pessoa para pessoa. O melhor suporte para este processo é um ambiente intelectual estimulante em casa, incentivo a questionar sistemas de crenças, ensinar a criança a pensar por si mesma, e condições de um bom ambiente educacional.

A lesão que ocorre durante qualquer um desses estágios cruciais pode afetar o chakra que está se desenvolvendo no momento. À medida que você examina os problemas e os desequilíbrios em seu próprio sistema de chakras, uma intuição a mais advirá da reflexão sobre suas experiências durante esses estágios de formação. Como pai ou mãe, é importante estar consciente de suas dificuldades com chakras específicos, para não passar seus próprios conflitos não-resolvidos aos filhos.

Este manual trata de como liberar seu corpo, sua vida e seus direitos básicos através do trabalho com o Sistema de Chakras. Os chakras podem ser desenvolvidos como os músculos, curados através da compreensão e reprogramados de acordo com seus desejos e necessidades. Estamos diante de um sistema complexo, e o desenvolvimento de cada chakra exige tempo e paciência. É inútil julgar a si mesmo ou seu progresso. O objetivo é a compreensão.

Atividades Práticas

Este manual lhe oferecerá muitos exercícios e práticas para fins experimentais, e isso será muito facilitado se você reservar algum tempo para praticar. Estabelecer um cronograma de rotina para trabalhar com esses materiais ser-lhe-á útil de várias maneiras. Em primeiro lugar, embora você possa iniciar com entusiasmo e comprometimento, sempre surgem aqueles dias em que você simplesmente quer dormir meia hora mais. É fácil ceder a essa tentação com a promessa de que praticará posteriormente, num tempo indeterminado. Entretanto, em nossa vida tão corrida, é difícil encontrar uma maneira de introduzir uma prática espiritual sem planejamento, embora saibamos que os benefícios valem esse esforço. Definir um horário ajuda a desenvolver um hábito, o que elimina a necessidade de criar um novo horário a cada dia.

Escolha um horário em que você possa trabalhar sem ser interrompido pelas pessoas da família ou por chamadas telefônicas, e quando pode se dedicar à prática integralmente. Se você sabe que pela manhã se sente preocupado e tende a ter a atenção voltada para o que estará fazendo durante o dia, talvez seja melhor você escolher um horário à noite ou logo antes de deitar. Se você estiver muito cansado no final do dia, a ponto de não conseguir controlar o sono se praticar antes de dormir, escolha outra hora. Inicialmente, você deve tentar várias possibilidades no decurso de uma semana ou duas, avaliando o que é mais adequado.

A freqüência da prática depende de você. O fator mais importante é a constância, mas uma freqüência maior lhe trará resultados mais rápidos. Dada a mesma quantidade de tempo para a prática, recomendamos que você trabalhe mais vezes durante menos tempo, em vez de reservar tempo para uma prática prolongada uma vez por semana. Algo entre vinte minutos e uma hora por dia é um bom período de tempo, e talvez você queira dividir esse período em partes. Por exemplo, vinte minutos de trabalho com movimentos pela manhã e vinte minutos de outras atividades à noite. Entretanto, se você praticar apenas por dez minutos, isso será melhor do que nada.

Merece consideração também o lugar que você escolhe para praticar. Você vai precisar de um espaço no chão suficientemente amplo para deitar-se, balançar e estender os braços para todos os lados sem tocar nos móveis, o que significa que provavelmente você precisará remover algumas coisas do lugar ao praticar. Se você mora num lugar exíguo, escolha exercícios que se adaptem ao seu espaço ou então descubra uma maneira de usar uma área externa, sempre que for possível. Quando o espaço em que nos movemos é restrito, também nossos movimentos tendem a ser restritos, e você precisará achar uma maneira para contrabalançar essa influência em pelo menos parte do tempo que você se estabelece.

Recomendamos enfaticamente que você faça um altar cujo arranjo possa ser mudado, para se adaptar ao tema do momento. Tudo o que se exige é uma cômoda ou prateleira vazia ou algum arranjo criativo onde você possa colocar quadros e outros artigos relacionados com o chakra com que você está trabalhando no momento. A situação ideal é construir seu altar na mesma sala ou no espaço onde você pratica os exercícios físicos; mas se isso não for possível, organize-o onde você faz suas meditações ou escreve o seu diário, talvez onde você possa vê-lo de sua cama ao acordar de manhã. Nós faremos sugestões para o altar de cada chakra, mas sinta-se livre para deixar sua imaginação divagar, para que você possa ter uma expressão viva e mutável das energias com que você está trabalhando.

Outro aspecto a ser considerado é o do que vestir para a prática. Geralmente, pedimos aos nossos alunos que venham para a aula vestindo roupas confortáveis que lhes permitam mover-se, e, se puderem, que vistam a cor do chakra sobre o qual estamos trabalhando. O ponto importante aqui é que suas roupas (se você decide usar alguma) não restrinjam de nenhuma maneira seus movimentos ou sua liberdade de respirar profundamente.

Trabalho com o Movimento

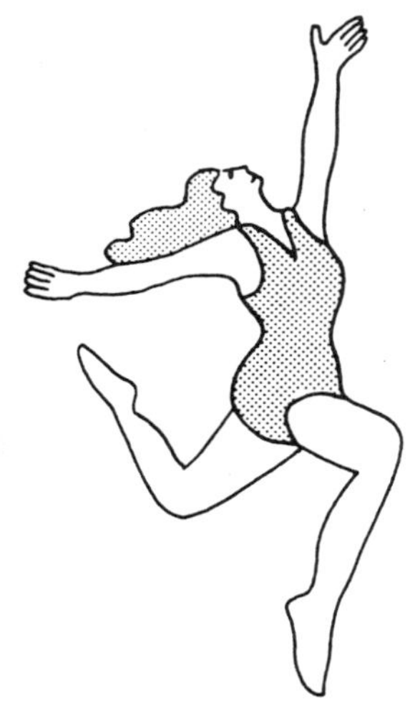

Para ir de um extremo do espectro dos chakras a outro, e voltar uma vez mais, precisamos querer e ser capazes de deslocar nossa energia através de diferentes configurações. Como a mente e o corpo estão intimamente ligados, e os chakras são os pontos em que os dois se ligam, o movimento torna-se uma técnica inestimável para mudar com êxito nossos padrões de energia e nossa experiência básica.

O movimento tem sido usado em muitos ambientes, tanto antigos como modernos, para ampliar a autopercepção, a coesão do grupo e a ligação com o sagrado. Sem nossa atenção consciente, as maneiras como nos movimentamos e nos conduzimos em nossa vida diária expressam sentimentos e atitudes com relação a nós mesmos e a nosso relacionamento com os outros e com o mundo ao nosso redor. Quando prestamos atenção a esse processo, podemos ter acesso a muitas coisas que estiveram ocultas à mente consciente. Além dessa riqueza de informação, temos a capacidade de uma comunicação de mão dupla — trabalhando com nossos movimentos, podemos estimular áreas que estiveram bloqueadas ou estagnadas, e dar início ao processo de cura e de reprogramação. Nós o orientaremos através de muitos exercícios e experimentos que têm por objetivo reavivar a consciência, despertar e criar a mudança através de seu corpo e dos movimentos.

Parte do trabalho com movimentos apresentado neste livro é de natureza técnica, no sentido de que lhe apresentamos instruções específicas para a prática correta de um movimento físico. Em muitos pontos, vamos além das instruções físicas e oferecemos condições para um movimento mais espontâneo; mas quando são dadas direções específicas, elas são importantes. As pessoas um tanto sedentárias, ou pouco habituadas a alongamentos, devem ficar atentas aos seus limites e aproximar-se deles lenta e cuidadosamente. Praticar as posições para cada chakra trará um resultado maior do que trabalhar sobre a energia desse chakra — incluem-se muitos princípios gerais para movimentos e posturas na vida diária, e você descobrirá que seu corpo irá adquirindo um conhecimento cada vez maior sobre o modo de se movimentar de um modo saudável.

Neste capítulo, apresentamos algumas práticas preliminares básicas que serão como uma introdução ao seu próprio corpo. Mesmo que você seja uma pessoa bastante habituada à prática de exercícios físicos, esses exercícios podem dar-lhe uma consciência maior do que está acontecendo com o seu corpo.

Toda sessão de movimento deve começar com alguma forma de aquecimento corporal. O exercício Despertando o Corpo pode cumprir essa função, ou você pode adotar exercícios de outros chakras que possam deixá-lo disposto. Você pode pôr uma música e deixar-se levar espontaneamente por ela mas, o que quer que você faça, use esse tempo para prestar atenção ao que está acontecendo no seu corpo no momento. Há áreas tensas que precisam de atenção? Há alguma parte machucada que requer algum cuidado especial enquanto você se movimenta? Você conhecerá seu corpo e suas necessidades depois de trabalhar com ele com constância, e poderá desenvolver o seu próprio estilo de trabalho que leve em consideração o que você precisa para relaxar ou para prevenir alguma lesão. O aquecimento pode tornar-se parte do ritual do trabalho de movimentos com os chakras — ou mesmo de outro trabalho com chakra que não envolva movimento. Muitas vezes, a meditação ou o trabalho com o diário pode ser mais suave e mais fácil desde que você preste atenção ao seu corpo.

Relaxamento Profundo na Postura do Cadáver (Savasana)

Deite-se com as pernas separadas confortavelmente (mais ou menos 45 cm de distância uma da outra) e com os braços descansando a uns 30 cm do corpo, as palmas voltadas para cima. Se o chão for duro, deite sobre um tapete ou esteira de exercícios ou dobre um cobertor, preparando assim uma superfície mais confortável. Feche os olhos, inspire profundamente e expire, deixando que os músculos relaxem, pois o chão o sustenta. Sintonize-se com a sensação do corpo sobre a superfície sólida. Quais são as partes pesadas, que se afundam? Que partes são leves e repousam sobre o chão? Onde há espaços entre o corpo e o chão? Sinta a sensação que a roupa transmite a seu corpo, as texturas, as partes em que apertam ou comprimem, as partes de sensação agradável, as descobertas, em que a pele é tocada pelo ar que se movimenta quase imperceptivelmente ao seu redor.

Agora, concentre sua atenção nos pés, fazendo-a penetrar nos músculos e juntas, sentindo as possíveis tensões (ou mal-estar) e deixando que elas se escoem para a terra,

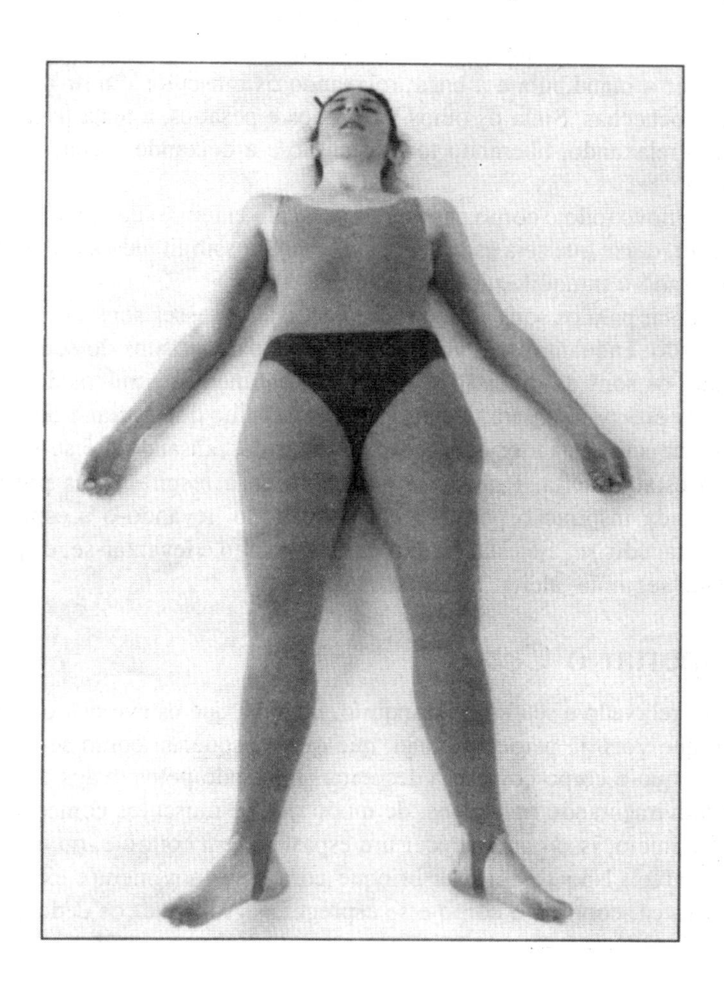

esvaziando os pés e deixando-os livres. Através dos tornozelos, desloque a atenção para a barriga das pernas e para as canelas, e libere todas as possíveis tensões deixando que escoem para o solo. Continue movendo a atenção pelos joelhos e pelas coxas, sentindo esses músculos — alguns dos quais são os mais fortes do nosso corpo — e permitindo que todo e qualquer mal-estar se libere, flua pelas pernas e se escoe pelo chão, esvaziando as pernas e deixando-as com uma sensação de calma e conforto. Agora, desloque a atenção até as juntas dos quadris, e daí ao redor e no interior dos órgãos genitais, e então até as nádegas e barriga, e sinta o mal-estar esvair-se através das nádegas, diluindo-se no chão sob os seus pés, deixando sua pelve descansada e confortável. Em seguida, volte a atenção para os músculos das costas, abrangendo ambos os lados da coluna, deixando que a tensão se dissolva e escoe para a terra. Faça a atenção percorrer a cintura e as costelas, sentindo o movimento suave da respiração, e permitindo que todo mal-estar seja liberado para o chão. Enquanto você libera a tensão do tronco, volte a atenção para os ombros, liberando e esvaziando toda sensação de mal-estar para o chão, deixando a parte superior do tronco relaxada e confortável. Volte sua atenção para braços, cotovelos, pulsos, mãos e dedos, liberando suavemente qualquer tensão e escoando-a para o solo. Agora, passe ao pescoço, sentindo os fortes músculos que lhe sustentam a cabeça o dia todo, deixando que eles relaxem e liberem toda a tensão para o solo. Deixe agora sua atenção percorrer a mandíbula e a boca, relaxando os músculos e a língua, afrouxando os lábios e as bochechas. Sinta os olhos, relaxados e pesados, a testa livre da tensão, o couro cabeludo relaxando, liberando toda a tensão e a deixando escoar-se para o chão através da nuca.

Examine de novo todo o corpo para sentir se há ainda tensão que precise ser liberada; se isso acontecer, deixe que seja escoada para o chão, possibilitando assim que seu corpo todo fique relaxado e tranqüilo, deitado no chão.

Procure atentar para os sons ao seu redor, e deixe que esses sons externos se tornem um pano de fundo; enquanto isso, volte sua atenção para os sons do seu próprio corpo — a respiração, os sons da digestão, e mesmo os batimentos rítmicos do coração.

Agora, você está pronto para iniciar qualquer trabalho que gostaria de realizar nesse estado de consciência relaxado; ou você pode ficar descansando até se sentir disposto a voltar a um estado alerta. Para fazer isso, comece a respirar mais profundamente, deixando que cada inspiração permeie seu corpo todo, levando-o a espreguiçar-se, a espichar-se e a sacudir-se, até estar pronto a rolar de lado e levantar-se, disposto a partir para a atividade seguinte, alerta, mas relaxado.

Para Despertar o Corpo

Quando estiver relaxado e seu corpo tranqüilo, imagine que esteve nesse estado por um longo tempo, que você já perdeu a conta, que quase esqueceu como seu corpo se movimenta. Deixe que o corpo comece a despertar, iniciando pelos dedos das mãos. Sinta a energia se movimentando nos dedos, de modo que os músculos começam a se ativar novamente. De início, isso pode parecer um espasmo sem controle, ou uma sacudidela quase imperceptível. Não se apresse: brinque com esse movimento, explorando-lhe a amplitude e a força; contraia o corpo e se espreguice. Ao mexer os dedos, sinta que os músculos das palmas também participam do movimento. Deixe que eles também sintam a energia do movimento subir das mãos para os braços. Reserve tempo para meditar, para brincar, para permitir que o movimento passe dos braços para os ombros, pescoço, garganta, cabeça, e em seguida desça para a parte superior do tronco, para a cintura, quadris e pelve, pernas e pés. Dedique o tempo que quiser para despertar cada área do corpo, e, quando ele estiver desperto, deixe que a energia o percorra, movendo-se rápida ou lentamente, com movimentos bruscos ou suaves, rítmicos ou fluidos. Descubra uma maneira de movimentar o corpo sobre o chão, balançando ou rolando de lado, explorando as posições que seu corpo é capaz de assumir. Em seguida, levante-se e comece a dançar, continuando a investigação de todas as possibilidades de movimento do seu corpo.

Depois de alguns momentos, diminua o ritmo e deixe que o corpo encontre a posição de descanso que ele sentir como a mais confortável. Permaneça nessa posição por algum tempo, prestando atenção às sensações do corpo e ao modo de respirar que está ocorrendo no momento.

Ingresso no Espaço Sagrado

Nós preconizamos que a espiritualidade é essencial para criar uma vida equilibrada saudável. A meditação e o ritual são os instrumentos que utilizamos para reavivar esse aspecto tão negligenciado do nosso ser.

A essência da meditação é a sintonia, a concentração no momento presente absoluto, observando-o passar para o momento seguinte e fluir adiante. Há muitas técnicas de meditação, com raízes em muitas tradições de prática espiritual, mas em geral a característica básica de todas é a observação do fluxo de momento a momento do presente. Às vezes, isso define toda a meditação, sem outra meta ou ponto central. Outras vezes, há um ponto, um tema ou idéia que procuramos colocar no centro daquele fluxo de momento a momento. As meditações apresentadas neste manual via de regra seguem essa forma, criando um espaço mental dentro do qual se possa trabalhar sobre um determinado pensamento, sentimento, conceito ou visualização. Nossa mente poderá afastar-se do tema sobre o qual estamos trabalhando, mas podemos trazê-la de volta e focalizá-la no momento presente sobre a imagem disponível (sem julgar-se nem culpar-se pela perda de foco).

Nosso conceito de ritual deriva do mesmo processo que modela a meditação — uma percepção de fluxo. A meditação se torna um ritual em virtude dos pequenos padrões habituais que desenvolvemos para modelar nossa prática meditativa. Isto pode ser tão simples como fechar a porta do quarto e acender uma vareta de incenso. Poderia ser ainda mais simples, como colocar o corpo numa posição específica e começar a sintonizar-se. Poderia também ser algo bastante elaborado, exigindo vários instrumentos musicais, roupas apropriadas, velas, um espaço sagrado específico que você reserva apenas para realizar esse trabalho, ou várias outras pessoas que participam de um modo ou de outro.

Os rituais dão ao corpo um sinal para começar as mudanças fisiológicas e energéticas que fazem parte da prática; em geral, mudanças de respiração enquanto realizamos o ritual habitual. Essas pequenas mudanças fazem parte da abertura para mudanças mais significativas em nossa vida. Nós usamos as ricas técnicas do ritual como apoio para iniciar essas mudanças, tendo como meta um estado de consciência alterado que conduza à auto-exploração e à reprogramação.

Há muitas maneiras de praticar o ritual e muitas diferenças nos rituais ao redor do mundo. Para cada chakra, oferecemos algumas idéias para que você comece. Não se limite às nossas idéias; use a sua criatividade. Assuma as tarefas, as práticas de movimento, as anotações no diário, ouvir música, ler um livro, e tudo o mais que lhe vier à mente, para criar seus próprios rituais pelo tempo que lhe for mais apropriado. Todos os exercícios, físicos ou outros, são partes que você pode usar no ritual, se os considerar úteis. Procure perceber como cada um o afeta e use os que alteram a sua consciência quando você busca determinado efeito.

Há alguns princípios básicos que podem ajudá-lo a organizar e a transformar suas práticas e idéias em rituais. O mais importante de todos implica a criação de um espaço sagrado onde você possa trabalhar. Use as sugestões apresentadas na seção de orientações para a prática a fim de escolher e estruturar um lugar para seus rituais. Então, reserve um período de tempo estabelecendo um início e um fim específicos para definir os limites do seu ritual. Isto pode ser feito através de palavras que você diz, de gestos que faz, de uma postura específica adotada, ou simplesmente fechando os olhos e sintonizando-se com suas sensações do momento. Algumas tradições se valem da evocação de diretrizes para estabelecer um espaço sagrado, ao passo que outras desenham fisicamente ou visualizam um círculo ou esfera em torno dos participantes e do espaço onde estão trabalhando. Outras ainda têm uma oração específica, canção ou canto que usam para começar ou terminar. Ao final do ritual, é importante desfazer o que você reuniu para criar o espaço sagrado. Se você convidou elementos ou divindades para se juntarem a você, não se esqueça de agradecer-lhes e de dizer-lhes que o ritual está terminado e que os está liberando dos limites do espaço sagrado que você criou para esse ritual.

Atenção Plena

Para oferecer-lhe uma experiência de meditação na sua forma mais simples, apresentamos aqui um exercício que pode ser realizado em qualquer lugar, em quase todas as situações.

Feche os olhos e mantenha a posição em que seu corpo estiver. Volte a atenção para o corpo, dando-se conta da posição em que você estiver, sentado, de pé ou deitado. Sinta as partes do corpo que estão tocando o chão, quais os músculos que estão trabalhando para mantê-lo nessa posição, onde está a tensão e o mal-estar. Se você precisar liberar a tensão ou adotar outra posição agora que percebe o mal-estar, vá em frente e faça isso. Continue prestando atenção às sensações corporais ao abrir os olhos e ao continuar as atividades seguintes. Siga cada movimento e cada pensamento com consciência. Conserve a atenção concentrada no presente, e, quando divagar, procure perceber isso e se concentre de novo, não dando atenção ao ímpeto de julgar a si mesmo ou de impacientar-se. Apenas volte calmamente a atenção para o momento, para o fluxo do presente.

Exercícios com o Diário

Um dos melhores meios para mapear sua jornada sobre o caminho do exame de si mesmo e da cura é manter um diário. Registrar suas experiências, pensamentos e emoções no papel possibilita-lhe distinguir os conteúdos da sua mente e começar a ver os padrões que perpassam sua vida.

Muitos exercícios contidos neste livro irão despertar pensamentos e sentimentos e fornecerão um trampolim para a escrita. Além disso, nós apresentaremos idéias específicas para escrever sobre cada chakra. Depois de começar, você pode encontrar material para registro nas questões que o afetam em sua vida diária, nas lembranças, nos conflitos que precisa resolver ou nas cartas que precisa escrever mas não remeter. O ato de escrever confere reconhecimento aos pensamentos e às emoções depois do mal-estar que você sentiu ao dar-se conta deles, firmeza depois da confusão. Ele permite que você leia suas próprias palavras, talvez descobrindo, com esse distanciamento, uma nova perspectiva. Com o passar do tempo, ele oferece um registro da sua caminhada, a história do seu desenvolvimento à medida que você se move pela vida.

1. Avaliação

Começamos com um exame do ponto onde você se encontra neste exato momento. Comece o seu diário com a data e a hora numa página nova e faça uma avaliação escrita de onde você se encontra neste momento. Faça um levantamento de caráter mais científico em vez de um julgamento de seus defeitos e virtudes. Faça de conta que você está avaliando o "grupo de controle". Na maioria das vezes, nós trabalharemos os chakras de baixo para cima; nesta ocasião, porém, comece com os aspectos espirituais da sua vida.

Espiritual

- Qual é sua forma básica de espiritualidade? (As respostas podem ser algo que varie desde a indicação de uma grande religião até algo como "caminhar no parque".) Na hipótese de você não ter nenhuma forma de espiritualidade, isto desperta em você uma sensação de vazio ou você está satisfeito? Você considera a espiritualidade uma perda de tempo?
- Sua forma de espiritualidade é herdada (isto é, é a religião dos seus pais) ou é sua escolha pessoal (ou ambas)? Se for escolha pessoal, que acontecimentos o levaram a fazer essa escolha?
- Qual é o seu grau de satisfação com o aspecto espiritual da sua vida?
- Quanto tempo você dedica à prática da sua espiritualidade? Você gostaria que esse tempo fosse maior ou menor?
- Se isso for possível, que metas você gostaria de estabelecer para si mesmo

espiritualmente? Há alguma programação espiritual de uma religião da sua infância que você gostaria de recuperar ou de eliminar?

Mental

- Quanto tempo da sua vida é utilizado em atividades mentais (ler, escrever, pensar, refletir, resolver problemas, divagar)? Você gostaria que esse tempo fosse maior ou menor?
- Qual é o grau de estímulo mental oferecido pelo seu trabalho, pelas suas amizades, pela sua vida doméstica?
- Quantos livros você lê por mês? Quantas horas você passa na frente da tevê ou com outro passatempo?
- Você está satisfeito e confiante com sua capacidade intelectual?
- Você está satisfeito com seu nível de escolaridade?
- Qual é a sua atividade mental predileta, e o que você obtém dela?

Emocional

- Considerando o período de um mês, em que estados emocionais você se encontra com mais freqüência (depressão, satisfação, medo, alegria, etc.)?
- Até que ponto sua vida, seus relacionamentos, seu trabalho o realizam emocionalmente?
- Que metas você estabeleceria para você mesmo na área emocional (isto é, sentir-se mais confiante, menos irritado, mais apaixonado, mais paciente)?

Físico

- Agora, reserve algum tempo para sentir seu corpo. Em que parte dele você sente tensão, entorpecimento, dor? Em que parte dele você sente a energia plena e o prazer? Mergulhe em você mesmo, examinando a si mesmo sem se julgar. Tome nota das áreas do seu corpo que lhe chamam a atenção, e o que você sente nelas — tanto o que for bom como o que for ruim.
- Como um todo, como você se sente com relação a seu corpo? Você presta atenção a ele? Você está contente com o modo como ele sente e se comporta? É prazeroso estar em seu corpo? Seu corpo se parece com uma bagagem excessiva que você precisa carregar? Você tem dores crônicas ou distúrbios provocados por vícios?
- Quanto tempo por semana você dedica a seu corpo (trabalhando, recebendo uma massagem, passeando, fazendo sexo, etc.)?

- Quais são as metas para o seu corpo (cuidar dos dentes, comprar roupas novas, engordar ou emagrecer, etc.)?

2. Mapa do Corpo com os Chakras

Faça um esboço do seu corpo num pedaço de papel grande. Não se preocupe com o aspecto artístico nem com a perfeição. Pinte a figura com giz ou lápis colorido, de modo que as cores representem a sensação sentida pela parte do corpo destacada. Deixe que as cores fluam para fora do seu corpo onde você se sente mais livre; ressalte os bloqueios que você sente com a cor preta ou com formas angulares. Pergunte-se até que ponto você se sente ligado com a sua base, com a terra. Até que ponto você está ligado com o espírito? Até que ponto você está ligado com o seu coração? Procure não intelectualizar demais, mas apenas sentir. Reconheça seus sentimentos sem julgar a si mesmo e sem comparar-se a alguém, tendo por parâmetros padrões imaginados do que outras pessoas possam esperar que você sinta. (Faremos novamente este exercício mais adiante, mas com outra abordagem.) Quando seu esboço estiver concluído, observe-o como um todo. Que impressões ele lhe passa? Como você se sente frente ao que você está vendo? Você sente compaixão, julgamento, atração, pesar, satisfação?

3. Direitos

Reporte-se à descrição dos sete direitos na página 25. Para cada direito, pergunte: Como este direito foi violado na sua vida? Com que intensidade você exigiu o cumprimento desse direito?

O objetivo dessas perguntas é oferecer-lhe um ponto de partida, uma avaliação. Depois de trabalhar com os sete chakras, você pode voltar ao início e ler tudo o que registrou, comparando-o com o que você sente no momento. Somente então você poderá constatar realmente se mudou.

Fontes

Livros

Beck, Renee & Metrick, Sydney Barbara. *The Art of Ritual*. Celestial Arts.

Bloom, William. *Sacred Times: A New Approach to Festivals*. Findhorn Press.

Cahill, Sedonia. *Ceremonial Circles*. Harper.

Judith, Anodea. *Wheels of Life: A User's Guide to the Chakra System*. Llewellyn.

Paladin, Lynda S. *Ceremonies for Change*. Stillpoint Publishing. [*Cerimônias de Transformação*, publicado pela Editora Pensamento, São Paulo, 1993.]

CHAKRA UM
Terra

Considerações Preliminares

Onde Você Está Agora?

Antes de ler o capítulo ou de começar os exercícios, reserve certo tempo para analisar as questões relacionadas com o primeiro chakra. As palavras a seguir representam conceitos-chave. Leia cada palavra e medite sobre ela por alguns momentos. Escreva no diário todos os pensamentos ou imagens que lhe ocorram e que tenham ligação com esse conceito.

Sobrevivência	*Lar*
Terra	*Família*
Embasamento	*Raízes*
Matéria	*Disciplina*
Corpo	*Fundamento*
Plano físico	*Quietude*

Este chakra inclui os pés, as pernas, a base da espinha e o intestino grosso. Como você se sente com relação a essas áreas do seu corpo? Você teve algum problema nessas áreas em qualquer época da vida?

Preparação do Altar

Para o primeiro chakra, a idéia é que o seu altar represente o elemento Terra e os símbolos característicos das áreas de interesse pessoais. Se você dispuser de um lugar em casa que possa ser utilizado como altar, use esse espaço e altere as suas características à medida que você for passando de um chakra para outro. Se esse não for o caso, você pode erigir o altar do primeiro chakra no escritório ou no seu lugar de trabalho, na cozinha, no jardim, ou ainda num lugar especial ao ar livre que poderia se transformar em altar permanente da Terra. É claro que um altar ao ar livre limita os tipos de itens que você pode pôr sobre ele, e por isso talvez você se decida por um espaço dentro de casa.

No caso de um altar dentro de casa, cubra a mesa do mesmo com um tecido vermelho ou, se preferir a superfície natural de madeira ou de pedra, utilize objetos de cor vermelha, como uma vela vermelha acesa durante suas meditações, um vaso de flores vermelhas, um prato de cerâmica vermelho ou terroso, ou outro objeto que você sinta que o relaciona com os conceitos do primeiro chakra, temas sobre os quais você está prestes a trabalhar de um modo específico.

Você pode acrescentar cristais ou pedras especiais, pedaços de madeira vistosos, pequenas plantas, ou fotografias de cenas externas que você considera particularmente energizadas com a energia da terra.

Se trabalhar com divindades hindus ou com outras, disponha as estátuas ou os quadros entre os outros objetos. Lakshmi, a deusa hindu da riqueza, aprecia flores, perfumes e a cor vermelha. Quadros que a representam podem ser adquiridos por preços baixos em todas as lojas importadoras de produtos indianos. Outra divindade especialmente apropriada é Ganesha, o deus com cabeça de elefante, o deus que supera os obstáculos, muitas vezes invocado no início de um novo empreendimento.

O altar tem o objetivo de relembrar-lhe o reino conceitual sobre o qual você decidiu se concentrar. Reporte-se à lista de conceitos-chave e à tabela de correspondências e veja como você pode simbolizar os itens arrolados. Se o seu objetivo for a família, você pode pôr um quadro ou uma fotografia da sua família sobre o altar. Se a questão for o dinheiro, coloque o talão de cheques sobre o altar todas as noites. Se se tratar da sua saúde física, use uma fotografia do seu corpo ou um espelho.

De maneira geral, terminada a preparação, você deve gostar da aparência do seu altar. Ele deve ser um elemento de lembrança agradável que o liga com a terra, com você mesmo e com as coisas com que você trabalha durante este período.

Correspondências	
Nome Sânscrito	Muladhara
Significado	Raiz
Localização	Base da espinha, plexo coccígeo, pernas, pés, intestino grosso
Elemento	Terra
Apelo/Questão Principal	Sobrevivência
Metas	Estabilidade, base, prosperidade, modo de vida correto, saúde física
Disfunção	Obesidade, hemorróidas, constipação, ciática, anorexia, problemas nos joelhos, distúrbios ósseos, mal-estar geral e medos freqüentes, incapacidade de focalizar, dispersão, incapacidade de manter-se calmo
Cor	Vermelho
Astro	Saturno
Alimentos	Proteínas, carnes
Direito	De Ter
Pedras	Granada, hematita, heliotrópio, magnetita
Animais	Elefante, boi, touro
Princípio Operador	Gravidade
Ioga	Hatha Ioga
Arquétipos	Mãe-Terra

Partilha da Experiência

"Meu nome é Susan, e nunca pensei que o primeiro chakra seria tão difícil. Eu pensei que passaria por ele com facilidade e que estaria preparada para os seis níveis seguintes. Mas percebi que, durante este mês, tudo foi inesperado — meu carro quebrou, meu locador disse que talvez vendesse a casa onde moro, peguei uma gripe que me deixou de cama e minha conta bancária ficou sem fundos. Mas, com tudo isso, cheguei a uma compreensão maior da importância do primeiro chakra, pois, quando essas coisas aconteciam, eu me envolvia inteiramente com elas e não conseguia fazer mais nada."

*

"Meu nome é Bob, e eu também peguei essa gripe que está grassando por aí. Mas ela me fez diminuir meu ritmo, descansar, mudar a alimentação e prestar mais atenção ao meu corpo. Assim, para mim, foi realmente uma experiência fundamental. Não realizei nenhum trabalho ao redor da casa, mas percebi o quanto precisa ser feito para a limpeza do terreno."

*

"Meu nome é Cheryl, e ando com vários problemas no emprego atualmente. Minha patroa está em permanente sobressalto pela preocupação com a sobrevivência, e nunca sabe se na semana que vem vai poder me pagar no dia certo. No começo do mês, ela estava com dez dias de atraso, e precisei pedir dinheiro emprestado para pagar o aluguel. Ela me pagou mais tarde, mas isso me deixa insegura e afeta o que faço. Eu procurei me ater aos exercícios básicos e às meditações, e isso ajudou a me manter concentrada, mas ainda me sinto insegura e irritada."

*

"Eu sou Richard, e comecei a sentir muito medo. Cresci na Europa durante a II Guerra Mundial, e me lembro dos sons das bombas, da falta de comida e das vezes que meus pais me mandaram para lugares seguros, na casa de parentes, por longos períodos. Relembrar esses fatos foi como sentir-me abandonado, e embora eu não pense mais sobre isso, percebi o quanto tudo isso afetou meu sentido de segurança e minha capacidade de criar bases em que pudesse me apoiar. Tenho muitos problemas relacionados com o primeiro chakra sobre os quais preciso trabalhar, e achei os exercícios básicos particularmente difíceis, mas úteis. Eu sentia sempre uma forte tendência para evitá-los, porém acredito que isso tem algum significado."

Compreensão do Conceito

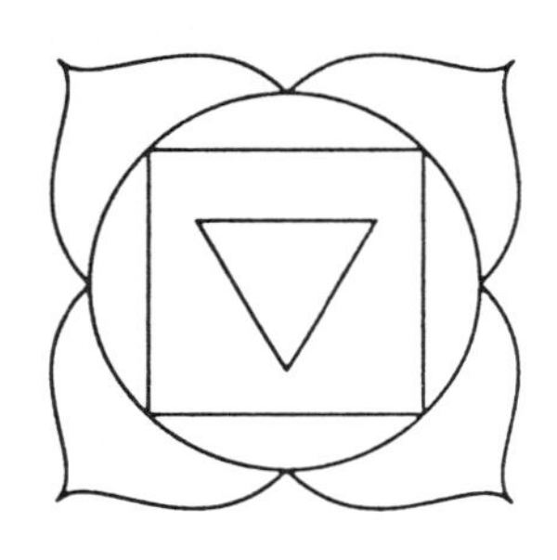

Nossa longa subida passando pelos chakras começa com o primeiro, localizado na base da espinha. Esse nível representa *nossas raízes, nossos fundamentos, nosso corpo, nossa sobrevivência*. Nosso objetivo aqui é construir uma base sólida que dê sustentação a todo nosso trabalho posterior, e fortalecer essa base através de raízes fortes e profundas e de um corpo saudável e forte, obtendo assim estabilidade em nossa vida. Essas não são tarefas fáceis, e muitas pessoas acham que o primeiro chakra, entre todos, é o que exige maior empenho.

O nome do primeiro chakra é *Muladhara*, que literalmente significa raiz. Para que uma planta cresça alta e vigorosa, ela precisa de raízes fortes arraigadas profundamente no solo fértil da terra. Como as raízes se desenvolvem para baixo, nossa experiência com o primeiro chakra consiste em deslocar a energia e a atenção *para baixo* em nossos corpos — *para baixo* na direção da base da espinha, *para baixo* na direção das pernas e dos pés, *para baixo* na direção das vísceras, *para baixo* na direção do nosso passado, das nossas raízes ancestrais. À medida que nos deslocamos para baixo, entramos em contato com o elemento associado com o primeiro chakra, a *terra*.

As tarefas deste chakra incluem entrar em contato com a terra, estabelecer uma boa sensação de segurança, dar atenção às nossas necessidades de sobrevivência e cuidar do corpo. Quando o chakra é lesado, essas coisas se transformam numa empreitada desmedida. Quando o chakra é saudável e equilibrado, elas se tornam tarefas simples, programas de manutenção que transcorrem tranqüilamente e que propiciam a estabilidade necessária para realizar outras coisas.

O Chakra Um representa as formas mais pesadas e densas da matéria, e opera de acordo com os princípios da gravidade. A gravidade é o processo pelo qual uma substância atrai para si outras porções de matéria. Num corpo com as dimensões da Terra, sentimos isso como uma tração para baixo. De uma perspectiva mais ampla, porém, a gravidade atrai a matéria para o centro da Terra a partir de todos os lados. Em termos do primeiro chakra, a gravidade pode ser vista como a *atração para dentro exercida pelo centro*.

A Manifestação

Nosso caminho de manifestação descendente termina no primeiro chakra; na verdade, a manifestação é o ponto central desse chakra. A manifestação é o processo de reunir as coisas num único lugar. Se quero a manifestação de uma refeição, procuro o alimento no mercado, na horta, no armário e na geladeira, e reúno tudo num lugar. Na manifestação de um livro, a informação é obtida em muitas fontes e reunida para tornar-se uma única fonte com seu próprio tema central. Certamente, a capacidade de sobreviver e de progredir depende da nossa capacidade de manifestar o que precisamos.

A matéria no primeiro chakra está na sua forma mais sólida e específica. Ela tem limites e fronteiras, dimensão, forma e propósito. Para manifestar nossos pensamentos e desejos, precisamos ser muito específicos sobre o que queremos manifestar. Por exemplo, não começamos a construir uma casa pura e simplesmente, mas fazemos planos específicos sobre dimensões, forma, estilo, custos estimados, localização e tempo de construção. Para manifestar um bom jantar, não jogamos os alimentos sobre a mesa apenas, mas seguimos padrões de ingredientes muito específicos, medidas e tempo de cozimento. Muitas pessoas têm dificuldade de concentrar a atenção por um tempo suficiente para resolver os detalhes específicos de uma situação. Como conseqüência, a mesma situação ocorre repetidas vezes. A generalização é para os chakras superiores, não para a construção de nossas bases.

Desenvolvimento Precoce

O desenvolvimento do primeiro chakra ocorre ao longo da vida toda, porém mais intensamente durante o primeiro ano de vida. Circunstâncias pré-natais, como o tipo de vitaminas e substâncias químicas ingeridas pela mãe durante a gravidez, como ela se sente com relação a dar à luz, maior ou menor elasticidade do útero e, sem dúvida, o processo do nascimento em si, tudo isso exerce influência sobre o primeiro chakra. Um nascimento traumático cria uma entrada difícil no nosso corpo físico, e portanto no primeiro chakra. Separar a criança da mãe imediatamente depois do nascimento, como acontece com os bebês em incubadoras, ou as práticas bárbaras de alguns hospitais que arrancam a criança da mãe e a colocam num berçário muito iluminado e barulhento, também prejudicam o primeiro chakra. Com práticas assim consideradas normais, não é de admirar que tenhamos uma cultura sem ligação nenhuma com a sua base e com a Terra!

Durante esse estágio da vida, a consciência do recém-nascido está concentrada especialmente no instinto de sobrevivência. A fome, o aconchego, o conforto e a sensação de que nossa vida é desejada predispõem o ambiente para um primeiro chakra saudável e em equilíbrio. De acordo com o esquema dos estágios de desenvolvimento propostos por Erik Erikson, a questão da confiança *versus* desconfiança se estabelece nesse período. A satisfação adequada das necessidades de sobrevivência durante a infância cria um sentimento de confiança no mundo. É nesse tempo que queremos que o espírito penetre o corpo. A criança aprende que um corpo bem alimentado, amado e cuidado é um lugar para se viver prazerosamente, como é o mundo ao seu redor. Ela aprende que a expressão das suas necessidades pode resultar na manifestação que cria uma base para a capacidade de se manifestar mais tarde na vida.

Inversamente, o trauma, o abandono, os maus-tratos físicos, as privações, a fome ou as dificuldades físicas prejudicam o primeiro chakra. Nosso programa de sobrevivência básico então é construído sobre a desconfiança. O sofrimento e o trauma nos ensinam a desprezar as necessidades do corpo, a ignorá-las, a sublimá-las. Energeticamente, a criança desloca sua energia para a parte superior do corpo, afastando-a das raízes. A criança é afastada do chão, a única coisa que se desenvolve nesse estágio. Arrancar uma planta pelas raízes não favorece em nada o seu crescimento!

Para curar os traumas no primeiro chakra é necessário voltar à nossa "criança interior" e recriar o sentimento de aceitação, de estima e de ligação que deveria ter ocorrido. Isto pode exigir a ajuda de um amigo ou de um terapeuta. John Bradshaw, no seu livro *Homecoming*, oferece uma lista de afirmações que servem como bálsamo de cura para as dificuldades dessa idade. Apresentamos alguns exemplos extraídos do livro, com outros que acrescentamos:

Bem-vindo ao mundo. Estive esperando por você.
Estou muito feliz por você estar aqui.
Preparei um lugar especial para você.
É bem seguro aqui.
Todas as suas necessidades serão satisfeitas.
Você tem um corpo maravilhoso.
Você é absolutamente único e necessário.

Podem ser necessárias muitas sessões de retorno a essa idade e de reafirmação do seu direito de estar aqui antes que essas afirmações produzam efeito. Pode haver a necessidade de criar a fantasia de uma "mamãe ideal" que possa fornecer o amparo adequado. É importante receber dessa fantasia o sentimento de confiança no mundo — de confiança na Terra para que sustente a confiança em nós mesmos para manifestarmos o que precisamos para sobreviver. É o sentimento de confiança que cria um primeiro chakra bem protegido.

O Corpo

Nosso universo físico começa com o nosso corpo. O corpo é a única certeza física de nossa vida, do nascimento até a morte, e temos apenas um. Nunca é demais enfatizar a importância do corpo para o primeiro chakra e para todo o sistema de chakras. Ele é o fundamento sobre o qual tudo o mais começa e termina. O corpo é a casa do espírito. Ele é a manifestação física de tudo o que nos acontece, o *hardware* em que rodam todos os nossos programas.

O trabalho com o primeiro chakra se concentra no corpo, começando com a percepção. Nós nos concentramos na saúde, na alimentação, na adequação funcional, nos exercícios e nas ações físicas recíprocas com o mundo. Nós prestamos atenção aos nossos sentimentos com respeito ao corpo, e ao que sentimos estando nele. Nós nos sentimos despertos e vivos ou indolentes e pesados?

Ter o domínio do primeiro chakra implica compreender e curar o nosso corpo, significa compreender o papel que ele exerce no nosso estado de consciência global e na interação com o mundo ao nosso redor. Esta não é uma tarefa fácil. Para alguns, pode significar a encruzilhada do seu caminho, exigindo uma atenção e concentração maior do que qualquer outro chakra. Para outros, o corpo pode ser saudável, mas dado como fato consumado, o que faz com que uma grande fonte de informação e de prazer fique ausente da nossa consciência.

A cura do corpo é uma envolvente jornada de recuperação. Com ela advém a cura de todos os chakras.

Casa e Finanças

A questão da casa também está relacionada com o primeiro chakra. A atenção com o espaço físico que compreende a nossa casa, como também ao sentido emocional da casa, faz parte do trabalho de fortalecimento de nossas bases. Se o nosso lar da infância não foi um lugar agradável, ou se houve mudanças e transferências freqüentes que retardaram nosso sentido de estabilidade, precisamos reescrever o programa responsável pela criação de um lar que nos dê apoio e estabilidade. Isto pode ser feito dedicando tempo e atenção especiais à nossa casa atual, mantendo-a limpa, redecorando-a ou cultivando um jardim. (Ver "Atividades Práticas", no final do capítulo.)

Nossa casa maior é a Terra, e no primeiro chakra podemos também observar o cuidado que temos para com o planeta como o lar de todos nós. Nossa casa pessoal é o nosso pedaço da Terra. O conceito de cuidado com a nossa casa gera o conceito de cuidado com a Terra — nosso pequeno pedaço confiado especificamente a nós.

Outro trabalho com o primeiro chakra é a atenção aos detalhes da nossa realidade cotidiana. Dinheiro, alimentação, abrigo, sono e limpeza são aspectos de nossa vida diária que constituem rotinas rudimentares dos nossos programas de sobrevivência. Nosso sentido de prosperidade tem que ver com o nosso direito de ter, com o nosso sentido inato de valor, com as condições socioeconômicas da nossa infância e com a nossa capacidade de nos envolvermos com o cotidiano de uma maneira fundamentada e eficaz.

Excesso e Deficiência

Os bloqueios do primeiro chakra podem se manifestar como excesso ou como deficiência. Um primeiro chakra deficiente não tem o desenvolvimento necessário para proporcionar apoio, contenção ou firmeza na resolução de problemas da pessoa. Isto se deve a problemas ocorridos na fase inicial de crescimento, como foi mencionado anteriormente.

As manifestações de deficiência do primeiro chakra são muitas. As mais evidentes são a tendência para o medo freqüente e a reação a ameaças à nossa sobrevivência, que pode persistir mesmo quando não há ameaça real. Visto que a estabilidade do primeiro chakra proporciona a firmeza nos atos, um chakra deficiente nos torna frágeis. Isto pode se manifestar como dificuldade de dizer não, de prolongar o prazer, de economizar dinheiro e de trabalhar com a disciplina necessária para alcançar um objetivo. O primeiro chakra também estimula a capacidade de você se concentrar numa tarefa específica, e assim uma deficiência pode se revelar como uma tendência a sentir-se dispersivo, vazio, confuso, incapaz de se dedicar a uma tarefa o tempo necessário para concluí-la. E finalmente, um primeiro chakra deficiente faz com que seja difícil estar plenamente no corpo, o que pode causar problemas de saúde ou também uma sensação de não estar em contato com o mundo físico. Como base para a capacidade de prover a nossa própria subsistência, a deficiência pode nos deixar às voltas com uma situação financeira constantemente problemática, período em que vivemos a experiência de "estar apenas sobrevivendo, e não vivendo".

Os excessos no primeiro chakra manifestam-se no padrão de apego à segurança. Bens acumulados, medo de mudanças, necessidade de criar bases através do peso físico, são todos exemplos do excesso de necessidades no primeiro chakra para a pessoa se sentir normal.

É importante perceber que essas duas condições são conseqüência do dano causado ao primeiro chakra. Excesso e deficiência são apenas maneiras diferentes de lidar com o desequilíbrio. A deficiência é uma reação que evita as questões do primeiro chakra, ao passo que o excesso é uma supercompensação.

Na nossa sociedade, o trabalho com o primeiro chakra é complexo. Precisamos de muito tempo para criar bases, para pôr em ordem nossos assuntos, para tornar nosso corpo saudável e para manter nossos meios de sustentação operando regularmente. Algumas pessoas passam a vida toda nesse trabalho. É uma tarefa que nunca termina — nós comemos e dormimos todos os dias. O verdadeiro desafio e solução do primeiro chakra é tornar esse trabalho de embasamento uma parte bem integrada da nossa vida diária.

Trabalho com o Movimento

Os movimentos do primeiro chakra nos fornecem uma base e voltam a atenção ao corpo e ao seu relacionamento com a terra através da gravidade. Muitos movimentos específicos estimularão a área do corpo onde Muladhara espera pacientemente que a energia flua. Nós iniciamos esse movimento de energia pelos pés, pelas pernas e pela área do sacro, partes que servem de canal para a energia da terra quando ela entra no corpo. As partes do corpo que em geral estão em contato com a terra tornam-se pontos centrais para nosso movimento aqui — os pés (quando estamos de pé), as nádegas (quando sentamos), as costas (quando nos deitamos). Nós iremos alongar e liberar a tensão dos músculos que mantêm bloqueado o primeiro chakra.

Ao fazer os exercícios, perceba em que parte do corpo você se sente tenso, em que local é preciso relaxar. Enquanto você faz o alongamento, respire o ar para dentro dessas áreas, imaginando que a respiração traz vida e energia para células e músculos que ficaram isolados desse fluxo. Preste atenção à força empregada na realização da prática. Sinta a contração dos músculos enquanto eles trabalham para criar o movimento ou a eficácia de cada exercício.

Muladhara lida com os fenômenos do mundo físico, e trabalhar com o corpo de um modo ou de outro é um aspecto importante do seu relacionamento com o estado do seu primeiro chakra. Esta é a sua oportunidade de descobrir se se sente firme e estável quando está de pé, se se sente confortável quando anda sobre a terra, se seu grau de equilíbrio ao interagir com seu ambiente físico é satisfatório.

Respiração da Pelve

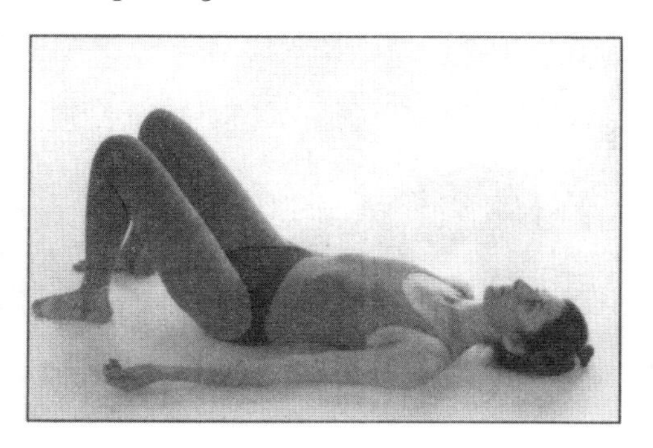

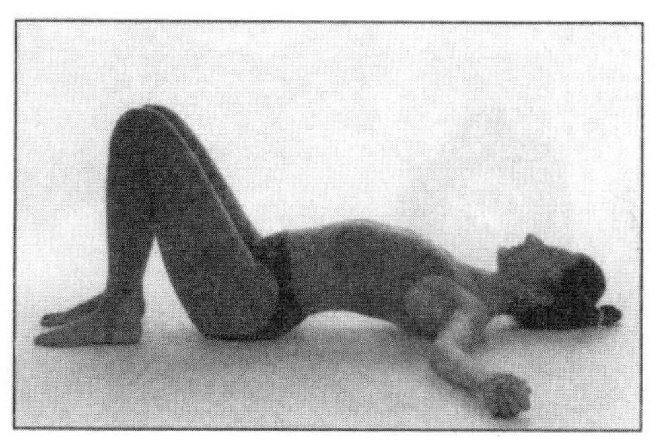

1 Deite-se de costas. Levante os joelhos, mantendo os pés apoiados no chão e distanciados um do outro pela largura dos quadris. Ao inspirar, expanda o diafragma, aumentando ligeiramente o volume do abdome. Ao expirar, deixe que o abdome se esvazie.

2 Ampliando esse movimento, crie um espaço debaixo da região lombar enquanto inspira.

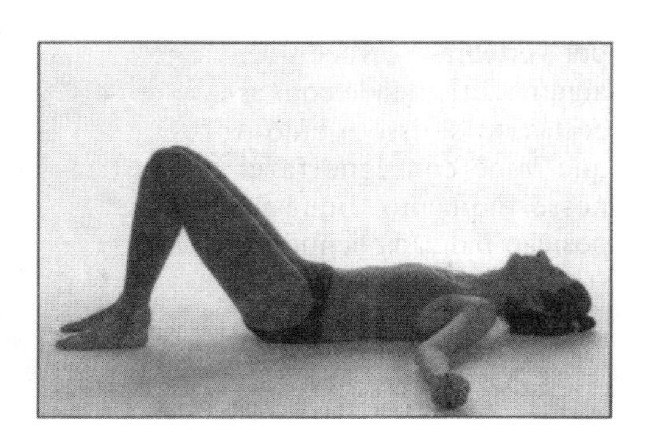

3 Ao expirar, pressione as costas contra o solo. Esse movimento não precisa ser grande, mas apenas uma expansão do movimento natural da respiração. Continue inspirando e expirando, repetindo o mesmo movimento, e mantendo as demais partes do corpo o mais relaxadas possível. Você deve perceber um ligeiro movimento do tronco e da cabeça na direção desta quando expira e quando inspira. Isso reflete o comprimento da sua espinha com relação ao assoalho uma vez que a curvatura na região lombar é endireitada e arqueada alternadamente.

Ao respirar dessa maneira controlada, imagine que a terra está respirando através do seu corpo — você se torna a terra respirando. Sinta-se expandindo e em seguida se recolhendo na terra com cada ciclo da respiração, ligando essa função que conserva a vida com a vida da terra.

Ponte

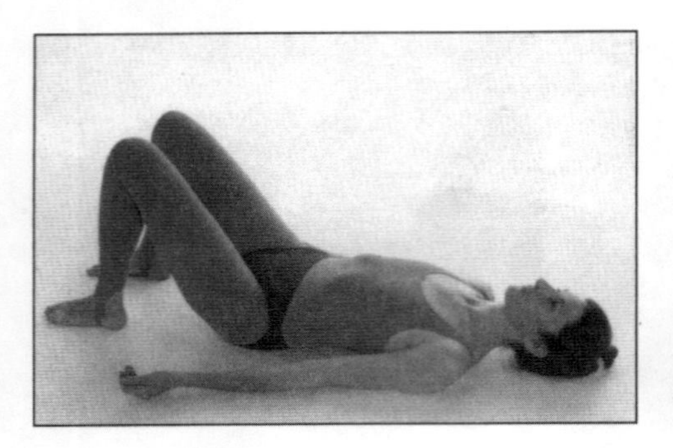

1 Este movimento fortalece e estimula o primeiro chakra. Comece com uma inspiração profunda, e, ao expirar, pressione a região lombar contra o chão, como fez para a respiração da pelve.

2 Continue expirando enquanto levanta as nádegas para elevar-se do chão, começando com a parte inferior das coxas e movendo-se para cima na direção da virilha e da pelve. Imagine que uma corda amarrada ao seu cóccix e que passa entre as pernas o puxa na direção do teto, afastando-o do chão a começar pela pelve, erguida, e continuando pela elevação da espinha, vértebra por vértebra. Se você tiver alguma dificuldade com as costas ou se isso é tudo o que você consegue fazer nesse momento, fique na posição indicada acima.

3 Se essa postura lhe for agradável, e se você quiser prosseguir, continue erguendo a virilha e as coxas para cima, contraindo os músculos das nádegas para proteger a região lombar. Você pode permanecer nessa posição final por alguns momentos, mas só pelo tempo que lhe for possível continuar assim.

Assim

Não assim

4 Quando sentir que não consegue mais trabalhar ativamente nessa postura, abaixe os quadris rolando a espinha no chão, a começar pela parte de cima, deixando a região coccígea em último lugar. Descanse nessa posição e sinta a ligação do seu primeiro chakra com a terra.

Flexão das Pernas

1 Com os joelhos dobrados, puxe as pernas contra o peito, mantendo a região lombar e a parte superior das nádegas no chão. Sinta a ligação do primeiro chakra com a terra debaixo de você.

2 Continue consciente dessa ligação enquanto estira uma das pernas junto ao chão. Mantenha essa postura por um momento e em seguida inverta as pernas. Alterne as pernas várias vezes, e depois deixe ambas as pernas esticadas e descanse, prestando atenção às sensações do corpo e, de modo especial, ao primeiro chakra.

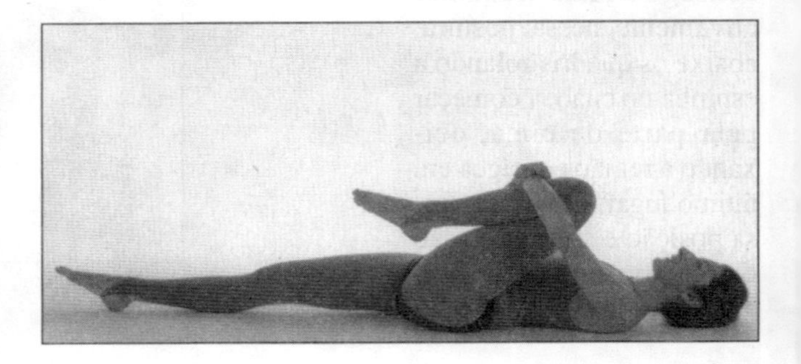

Embora este exercício se concentre no movimento das pernas, ocorre uma grande atividade no chakra da raiz, especialmente em torno da área do sacro. Ao executar os movimentos das pernas, sinta os movimentos mais sutis na base da espinha e visualize o primeiro chakra desdobrando-se daí e prolongando-se até as pernas.

Rolando

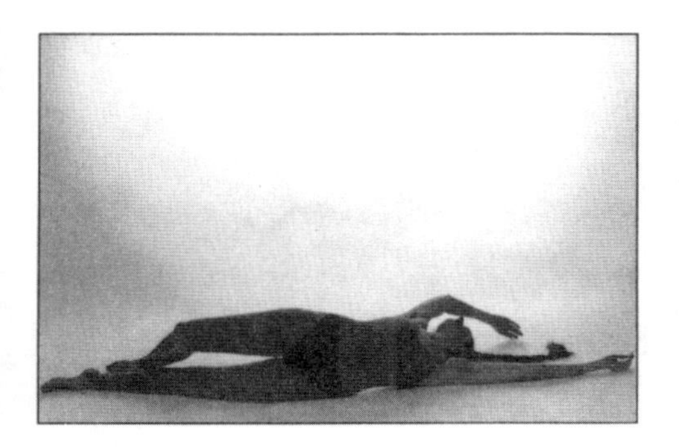

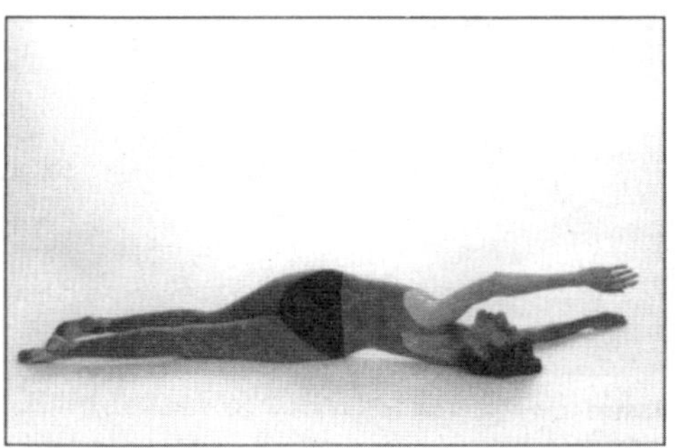

1 Estique os braços acima da cabeça, sentindo a extensão do corpo ao longo do chão. Dobre o joelho direito de modo a pressionar o assoalho com o pé direito, sempre imaginando uma corda amarrada aos ossos do quadril direito que levanta do chão o seu lado direito e o rola até que você fique sobre o lado esquerdo, usando a sola do pé direito apoiado no chão para ajudar o movimento. Os ossos do quadril direito o levam enquanto o resto do corpo acompanha passivamente, permitindo que você sinta uma leve torção na espinha ao girar sobre a barriga.

2 Continue a girar a partir da barriga, estendendo o braço esquerdo acima da cabeça e em diagonal ao corpo, levando-o a apoiar-se sobre o seu lado direito e em seguida sobre as costas, com os quadris e as pernas acompanhando. Continue rolando na mesma direção até a distância que lhe for possível, e, então, inverta a direção, e role de volta. Se você quer passar ao estágio seguinte da série de movimentos do Muladhara, termine deitado de bruços.

Neste exercício, esteja consciente da força da gravidade sobre o seu corpo. Atente para seu relacionamento com o chão enquanto regiões diferentes do seu corpo entram em contato com ele. Sinta o seu peso à medida que você se deixa ser atraído ao chão pela força da gravidade em cada giro. Este é um exercício de entrega, permitindo um bem-estar em seus movimentos à medida que você inclui seu corpo inteiro numa dança com o chão.

O Gafanhoto

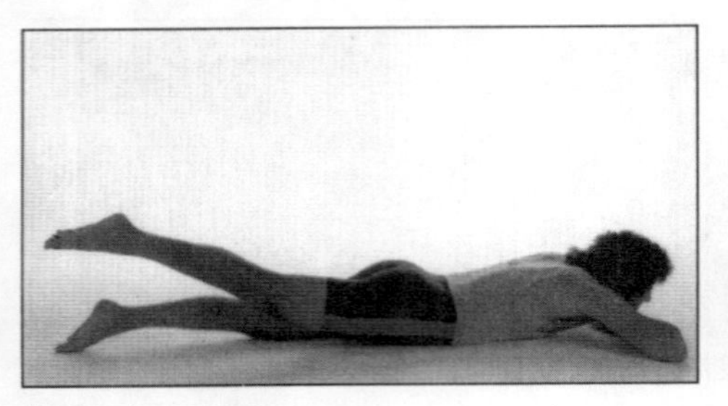

Assim

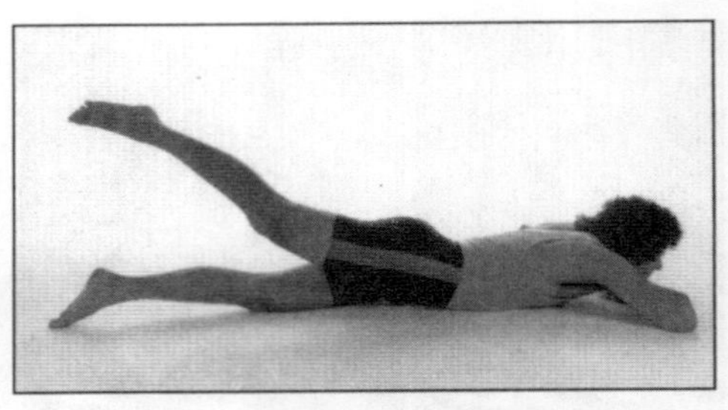

Não Assim

1 Coloque os braços numa posição confortável. Alongue a perna direita ao longo do chão contraindo a frente da coxa para endireitar a perna e alcançando o pé, como se você estivesse transmitindo energia pela perna a partir do sacro. Mantenha essa posição também ao elevar a perna do chão, conservando o osso do quadril direito pressionado contra o chão. Cuide para não levantar os ossos do quadril direito. Baixe a perna até o chão e relaxe os músculos, sentindo as sensações na perna e na área do primeiro chakra. Repita a seqüência com a perna esquerda. Alterne as pernas, descansando brevemente entre cada alternância para sentir a energia fluindo em seu corpo. Este movimento estimula o primeiro chakra e fortalece os músculos dessa área.

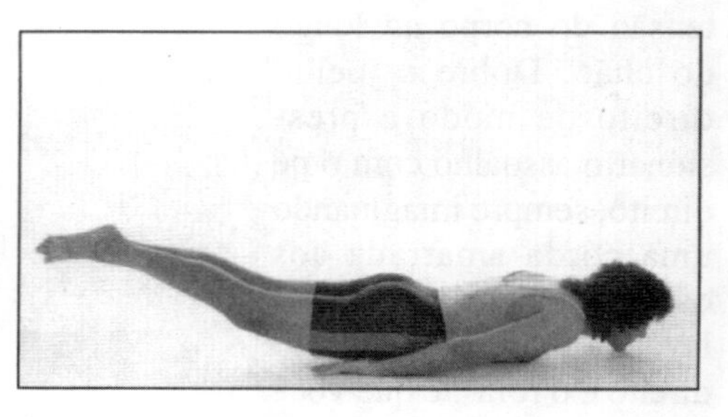

2 Quando você tiver trabalhado com esse movimento durante tempo suficiente para acostumar o corpo ao trabalho muscular e ao equilíbrio necessário, você pode valer-se da força que acumulou e levantar as duas pernas ao mesmo tempo. Ponha os braços e as mãos debaixo dos quadris ou da pelve e levante as duas pernas de uma só vez, mantendo a consciência na área do sacro enquanto se levanta e enquanto se solta e se relaxa.

Postura da Criança

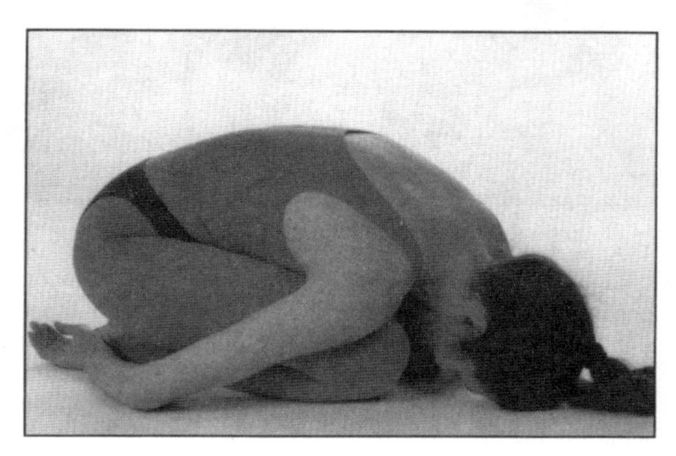

Com a cabeça apoiada no chão, coloque as mãos no chão em cada lado dos ombros e exerça pressão, elevando-se sobre as mãos e os joelhos, e em seguida baixando o tronco sobre as pernas. Você pode estender os braços à frente ou dobrá-los ao longo do tronco. Essa postura também poderia ser chamada de Postura da Rocha, de vez que o corpo se enrola, assumindo a forma de uma massa de terra sólida.

A Postura da Criança é uma posição de descanso especialmente benéfica depois de práticas que requerem que se dobre partes posteriores do corpo (como os movimentos em que a perna é levantada na Postura do Gafanhoto). Você também pode adotar essa postura para aumentar a consciência e a energia nas costas. Muitas vezes, pensamos que a respiração deve expandir o nosso corpo para a frente, mas os pulmões deveriam expandir-se também para os lados e para trás. Na Postura da Criança, respire dirigindo o ar para as costas, sentindo que os pulmões se abrem e se soltam com cada respiração. Imagine o ar descendo pela espinha até o sacro, estimulando a área do chakra da raiz. Se sentir alguma dificuldade com essa postura, coloque uma toalha enrolada ou uma manta entre os pés e as nádegas. Se a cabeça não alcançar o chão, use um travesseiro ou almofada. Se os tornozelos não estiverem confortáveis, coloque uma toalha enrolada estreita debaixo deles. Faça experiências com essas alternativas até encontrar uma maneira de ficar razoavelmente confortável na postura.

Agachamento

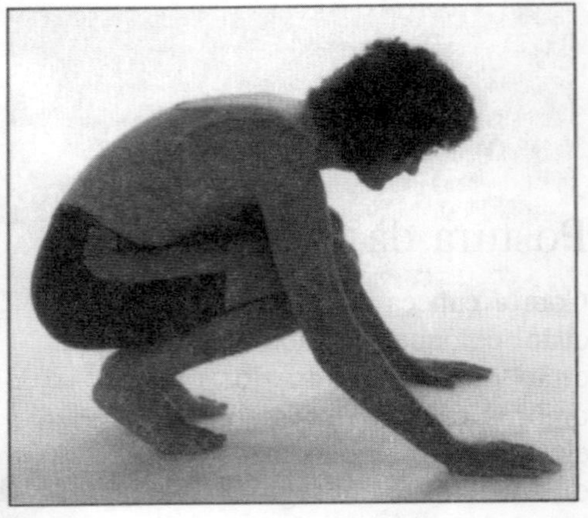

1 A partir da Postura da Criança, coloque as mãos perto dos joelhos, apóie-se nos dedos dos pés e transfira o peso para os pés. Os pés devem ficar afastados mais ou menos uns trinta centímetros um do outro. Tome consciência do chão firme sob suas mãos, e posicione os metatarsos firme e uniformemente como preparação para deslocar o peso para os pés. Os pés e as pernas se esticam quando você pratica o Agachamento, e essas são áreas muito específicas do primeiro chakra, pois são a ligação fundamental do nosso corpo com a terra.

2 Equilibre-se sobre os metatarsos ou, se puder, solte todo o seu peso sobre os pés estendidos. Permaneça nessa postura, voltando a atenção para a abertura na área do sacro e no espaço entre os genitais e o ânus. Relaxe nessa posição, deixando que o peso do corpo pressione os calcanhares contra o chão.

Esta posição é importante, pois você está prestes a transferir a ligação que todo o seu corpo teve com o chão para uma parte menor do corpo — os pés. No Agachamento, suas mãos e seus pés são usados para consolidar sua ligação com o chão antes de fazer a transição plena para os pés.

Desdobramento da Espinha

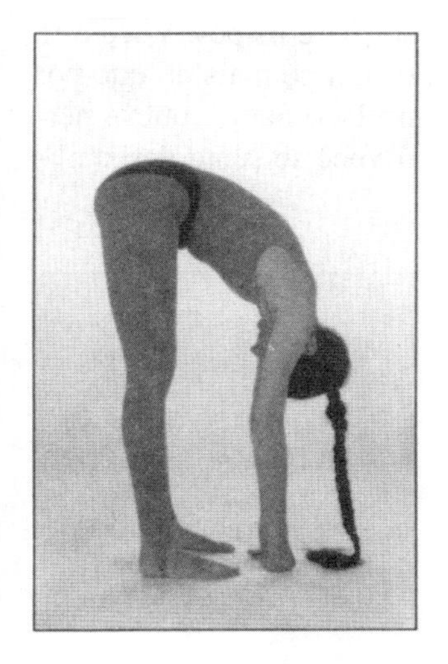

1 A partir do Agachamento, solte o peso sobre os calcanhares e comece a endireitar as pernas (não as endireite completamente, ainda que tenha problemas na região lombar). Deixe o tronco pender para a frente a partir do cóccix, soltando os músculos do pescoço e deixando a cabeça pender com o peso.

2 Quando tiver endireitado os joelhos até o ponto de se sentir confortável, comece a desdobrar a espinha, como se fosse ajustar cada vértebra sobre a que foi ajustada anteriormente.

3 Ao ficar de pé, deixe os ombros caírem, como se as omoplatas fossem deslizar pelas costas, e, em seguida, levante a cabeça alongando o pescoço. Concentre sua atenção na cabeça e, a partir desse ponto, desloque-a para o tronco, para as pernas, para os pés e para o chão, sentindo a gravidade ligá-lo à terra ao mesmo tempo que você se sente subindo e se elevando a partir da terra.

Busca do Equilíbrio

De pé, volte a atenção ao modo pelo qual você distribui o peso sobre os pés. Você está sendo sustentado pelos calcanhares? Pelas pontas dos pés? Por um pé mais do que por outro? Sinta isso, balançando para a frente e para trás e de um lado para o outro, percebendo em que posição você se sente confortável e em qual você se sente desequilibrado.

Mantendo o equilíbrio, levante ligeiramente, e com cuidado, o pé do chão. Se começar a perder o equilíbrio, aproxime o pé do chão ou até mesmo toque-o rapidamente, encontrando seu centro de equilíbrio novamente, e volte a erguer o pé a partir desse centro, elevando-o apenas à altura que o equilíbrio lhe permitir. Esta não é uma competição para ver quem levanta mais a perna, mas um exercício para sentir o seu grau de estabilidade sobre uma perna. Lentamente, alterne ambas as pernas dessa maneira, evoluindo para uma caminhada lenta e deliberada. Conserve seu sentido de equilíbrio em todas as fases dessa caminhada, trabalhando com a gravidade e com seu peso sobre o chão para manter-se firme e estável.

A Dança

A dança de Muladhara começa com o estado em que seu corpo se concentra sempre que você inicia a dança. Isso significa que, se houver dores, contrações, tensões, lesões ou áreas vulneráveis, tudo isso estará incluído na dança. Você não deve imaginar um conjunto ideal e perfeito de movimentos para o primeiro chakra e a partir disso forçar seu corpo a executá-los. Em vez disso, estamos abrindo o corpo para a energia do primeiro chakra e vendo o que ele faz quando essa energia entra e começa a se deslocar com o corpo. Siga os movimentos que surgem naturalmente nesse ponto, experienciando e observando as sensações.

Comece a dança a partir de qualquer posição que o ponha mais em contato com o seu chakra da raiz. Pode ser uma das posições a que aludimos aqui, mas pode também ser uma posição que seu corpo assume naturalmente quando você pensa em formar base. Você pode tentar começar a dança a partir de posições diferentes para ver como a energia trabalha para você. Eventualmente, você pode voltar a adotar determinada postura e repeti-la muitas vezes. Isto pode ou não mudar mais tarde. Procure ouvir alguma música que evoque a energia do primeiro chakra para você, das fitas que arrolamos, ou algo que você mesmo encontrou.

Comece soltando todo seu peso sobre o chão e criando raízes nele. Ao respirar, imagine que você é a terra, inspirando através do seu corpo e expirando na direção das vísceras da terra. Acompanhe a inspiração e a expiração com essa imagem, e deixe que a respiração se movimente enquanto seu corpo se expande e se libera. Os movimentos assumem uma vida própria através dos seus músculos e ossos, usando a energia da sua respiração para estimular a dança. Deixe que a música e a força da gravidade sobre o seu corpo se combinem com a sua respiração para se tornar uma dança de energia da terra, da raiz.

As danças do primeiro chakra às vezes incluem movimentos lentos, pesados, arrastados, expressando a sensação de inércia e de solidez da terra. Você pode se perceber realizando movimentos curtos e sutis, evocando a estabilidade que associamos com a Terra. A Terra também tem seus terremotos, e os seus movimentos podem expressar essas perturbações enormes e retumbantes. Talvez você dance a ampla e extensa paisagem de montanhas e prados, ou deixe seus movimentos refletirem as raízes de uma árvore colossal quando seus ramos são movidos pela força do vento. Permita que as imagens da Terra que inspiram sua visão do primeiro chakra inspirem também os movimentos do seu corpo, deixando que a sua dança cresça e mude à medida que suas investigações desse chakra aprofundam sua compreensão do que ele significa para você. Se houver lugares estagnados nesse chakra, você pode imaginar onde eles aparecem em seu corpo, ou que forma de movimento eles assumem, e deixe que a dança emerja da luta pela manifestação.

Movimento Bioenergético

A bioenergética é um ramo da psicoterapia que se dedica à liberação de padrões de energia bloqueados do corpo. Os traumas emocionais têm como conseqüência a formação da "armadura do caráter", um padrão crônico de reter a tensão em nossos músculos e órgãos que, com o tempo, irá afetar nossa postura, nossa saúde e nossa capacidade de nos ajustarmos ou de criar no mundo.

Um dos princípios fundamentais da bioenergética é o conceito de equilíbrio. Este é um estado de contato dinâmico com a terra feito através do corpo, especialmente das pernas e dos pés. Em nossa cultura sofisticada, por mais altos, fortes e vigorosos que sejamos, é de espantar que se alguém fosse nos empurrar, poderíamos resistir e continuar de pé simplesmente ligando-nos à terra com os pés. Quase sempre, aqueles poucos centímetros quadrados das plantas dos pés são as únicas partes do nosso corpo que têm contato com algo sólido e inamovível. Se a nossa ligação com a base sobre a qual se assentam nossos pés é frágil, não temos um lugar de onde possamos resistir às forças que nos deslocam da nossa base. Na verdade, nos tornamos "presa fácil". Temos visto homens enormes que podiam ser desequilibrados com um mínimo de força, e mulheres pequenas e fracas que eram inamovíveis — e isso devido à sua capacidade individual de construir uma base através dos pés.

Apresentamos a seguir um exercício simples de criação de bases que pode ser feito todos os dias. Ele aumentará a carga de estímulo nas pernas e nos pés e, conseqüentemente, fornecerá energia para o primeiro chakra. Ele pode ser feito para *estimular* o primeiro chakra, mas *não* é recomendado para acalmar. Deve ser realizado um pouco de cada vez, desenvolvendo lentamente a capacidade de suportar a carga. Em alguns casos, é possível ficar sobrecarregado com esse exercício. Algumas pessoas sentem isso como animação, e outras como ansiedade. Se você ficar ansioso ou trêmulo com o exercício, isto é sinal de que você está mexendo com a energia bloqueada e encaminhando-a para a liberação. Para facilitar a sua liberação, caminhe um pouco, faça algum exercício mais vigoroso ou busque ajuda de um amigo ou de um terapeuta.

Movimento Bioenergético: O Elefante

PARTE 1

Fique de pé, relaxado, pés afastados um do outro na distância da largura dos ombros, paralelos ou voltados ligeiramente para dentro. Os joelhos estão sempre um pouco dobrados, a barriga solta (você não deve tensioná-la), o maxilar está relaxado, de modo que você pode respirar pela boca. (A respiração pela boca é mais apropriada para o trabalho com os chakras inferiores; pelo nariz, é mais indicada para os chakras superiores.) comece a saltitar por alguns momentos e produza som ao expirar, relaxando os músculos o mais possível.

Posição 1

Lentamente, leve a cabeça na direção do peito, e em seguida deixe que o resto do corpo acompanhe até você ficar pendendo numa posição de uma boneca de pano, os dedos das mãos tocando suavemente o chão, joelhos ligeiramente dobrados. Essa é a Posição 1. Sinta as pernas. Agora, inspire lentamente, ao mesmo tempo que dobra os joelhos até que as coxas fiquem quase paralelas ao chão, se você puder, passando à Posição 2. Se isto for difícil, dobre os joelhos o quanto for possível.

Posição 2

Quando a inspiração estiver completa, expire lentamente e pressione os pés contra o chão, de modo que as pernas se endireitem o suficiente para voltar à Posição 1. *Nunca endireite os joelhos completamente*, o que bloquearia os joelhos e cortaria o circuito que estamos tentando estimular. Continue respirando e passando da Posição 1 à Posição 2, inspirando o ar ao se dobrar, exalando-o ao se endireitar. Em muito pouco tempo você tomará consciência das coxas. Elas podem tremer ou vibrar, ou simplesmente apresentar certa sensação de calor, o que indica que você está fazendo o exercício da maneira correta! Agora, você está pronto para a parte 2!

O Elefante (continuação)

PARTE 2

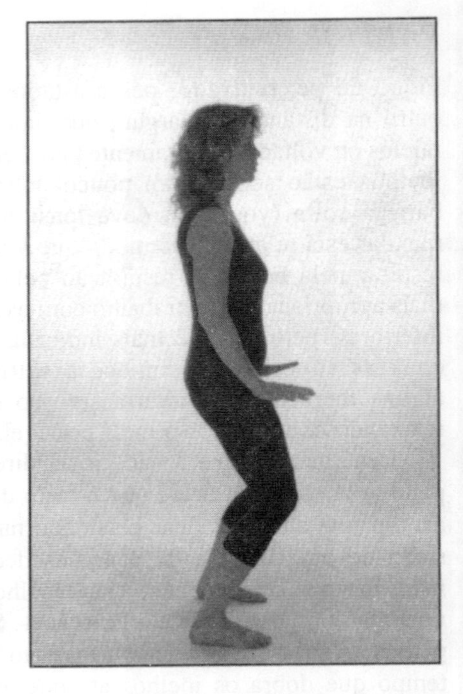

Antes que as coxas fiquem exauridas, comece a endireitar a parte superior do corpo, um pouquinho a cada vez que você pressiona o chão. Imagine a si mesmo como um balão vazio que vai se enchendo pouco a pouco e que fica de pé quando está cheio. Cada pressão traz energia para o seu corpo, e, à medida que o corpo vai se enchendo, ele fica reto, com os joelhos ainda levemente dobrados.

Quando estiver na posição ereta, continue inalando enquanto dobra os joelhos, e exalando enquanto pressiona o solo. Imagine que você empurra o chão, em vez de projetar o tronco para cima. Pressione *através* das pernas, e não *com* as pernas. Verifique se os pés continuam paralelos e afastados um do outro na distância correspondente à largura dos ombros, e se os joelhos estão dobrados, impedindo a visão das pontas dos pés. Se você puder ver os pés, deverá ver o dedão ligeiramente ao lado da rótula.

Também com este exercício a pessoa sente tremor nas pernas. Pense nesse tremor como uma nova carga de energia passando por áreas que estiveram bloqueadas ou pouco estimuladas. Procure relaxar e usufruir esse tremor. Exagere a sensação com as pernas e deixe que a energia suba para o resto do corpo se ele estiver pronto para isso.

Movimento Bioenergético: Pernas Contra a Parede

Deite-se de costas numa superfície não escorregadia, com os pés contra uma parede firme. Posicione-se de modo que as coxas fiquem perpendiculares ao chão, e as pernas, paralelas. Simplesmente pressione com os pés, novamente tentando empurrar *através* das pernas, e não apenas tensionando todos os músculos. Exerça pressão por um momento e relaxe. Atente para as sensações do seu corpo. Pressione novamente, alternando, até sentir que as pernas estão despertas, vivas e energizadas.

Os exercícios a seguir estabelecem o conceito de base ante a adversidade.

Trabalho com um Parceiro: Esqui Sobre a Terra

Fique de pé, de frente para o seu companheiro, os pés afastados na distância equivalente à dos ombros, os dedos dos pés distanciados a mais ou menos sessenta centímetros dos do companheiro. Os dois estendem os braços e seguram os pulsos um do outro, entrecruzando os braços. (Observação: É importante fazer isso numa superfície não escorregadia — descalço, se for um assoalho liso, ou sobre um tapete que não escorregue.)

Com ambos segurando com firmeza o pulso um do outro, inclinem-se para trás, pressionando os pés contra o chão. Pressionem pelos calcanhares, como se estivessem esquiando na água. Cada um puxa o outro até que ambos estejam numa posição que dá a impressão de estarem sentados numa cadeira invisível, as coxas paralelas ao chão, as pernas perpendiculares, as costas eretas. Mantenham os cotovelos retos e deixem que o peso realize o trabalho. Esta posição o obriga a formar base através das pernas, e se você a estiver fazendo corretamente, você sentirá as coxas.

Trabalho com um Parceiro: Pressionar

Fique de pé diante de um parceiro, com os pés na posição de equilíbrio, os joelhos ligeiramente dobrados, o peso na parte inferior do corpo. Seu parceiro assume a mesma posição a uma distância de menos de um braço de comprimento.

O parceiro A pressiona delicadamente o peito, os ombros ou a barriga do parceiro B, na tentativa de deslocá-lo. O parceiro B pressiona os pés contra o chão e permanece centrado. Lentamente, intensifique a pressão e deixe que a força do embasamento aumente. O parceiro B luta para estabelecer uma conexão energética clara e sólida entre a força do parceiro A e o chão. Empurrões continuados proporcionam tempo para sentir essa conexão profundamente.

Alternem os papéis.

Trabalho com um Parceiro: Usando a Resistência

Este é um exercício mais lento. Fique de pé, com os pés afastados um do outro numa distância equivalente à dos ombros, a uma distância de um braço com relação ao parceiro. Dobre os joelhos ligeiramente e sinta sua base. Levante as mãos e toque as palmas do seu parceiro. Agora, você não vai tentar empurrar seu parceiro; vocês estão empurrando um *ao outro* de modo que cada um aumenta a energia que flui para os pés para que permaneça centrado. Enquanto você empurra o parceiro, você deve também pressionar os pés contra o chão. A pressão entre vocês deve ser equilibrada, obviamente. Veja quanta energia você consegue fazer fluir pelas pernas e pelo corpo usando a resistência do empurrão do parceiro.

Trabalho com um Parceiro: Bater as Mãos

O exercício anterior pode agora se tornar um jogo adequado para relaxar um grupo novo e ao mesmo tempo para exemplificar os princípios do equilíbrio.

Duas pessoas se posicionam uma diante da outra, os pés separados um do outro na distância equivalente à largura dos ombros, a ponta dos pés para a frente, os pés separados por uma distância de mais ou menos quarenta e cinco centímetros. O jogo começa com você batendo nas palmas do parceiro, tentando desequilibrá-lo, ao mesmo tempo que ele tenta fazer a mesma coisa com você. Parece simples?

Este jogo tem três regras que criam uma atmosfera de verdadeiro desafio.

1. Você não pode tocar nenhuma parte do corpo do parceiro, exceção feita às palmas das mãos.

2. Você não pode mover os pés da posição em que se encontram, em nenhuma hipótese.

3. Você pode mover as mãos para se desviar da mão do parceiro.

Se você mover as mãos de lado e se seu parceiro escorregar e tocar os seus ombros, você vence a rodada. Se seu parceiro empurra suas mãos e se você é obrigado a mover os pés para manter o equilíbrio, ele vence a rodada.

Mantenha o peso embaixo e fique centrado na sua própria base. Se você se inclinar muito para a frente ou muito para trás, ou você tocará o parceiro ou moverá os pés.

Trabalho com um Parceiro: Eu Empurro — Você Puxa

Em princípio, este exercício é semelhante ao anterior, mas se concentra sobretudo no puxar.

Fique numa posição contrária à do seu parceiro, perna direita à frente, perna esquerda atrás. Você e seu parceiro tocam a parte externa do pé direito e agarram as mãos. O objetivo é fazer o parceiro perder o equilíbrio, usando apenas as mãos que estão se tocando. A pessoa que mover os pés perde a rodada. Mantenha o peso na parte inferior do corpo.

Trabalho em Grupo: Rolando

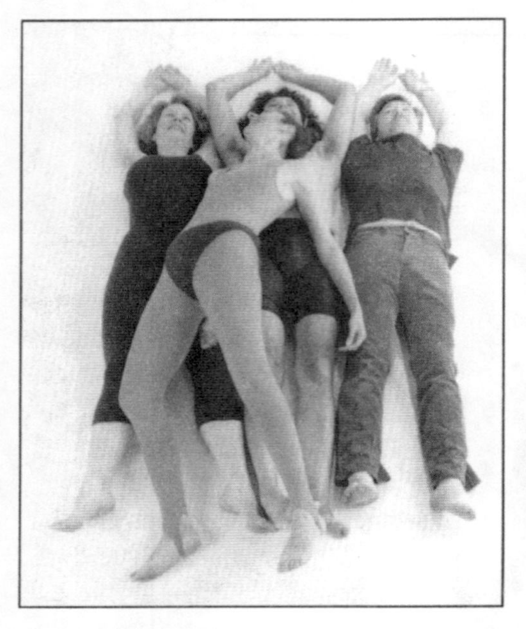

Todos os participantes se deitam lado a lado, encostados um no outro, os braços acima da cabeça. A pessoa que está numa das extremidades rola sobre a que está próxima a ela e continua rolando sobre o tapete humano, lenta e cuidadosamente, mas sem parar. Quando ela chega ao final, junta-se à última da linha, e se torna o "chão" para a próxima pessoa a rolar. Uma a uma, todas as pessoas do grupo rolam sobre as demais, possibilitando que todos os envolvidos se sintam como o chão vivo para seus companheiros de grupo, e também sintam seu corpo como o suporte que está aí para eles nesse grupo.

Atividades Práticas

Arroladas abaixo estão tarefas do mundo real que se relacionam com a consolidação do primeiro chakra. Cada uma volta sua atenção para aspectos de nossa vida necessários para a construção de uma base sólida.

O Corpo

Cuide de possíveis doenças ou de algum mal-estar físico crônico. Faça aquele exame de garganta. Examine aquela mancha que não desaparece nas costas. Providencie o exame físico completo sobre o qual você esteve falando. Isto pode ou não envolver a medicina ocidental, mas sem dúvida implica prestar atenção aos sintomas de uma maneira responsável.

Preste atenção à sua dieta e experimente fazer alguma mudança. Se você nunca tentou uma alimentação vegetariana, agora você tem uma oportunidade. Se faz anos que você não come carne, experimente comer carne e avalie como isso o afeta. Mude sua alimentação para perder ou para ganhar peso e para obter um teor nutritivo maior; faça experiências com alergias, ou faça um jejum curto (jejuns prolongados não fazem bem para o equilíbrio do corpo nem para a saúde). Você pode manter um diário alimentar do que come durante cinco dias e fazer uma análise do conteúdo e do equilíbrio nutricional. Na sua disposição de espírito e em seus níveis de energia procure padrões que tenham relação com o que você come.

Acaricie a si mesmo — dê ao seu corpo algo que lhe cause prazer. Receba uma massagem, faça uma sauna, uma aula de dança, tenha um gostoso jantar fora de casa ou viaje para comprar roupas. Durma um pouco mais, faça um exercício extra, corra, caminhe, dance. Massageie seus pés, lenta e amorosamente.

AME O SEU CORPO!

A Casa

Nossa casa é o nosso primeiro chakra externo. Ela é a manifestação exterior do nosso espaço interior. Observe sua casa e veja como ela reflete você. É agradável estar nela? Ela transmite segurança? Você se sente vitalizado dentro dela? Qual é seu tempo de permanência dentro dela: pouco, bastante, excessivo?

Este é o momento de proceder àqueles reparos que podem transformá-la num lugar mais agradável. Limpe os armários, a garagem ou o porão. Pinte o quarto de dormir, conserte a porta dos fundos, dê uma nova disposição aos armários da cozinha, monte prateleiras ou limpe o quintal. Realize aquelas tarefas físicas que fazem parte do seu espaço físico.

Os Negócios

Os negócios são a expressão do primeiro chakra. Varia muito o que você faz para tratar de seus afazeres profissionais, mas coisas simples podem envolver: limpar e reorganizar sua mesa de trabalho ou seus arquivos. Elabore um novo cartão de apresentação. Candidate-se a um empréstimo ou devolva o empréstimo feito. Peça um aumento de salário. Publique um novo anúncio. Abra um novo ramo de negócios. Contrate um assistente. Invista algum dinheiro.

A idéia geral é melhorar sua relação com o seu negócio concentrando nele sua atenção, e aumentar a capacidade que ele tem de proporcionar-lhe uma base sólida e confortável.

As Finanças

As finanças são semelhantes aos negócios, porém são mais pessoais. Acerte seu talão de cheques, reforce suas contas, faça uma análise dos seus gastos. Faça todos os dias uma lista dos itens com que você gasta dinheiro e elabore um gráfico desses gastos; por exemplo, quanto é gasto com alimentação, com aluguel, com o lazer, com gasolina, com roupas, livros, etc. Observe isso durante um mês. Se for necessário, faça um orçamento pessoal.

As Posses

Consolide suas posses. Conserte aquele interruptor da sua serra elétrica, doe as roupas velhas, ponha um terreno à venda, compre alguma coisa que você esteja querendo há tempo. Faça uma lista dos itens que você gostaria de ter no futuro e priorize esses itens, lembrando-se de que o primeiro chakra é o chakra da manifestação, e que ser específico é um dos seus métodos. Ao priorizar, pense sobre os objetivos dos itens, sobre como pode obtê-los e para quando gostaria de tê-los (como um carro novo até o próximo inverno, uma casa nova em cinco anos, etc.).

A Família

Sua família de origem foi seu primeiro cordão umbilical para a sobrevivência. Há contatos que precisam ser aprimorados? Seus ancestrais são suas raízes, e *Muladhara* significa raiz. Você poderia fazer uma árvore genealógica da sua família, elaborar um ritual para os seus antepassados, ou entrar em contato com sua avó para você aprender sobre você mesmo. Se sua família é totalmente desajustada, o seu trabalho poderia incluir o corte temporário de laços ou o uso da terapia para trabalhar sobre os padrões familiares.

A Terra

O elemento deste chakra é a terra. Nesse item, nosso trabalho é formar uma base mais sólida através da ligação com a terra. Caminhe pelas matas, ande descalço na lama, solicite adesões para uma causa ambientalista ou escreva cartas a deputados e senadores sobre o meio ambiente. Comece um jardim ou trabalhe no jardim do vizinho, ou transplante suas plantas caseiras para vasos maiores. Faça uma excursão de mochila às costas numa região desabitada, rodeada pela terra em sua forma natural. Vá a uma mostra de pedras, dedique-se por algum tempo aos seus cristais ou construa um altar de pedras e plantas. Leia um livro de geologia, ou um livro como *Deep Ecology* ou *Gaia: An Atlas of Planet Management* (ver "Fontes" no fim deste capítulo).

Aspectos Gerais

Todas essas tarefas funcionam conjuntamente. Mudar sua alimentação e não tentar algum exercício lhe trará apenas um benefício reduzido. Realizar um trabalho físico e não receber uma massagem nem dar um prazer ao corpo fará com que o trabalho com o primeiro chakra pareça muito desagradável. Trabalhar mais arduamente sem ter contato com a terra não traz nenhum equilíbrio ao primeiro chakra.

Sem dúvida há uma grande quantidade de tarefas listadas aqui, de modo a mantê-lo ocupado por um ano. Essas são sugestões apenas, e você pode adotar as que forem mais apropriadas à sua vida. Mas procure realizar algumas coisas de cada categoria, de modo que sua prática com o primeiro chakra fique completa e bem-acabada.

Exercícios com o Diário

1. Exame da Programação

A sobrevivência é o apelo principal do primeiro chakra. Programadas numa época em que éramos muito jovens para lembrar, nossas idéias de sobrevivência se arraigaram em nosso sistema nervoso, afetando nossa base, nosso sentido de contato e de ligação, e nossa capacidade de provermos nossas próprias necessidades. Poucas pessoas estão livres da questão da sobrevivência. As perguntas que seguem podem ajudá-lo a enfocar suas próprias questões relativas à sobrevivência e ao aspecto físico.

- Quem se responsabilizou pela sua sobrevivência no passado, e como? A que preço? Em que tipo de atmosfera? Como você se sente agora com relação aos que proveram sua subsistência? Como você se sentiu com relação a eles no passado?
- Como você demonstra confiança ou desconfiança no modo como você aborda suas necessidades de sobrevivência e sua capacidade de satisfazê-las?
- Quanto respeito e importância você dá a seu corpo físico? Como você se cuida?
- O que é que limita a sua vontade de estar aqui?
- O que é que o impede de manifestar suas necessidades de sobrevivência?
- O Chakra Um é o direito de ter. Esse direito foi inibido durante o seu crescimento? Se isso ocorreu, como e por quem? O que você pode fazer para mudar essa situação?

2. Seja Específico

Escreva alguma coisa que você queira manifestar. Em seguida, faça disso a descrição mais específica possível. Oriente os aspectos específicos para a forma final e dê todos os passos necessários para chegar a isso.

3. O Corpo — Trabalho com o Espelho

Reserve um tempo só para você, tenha à mão um espelho grande e fique nu. Ponha-se diante do espelho e olhe para o seu corpo, não julgando seu tamanho ou forma, mas com uma atitude de saudação. Imagine que você o está vendo pela primeira vez, e não tem nenhum preconceito com relação à aparência que os corpos devem ter.

Este é você. Essa é a afirmação que o seu espírito está fazendo nesse momento. Observe os detalhes dessa afirmação com compreensão, prazer ou divertimento, mas não com crítica. Se o seu peito se afunda, sinta como é estar deprimido nessa área em vez de julgar. Se você gosta do seu peito, sinta prazer nisso.

Observe os lugares que estão enrijecidos ou tensos. Toque-os. Fale para eles. Pergunte-lhes do que têm medo. Perceba quais as áreas de chakra que estão mais enrijecidas. Por exemplo, a rigidez do pescoço e dos ombros tem relação com o chakra da garganta; as pernas têm relação com o chakra um, e o peito com o chakra quatro. Seja simpático com você mesmo. Descontraia-se.

Observe os lugares onde o peso se acumula. Novamente, não critique! Toque esses lugares suavemente. Sinta esses lugares expandindo-se. Sinta a sua necessidade de ter essa proteção, de ser dessa dimensão. Deixe que a sua barriga relaxe, que suas nádegas se soltem, que seus ombros assumam a posição mais confortável. Deixe que a sua energia preencha toda a carne, encontrando beleza em suas curvas e dobras únicas.

A maioria das pessoas detesta ser gorda, e por isso retira a energia dos lugares obesos, que se tornam "peso morto", sem força vital. Isso tem de mudar. Quando você deixa que a gordura seja parte de você mesmo, ela pode ser incorporada no seu corpo como um todo e mudar junto com todo o resto do corpo.

Feche os olhos e deixe que o corpo assuma a posição em que ele se sentir melhor, a partir de dentro, não levando em conta a aparência que poderia ter exteriormente. Em seguida abra os olhos e observe-se bem, novamente procurando a afirmação que ele está fazendo. Se você tivesse que colocar essa afirmação numa frase, começando com "Eu," que frase seria? (Exemplo: Eu estou só; Eu estou assustado; Eu sou forte; sou sexy; Eu estou protegido; Eu estou com raiva.) Diga a frase em voz alta com os olhos afirmando, e em seguida novamente em pensamento. Qual a sensação ao aceitar a afirmação que seu corpo está afirmando. Repita-a várias vezes, repita com a emoção com que você está fazendo? Repita com raiva, se estiver com raiva; com tristeza, se estiver triste. Deixe que o corpo faça movimentos que reflitam a afirmação. Branda os punhos se estiver com raiva. Encolha os ombros se estiver assustado. Movimente os quadris com sensualidade se você disser "Eu sou sexy". Como o seu corpo reage?

Em seguida, vista a couraça que você usa para o mundo. Jogue os ombros para trás, encolha a barriga, empine a cabeça, vista sua cara sorridente, e diga "Olá" para o seu reflexo. O que acontece a seu corpo? O que acontece à energia dele? Como você se sente? Qual a diferença com relação a alguns momentos antes? Mude várias vezes de um estado desses para outro. Num dia comum, fazemos isso o tempo todo — relaxando quando estamos sozinhos, enrijecendo quando outros nos estão observando.

Relaxe novamente e diga a seu corpo que ele pode liberar a forma que é "para os outros". Deixe que ele faça a sua afirmação.

Na seqüência, recolha-se debaixo das cobertas para manter-se aquecido e dedique-se ao seu diário. Passe alguns momentos anotando suas sensações e impressões relativas ao exercício anterior. Escreva sua afirmação central várias vezes e veja o que acontece. Esboce uma figura simplificada do seu corpo, no estilo impressionista. Escreva o que você mais quer mudar, e de onde você pensa que o traço veio. Escreva o que você gosta. Expresse o que você sente.

Tome um banho quente como recompensa ou, se você ainda se sentir forte, continue com o exercício seguinte.

4. Afirmações do Corpo

Encontre, para relaxar, um lugar confortável onde você não possa ser perturbado. Pegue o diário e comece uma página nova. (Isso também pode ser feito com um companheiro, com uma pessoa tomando nota para a outra.)

De olhos fechados, relaxe o corpo e sinta-o apenas. Em seguida, começando com os pés, imagine que você é os seus pés. Você é a experiência deles, a personalidade deles. Diga a si mesmo, "Eu sou os meus pés e eu..." e termine a frase com uma afirmação metafórica da experiência deles. Exemplos típicos podem ser: "Sou os meus pés e nunca descanso", ou "Carrego todo o peso neste sistema", ou "Sou totalmente ignorado". No seu diário, escreva a palavra "pés" na margem, e escreva a afirmação da experiência no lado oposto.

Continue com os tornozelos; depois com a barriga das pernas, com os joelhos, as coxas, as nádegas, os quadris, os órgãos genitais, a barriga, a região lombar, o estômago, a região dorsal, o peito, os seios, os ombros, os braços, o pescoço, o rosto, a boca, os lábios, os olhos, os ouvidos e a cabeça. Faça a mesma coisa para cada uma dessas partes — imaginando que você é cada uma delas — dando-lhes uma voz e escrevendo. Não revise nem censure nada do que lhe ocorre. Entretanto, prenda-se às afirmações experienciais em vez de às de julgamento, como "Eu sou o estômago e preciso ser bastante grande para alimentar minha pessoa", em vez de "Eu sou o estômago e estou muito gordo". Se a última afirmação for a mais forte, vá em frente e anote-a, e simplesmente perceba os lugares em que o julgamento é mais forte do que a experiência.

Ao terminar, releia as afirmações, cobrindo a margem e omitindo o nome das partes do corpo. Deixe que andem juntas e leia-as como uma afirmação sobre você mesmo.

Segue um pequeno exemplo de uma transcrição real:

Pés:	Estou cansado e cheio de dores. Sinto-me ignorado.
Tornozelos:	Nunca penso em mim mesmo. Dificilmente estou aqui.
Pernas:	Quero correr e brincar. Estou tensa e pesada. Quero ser livre.

Exercícios com o Diário

Joelhos: Sinto-me velho e enferrujado. Não me dobro com facilidade.

Coxas: Sinto-me pesada e lerda. Não é muito divertido carregar todo esse peso. Quero um pouco de divertimento.

Quadris: Sinto-me forte e sólido. Gostaria de me movimentar mais, porém.

Nádegas: Sou apenas a parte sobre a qual as pessoas se sentam e sou deixada para trás. Quero dançar mais, ser notada.

Genitais: Sinto-me solitário. Quero que alguém me visite. Às vezes, fico assustado; mas, outras vezes, sinto-me excitado.

Depois de passar por todo o corpo, você verá que vêm à luz certos padrões. Pode ser que a parte inferior do corpo tenha muito pouco a dizer e que a parte superior fale muito. Ou que a parte inferior carregue todo o seu sofrimento ao passo que a superior se sinta ótima. Você pode ter dificuldade de fazer afirmações de "sensação", ou descobrir que cada parte do corpo quer escrever um parágrafo longo. Todos esses pontos lhe dão informações sobre a experiência do seu corpo no mundo.

Reavaliação

- O que você aprendeu sobre você mesmo ao desenvolver as diversas atividades sobre o primeiro chakra?
- Com que áreas desse chakra você ainda precisa trabalhar? Como você fará isso?
- Com que áreas desse chakra você se sente satisfeito? Como você pode utilizar esses pontos fortes?
- Numa escala de 1 a 10, até que ponto você reivindicou o seu direito de ter?

Ingresso no Espaço Sagrado

Meditação da Árvore da Vida

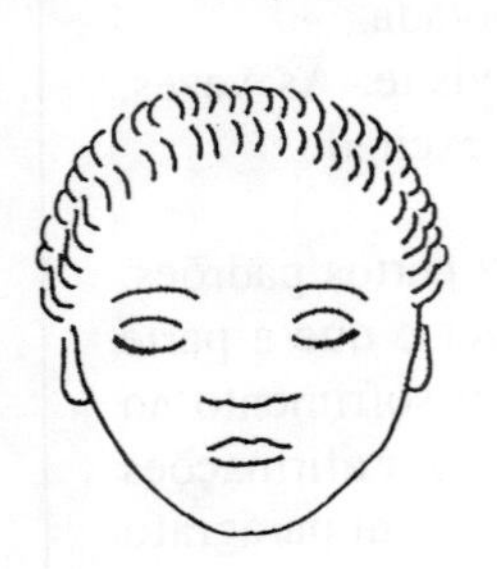

Fique de pé, sereno, com os olhos fechados; descanse todo o peso do corpo nos pés. Sinta-os dando-lhe sustentação, e encontre um centro confortável de equilíbrio, alinhando seus chakras numa coluna vertical. Imagine que seu torso é o tronco de uma árvore, sólido e reto, pronto a enterrar suas raízes nas profundezas da terra.

Inspire o ar ao dobrar os joelhos, e expire ao pressionar os pés contra o chão, através das pernas. Ao exercer pressão sobre o chão, imagine-se como uma árvore que deita raízes no solo fértil, projetando-as do tronco para a superfície do solo em busca de nutrientes, água e estabilidade. Lance essas raízes PARA BAIXO através do solo, para dentro da terra sólida, para dentro do leito de rocha firme, rompendo a rocha maciça, penetrando mais profundamente, desenvolvendo-se mais fortemente, sempre descendo, profundamente, no seio da Mãe-Terra. Continue respirando e dobrando os joelhos, exalando e pressionando ainda mais fundo, em busca do núcleo líquido vermelho e quente da terra, o centro de tudo o que está embaixo, sentindo o calor alimentar suas raízes, energizando-as, dando-lhes vida e enchendo-as de modo que o núcleo quente e fundido da terra começa a subir pelas suas raízes.

Sinta-o subir através das camadas da terra, as raízes reunindo força, tornando-se mais vivas, irrompendo através das compactas camadas do leito de rochas, as camadas escuras de solo antigo acumuladas, na direção da camada de húmus mais nutritiva, derramando-se sobre os seus pés e subindo pelas pernas. Flexione os joelhos e sinta esse núcleo energizar seus joelhos e coxas com cada movimento, fluindo na direção do seu chakra da base, preenchendo-o com o vermelho do núcleo em fusão. Sinta o primeiro chakra se enchendo e derramando-se sobre o segundo chakra sensual, enchendo sua pelve de sensação, de carga energética, deixando que ela se movimente com essa animação, subindo ainda mais pelas suas raízes e projetando-se no terceiro chakra, dando-lhe força e energia. Sinta-o subir e encher o seu coração até transbordar, derramando-se sobre os braços e penetrando nas mãos. Sinta suas mãos se erguendo com a energia proveniente da terra, se estendendo como galhos, deixando a energia fluir para o chakra da garganta, onde você pode deixá-la sair na forma de som, vindo das profundezas.

Deixe que o som suba até a cabeça, derramando-se sobre o terceiro olho e, em seguida, subindo através do chakra da coroa como um tronco em busca do céu. Procure com os braços estendidos acima da cabeça, procure com sua mente no espaço infinito acima de você, trazendo-o para o seu tronco, descendo através dos chakras superiores e na direção do coração, onde as energias celestes se fundem com a energia terrestre, tornando seu tronco forte e vigoroso, energizado e purificado.

Observação: Ao terminar, você pode tocar o chão com as mãos para fechar o círculo de toda a energia que o rodeia, de volta para a terra. Isto é especialmente válido se você se sentir disperso ou muito carregado de energia depois de fazer este exercício. Você pode adotar variações dessa meditação acrescentando as cores dos chakras, usando os seus sons, tocando-os com as mãos ou agregando movimento. Seja criativo e ouça o seu corpo.

Ritual em Grupo

Material Necessário

Pedra ou outro objeto de terra
Globo inflável
Alimento para ser partilhado
Tambor ou fita cassete com som de tambores

A Caminhada do Corpo

Estabeleça os limites do seu espaço sagrado explorando a sala com o corpo. Comece no ponto onde você estiver trazendo a atenção para o corpo e para sua ligação com o chão, sentindo os lugares com que você está em contato efetivo. Movimente-se pela sala, demarcando o espaço e sentindo os limites físicos com o corpo, não com as mãos. Use partes do corpo das quais em geral você não tem consciência — as costas, a face, as coxas, a parte posterior dos braços, os ombros — para conectá-lo com os móveis, com as paredes, as janelas, etc.

Evocação das Direções

Evoque os lugares geográficos que você conhece em todas as direções.

O Mergulho na Terra

Enquanto uma pessoa toca tambor, lentamente solte o corpo sobre o chão, fundindo-se, mergulhando, rolando no chão, levantando-se e deixando-se cair novamente, aprofundando seu transe enquanto seu corpo mergulha e rola. Finalmente, o som do tambor e o movimento diminuem e param, ficando tudo em silêncio. Permaneça nesse silêncio, consciente do seu corpo no chão, respirando, tranqüilo e vivo.

Bênção do Corpo

Toque o corpo com as mãos, abençoando as diversas partes pela função que desempenham (por exemplo: abençôo meus pés por me levarem de um lugar a outro), pelas ligações simbólicas que elas representam para você (abençôo meu coração pelo amor e compaixão que sou capaz de dar e de receber), ou pelos aspectos estéticos ou sensações prazerosas que elas podem lhe proporcionar (abençôo meus genitais pelo êxtase que podem me propiciar).

Carregando um Objeto de Terra com Prosperidade

Pegue sua pedra ou outro objeto e sinta-lhe o peso. Imagine o lugar de onde ela veio, seu hábitat. Sinta-a como um pedaço portátil da Terra, um conexão entre a carne que se move do seu corpo e o corpo sólido e forte da Terra.

A Terra é Nossa Mãe
1.
2.
Hey Yanna Ho Yanna Hey Yan Yan Yan, A terr' é nos-sa
Sobr' e-la ca-mi
mã- e cui - de - mos de -la, a ter' -é nos-sa mã- e
nha- mos com ca - da pas-so da-do Sobr'e - la ca-mi nha- mos
(ao início)
cui - de - mos de - e - la.
com ca - da pas - so dado.

Um a um, os participantes levam seus objetos ao altar. Cada um faz um voto de prosperidade e o envolve com a pedra visualizando o desejo de entrar na pedra, tornando-se uma coisa só com esse pedaço sólido de terra. Como um exemplo de como a terra pode prover, partilhem o alimento, passando-o em círculo.

Bênção da Terra

Passem de um a um um globo inflável, que no início ainda está vazio. Cada participante sopra nele seus votos pela cura da Terra, enchendo-o até completar o círculo.

Canto

"A Terra é Nossa Mãe..." (veja na página anterior)

Para restabelecer o equilíbrio

Fiquem de pé, em círculo, segurando as mãos, e estendam os braços para cima, inspirando profundamente toda a energia com que trabalharam. Ao expirar, deixem que o corpo se dobre até o chão e libere nele toda a energia desnecessária. Abram o círculo, talvez com uma afirmação como "Está terminado", ou "Terminamos", ou "Até o próximo encontro", ou o que parecer apropriado para transmitir um sentimento de conclusão do trabalho realizado.

Fontes

Livros

Bradshaw, John. *Homecoming*. Bantam.
David, Marc. *Nourishing Wisdom: A New Understanding of Eating*. Bell Tower.
Devall, Bill & Sessions, George. *Deep Ecology*. Peregrine Smith.
Diagram Group. *Man's Body: An Owner's Manual*. Bantam.
Diagram Group. *Woman's Body: An Owner's Manual*. Bantam.
Downer, Carol. *A New View of a Woman's Body*. Feminist Health Press.
Kano, Susan. *Making Peace With Food*. Harper & Row.
Kapit, Wynn & Elson, Lawrence. *The Anatomy Coloring Book*. Harper & Row.
Keleman, Stanley. *The Human Ground*. Center Press.
LaChapelle, Dolores. *Earh Wisdom*. Guild of Tutors Press.
Lehrman, Fredric. *The Sacred Landscape*. Celestial Arts.
Meyers, Dr. Norman. *Gaia: An Atlas of Planet Management*. Anchor Books.
Roberts, Elizabeth & Amidon, Elias, Orgs. *Earth Prayers*. Harper.

Música

Danna & Clement. *Gradual Awakening* (A Gradual Awakening)
Eno, Brian. *On Land*
Hamel, Peter Michael. *Nada* (side 1)
Ojas. *Lotusongs II* (side 1, beginning music) *Trance Tape I* (especially side 1) *Trance Tape II* (especially side 2)
Rich, Robert. *Trances* (Hayagriva)

CHAKRA DOIS
Água

Considerações Preliminares

Avaliação

Passe algum tempo refletindo sobre as idéias a seguir. Tome nota de todos os pensamentos e frases que lhe venham à mente sobre os efeitos que essas idéias produzem em sua vida.

Mudança	*Sexualidade*
Movimento	*Sensualidade*
Polaridade	*Intimidade*
Desejo	*Socialização*
Emoções	*Água*
Prazer	

Este chakra inclui o sacro, os órgãos genitais, os quadris e a região lombar. Como você se sente com relação a essas áreas do seu corpo? Você já teve algum problema em uma dessas áreas no decorrer da sua vida?

Preparação do Altar

Prepare o seu altar com objetos que lembrem a água — conchas, taças ou um cálice, ou um recipiente especial que possa conter água e flores. O altar deve refletir os seus sentimentos e proporcionar-lhe uma sensação de prazer. A sexualidade retratada numa escultura ou num quadro pode ser um acréscimo desejável.

Este chakra é de cor laranja, difícil de associar com a água. Você pode usar uma vela laranja para lembrar-lhe a condição energética, e uma toalha que represente o mar.

Se quiser trabalhar com divindades, use uma figura da deusa ou do deus que acha particularmente sensual. O antigo deus Pã é uma ótima imagem do segundo chakra, e também as deusas e os deuses do mar, como Iemanjá, Mari ou Afrodite.

Como sempre, consulte a tabela de correspondências e a lista de conceitos e veja como pode simbolizar as áreas que têm significado especial para a sua vida.

Correspondências	
Nome Sânscrito	Svadhisthana
Significado	Doçura
Localização	Sacro, genitais, quadris, joelhos, região lombar
Elemento	Água
Apelo/Questão Principal	Sexualidade, emoções
Metas	Fluidez de movimento, prazer, conexão
Disfunção	Rigidez, vícios sexuais ou anorexia sexual, solidão, instabilidade ou torpor emocional
Cor	Laranja
Astro	Lua
Alimentos	Líquidos
Direito	De Sentir
Pedras	Coral, cornalina
Animais	Peixe, jacaré
Princípio Operador	Atração de opostos
Ioga	Tantra Ioga
Arquétipo	Eros

Partilha da Experiência

“Meu nome é Sharon e passei pelo primeiro chakra com um pente fino. Depois, cheguei ao segundo chakra e comecei a fazer exercícios, a balançar e a me sacudir, e então disse a mim mesma: ‘Deixa pra lá!’ Tive uma experiência com masturbação, e isso foi algo novo para mim, pois nunca me permitia isso. Também ampliei meus relacionamentos — relacionamentos não-sexuais — e descobri que posso desfrutar de muitas amizades. Assim, o que fiz foi compartilhar vários sentimentos meus este mês. E consegui muito apoio e muitos abraços, com um efeito altamente benéfico para mim.”

*

“Tirei uma folga do trabalho para me exercitar no primeiro chakra, e acabei não fazendo nada. Apenas telefonei para alguns amigos e passamos um bom tempo ‘jogando conversa fora’, desenvolvendo uma vida social que não tenho fora do meu trabalho. Até mesmo cheguei a manter alguns encontros, o que foi animador. Também tive o privilégio de assistir a um parto, o que achei uma experiência realmente espantosa. Nunca tive filhos, nem tomei conta de uma criança, mas esse fato me fez rever essas questões.”

*

“Para mim, este mês tem proporcionado a experiência de emoções muito fortes. Tristeza e lágrimas, raiva, vontade de arrancar os cabelos, e coisas que não sentia há muito tempo. Estou casada há 25 anos e parece que estamos atravessando uma crise, e eu fico sem saber o que sinto a esse respeito — hora após hora. Estou aprendendo a não levar muito a sério as coisas e a não tirar conclusões. Aprofundei-me na experiência do segundo chakra, e estreitei os vínculos com os amigos durante este período.”

*

“Achei que o primeiro chakra foi fácil, e pensei que passaria por este sem problemas. Mas, durante o segundo chakra, comecei a sentir dor de estômago. Estou casada há 15 anos, o que me parece uma eternidade. Engordei bastante nos últimos anos e percebi que isso só manteve as pessoas afastadas. Assim, estou começando a estabelecer limites. Percebo que nosso problema não é tanto o sexo, mas a intimidade. Estou tentando imaginar como podemos chegar a uma maior intimidade sem envolver necessariamente o sexo.”

*

“Passei todos os dias deste mês na península de Yucatán deitada na praia, olhando para a água. Observei a água e a estudei, perguntando-me como poderia tornar minha vida mais parecida com ela. As ondas se formam, se aproximam e quebram na areia, movem a areia, os corais e as conchas, e então voltam para o oceano, fundindo-se com ele — eu não sou capaz disso. Às vezes, formo uma onda, mas não deixo que se vá, mantenho-a dentro de mim. Assim, quero deixar que as coisas fluam, que tenham passagem livre.

Compreensão do Conceito

Agora que estabelecemos nossa base e nosso centro, começamos a subir. Assim que nos movemos, deslocamos nossa atenção e descobrimos que o simples fato de fazer uma mudança é um estímulo para a consciência. A mudança nos ajuda a acordar, a perceber que há muito que aprender, e nos convida a nos expandir e a pesquisar.

À medida que nossa atenção se transfere do *eu* (o centro do primeiro chakra) para o *outro*, encontramos as dualidades e sua atração mútua, e descobrimos o reino dos sentimentos e do desejo. Assim, o primeiro aspecto significativo do segundo chakra é a mudança.

Movimento

Enquanto o primeiro chakra nos ensinou a formar base e a ficar imóveis, o segundo chakra nos possibilita o movimento através do corpo — o movimento que dá início à jornada rumo ao chakra da coroa. Aqui trabalhamos com o movimento do nosso corpo físico, e ao mesmo tempo aprendemos algo sobre o movimento interno da energia emocional. O movimento físico propicia flexibilidade e saúde, ajudando nossos músculos a relaxar, e fazendo fluir através do corpo a energia cronicamente bloqueada. Além disso, esse movimento gera a energia primária necessária ao terceiro chakra, e pode ser também uma fonte de prazer, elemento importante do segundo chakra.

Água

O elemento associado ao segundo chakra é a água. Freqüentemente nos referimos às emoções como fazendo parte de um reino aquoso — elas fluem como um rio, têm marés como o mar, dão-nos gotas de lágrimas. A água é fluida. Ela não tem forma própria, mas assume a forma do terreno sobre o qual flui ou do recipiente de terra que a contém. Podemos imaginar nosso corpo físico como um recipiente de terra, e as emoções como a essência fluida que permeia o recipiente. Na verdade, somos compostos por 97% de água. É nossa estrutura que dá forma à água, mas é a água que preenche a estrutura e a permite fluir e mudar. Assim, em conformidade com as qualidades da água, queremos aprender a deixar que nossa energia ceda, flua, se purifique e mude.

Dualidade e Polaridade

O segundo chakra nos leva da singularidade à *dualidade*. Com a dualidade, temos uma expansão do quadro e a oportunidade da escolha. De repente, há eu e você, isto e aquilo, nós e eles. Fazemos nossas escolhas separando nossos sentimentos e desejos. Este trabalho é um pré-requisito para a atividade da *vontade*, trabalho do chakra três.

A dualidade também nos apresenta o conceito de *polaridade,* de yin e yang, de masculino e feminino, de em cima e embaixo, de claro e escuro. Tomamos nossa singularidade do chakra um e fizemos uma primeira divisão. Temos agora uma linha de força que corre pelo meio, conectando as polaridades. A força dominante do segundo chakra é a *atração dos opostos*. Essa atração é a base para o movimento — um impulso instintivo para nos expandirmos através da experiência de algo ou de alguém diferente de nós — o "outro". Emocionalmente, sentimos esse impulso como *desejo* — um desejo de experimentar algo diferente, um desejo de fundir-nos com o outro, um desejo de nos movermos para outro estado de consciência, um desejo de desenvolvimento.

Emoções

Emoções, palavra que deriva da partícula "e" significando para fora, e de "movere", mover, com o sentido de movimento da energia para fora, no corpo ou, como diz John Bradshaw, da "energia em movimento". A energia em movimento cria a expansão e a mudança. Mover-se para cima no Sistema de Chakras é um ato de expansão do estado condensado da matéria sólida para a vastidão da consciência. Quando sentimos uma atração para o outro, quando sentimos o impulso do desejo, do anseio ou da emoção, somos "movidos" a iniciar alguma coisa, a fazer uma mudança, a nos expandir de alguma maneira. Se tivermos uma base firme, resultado do nosso trabalho com o primeiro chakra, teremos condições de nos expandir sem perder nosso centro.

As emoções são o resultado do *encontro da consciência com o corpo.* Se lhe dou uma informação, como, por exemplo, que você acaba de ganhar o *sweepstake*, essa informação cria uma reação emocional no corpo. Se lhe digo algo negativo, você poderá sentir-se triste. Partes de consciência são constantemente filtradas através do corpo, criando reações emocionais sutis. As emoções, por sua vez, constituem o aspecto mais físico da consciência. Nós as vivenciamos através da sensação. Muitas vezes, podemos "sentir" algo antes de "conhecê-lo" conscientemente. As emoções são as portas do corpo para a consciência.

O Princípio do Prazer

Com sua complexidade, de maneira geral, as emoções podem ser vistas como reações ao prazer e ao sofrimento. Sentimos emoções agradáveis como algo que *parece* bom, que se desenvolve como queremos, que de alguma maneira nos afirma. As emoções menos prazerosas, tais como medo ou tristeza, resultam de uma experiência ou de expectativa de sofrimento. Elas são a energia em movimento necessária para que se efetue uma mudança que evite essa dor, assim como as emoções de entusiasmo e de alegria nos movem na direção do prazer.

O prazer e a dor são resultados do mecanismo de sobrevivência. Quando as necessidades de sobrevivência são satisfeitas apropriadamente, o organismo se volta naturalmente para o prazer. A dor é uma indicação de que algo está errado, de que alguma coisa está ameaçando nossa sobrevivência. Se eu bato em você, ou se o submeto a algum tipo de sofrimento, você vai querer se afastar de mim. Quando sofremos, tentamos isolar a sensação, e, logo em seguida, nossos sentimentos. A dor nos contrai, nos encolhe, e interioriza nossa energia.

O prazer, entretanto, nos leva à expansão. Se convivemos com amigos que prezamos, ou se temos contato com coisas que apreciamos, tendemos a nos soltar e a nos deixar fluir e expandir energeticamente. Energia e consciência se relacionam intricadamente. Se reprimimos nossos sentimentos, nossas sensações e nosso fluxo energético, também restringimos nossa consciência. Nós limitamos a quantidade de mudanças que podemos vivenciar e dirigimos nossos esforços no sentido de manter tudo como está. O prazer, portanto, nos ajuda a expandir nossa consciência.

Sexualidade

Prazer, emoção, dualidade e sensação, tudo leva à sexualidade — a expressão dos opostos fundindo-se na unidade. A sexualidade é a experiência da atração, do movimento, do sentimento, do desejo e da ligação, tudo direcionado para uma feliz experiência de prazer. A doçura do prazer é a jóia no lótus do segundo chakra. O nome sânscrito desse chakra, *Svadhisthana*, que significa "doçura", enfatiza esse conceito.

A prática do segundo chakra envolve o trabalho com as emoções, com a sexualidade e com a fluidez do movimento através do corpo. Esses não são aspectos distintos e separados, mas estão estreitamente ligados. O movimento do corpo pode trazer à tona emoções enterradas ou desejos sexuais. A liberação das emoções pode ajudar o corpo a se movimentar mais facilmente e pode permitir-nos uma maior abertura ao prazer. A sensação do prazer pode pôr-nos em contato com nossos corpos e ajudar-nos a neutralizar as emoções dolorosas. Cada prática pode ampliar os outros aspectos.

Bloqueios

Emoções bloqueadas reprimem o movimento e restringem o fluxo de energia através do segundo chakra e através do corpo como um todo. O trabalho emocional é um processo que consiste em recuperar os sentimentos perdidos, trazendo-os novamente à vida, vivenciando-os e resolvendo-os. Infelizmente, o trabalho emocional nem sempre é agradável. Se um sentimento foi reprimido uma vez, ele pode ter sido doloroso, e revivê-lo é um processo penoso. Sentimo-nos novamente vulneráveis, tristes, irritados ou medrosos. Quando a emoção é exteriorizada e liberada, a energia do corpo não fica mais retida nem bloqueada em torno dessa dor, e pode expandir-se novamente na direção de um estado de prazer. Bem-estar e um desenvolvimento maior são o resultado do trabalho da livre expressão das emoções. A remoção da dor aumenta a capacidade para o prazer.

Para entrar em contato com nossas emoções reprimidas, muitas vezes precisamos da ajuda de um terapeuta experiente, ou pelo menos de um amigo de confiança. Por natureza, somos cegos para o nosso próprio material reprimido. Ter consciência de que sentimos raiva ou de que reprimimos nossas emoções pode ajudar-nos a estabelecer um contato mais profundo. Quando expressamos sentimentos, especialmente os mais difíceis, é importante que alguém nos ouça sem julgar, que não nos questione sobre nosso "direito" de estar com raiva ou de estar triste, mas que esteja imbuído do desejo de apenas testemunhar e manifestar simpatia. Reivindicar o *direito de sentir* é uma das tarefas do segundo chakra, e para isso precisamos da ajuda de uma outra pessoa.

A meta de cura do segundo chakra é ter um fluxo saudável da energia emocional através do corpo, ser capaz de vivenciar plenamente o prazer através do movimento e da sexualidade, e ser capaz de sentir a mudança e a expansão como resultado da relação com idéias, pessoas e acontecimentos diferentes do nosso próprio modo de ver a realidade.

Excesso e Deficiência

Se o segundo chakra está deficiente energeticamente, dá-se o medo da mudança. A energia fica bloqueada nos aspectos estruturais do primeiro chakra, e resiste à fluidez, tornando-se densa como a terra. Podemos parecer "vazios" ou insensíveis, ou podemos ter muita dificuldade em sentir as emoções. Pode haver uma tendência para evitar o prazer e também uma visível indiferença à sexualidade no comportamento. Podemos fazer troça do prazer para desviar-nos de um "trabalho de verdade em termos de chakra". Podemos ter medo disso por sentirmos vergonha. Pode haver pouca paixão, e um sentido de autocontrole excessivamente desenvolvido.

Se o chakra apresenta excesso de energia, acontece o contrário. Podemos ser muito emotivos, oscilando constantemente entre extremos, dirigidos por emoções, em vez de deixá-las fluir. Podemos ser influenciados pelas emoções de outras pessoas de maneira desmedida. Pode haver dependência sexual, ou uma necessidade constante de estimulação prazerosa, de divertimento, de festas e de encontros sociais. Um segundo chakra com excesso de energia dispersa rapidamente a energia liberada, impedindo-a assim de fluir para os chakras superiores.

Idealmente, deveríamos ser capazes de abarcar as polaridades, de sentir nossas emoções e de expressar-nos sexualmente sem perder a conexão com o nosso próprio centro. O centro da polaridade é um estado de equilíbrio. É mister incluir os dois lados para obter o equilíbrio. A junção das polaridades forma a base metafórica do poder, a meta da próxima etapa de nossa subida, o terceiro chakra.

Trabalho com o Movimento

Na nossa cultura, o movimento da pelve costuma ser considerado obsceno ou, pelo menos, provocante. Muitos estudantes consideram os movimentos do segundo chakra embaraçosos, e durante as aulas nota-se o riso e o rubor à medida que os alunos vão deixando de lado suas inibições. Um estudante de mais idade comentou que nunca antes mexera com os quadris daquele modo, e que os movimentos lhe pareciam obscenos.

Não é de espantar que a abertura física do chakra sexual traga à tona tantos sentimentos sobre a sexualidade. A sexualidade e a sensualidade evidentes dos movimentos do segundo chakra podem não ser adequadas em muitas situações da sua vida cotidiana. Uma reunião de negócios provavelmente seria desfeita se você começasse a mover os quadris durante a apresentação da proposta. Por outro lado, manter a área pélvica rigidamente imóvel bloqueia o fluxo de energia através do sistema todo. Essa mesma apresentação pode parecer frívola e "sem vida" se você retém o fluxo sensual natural da sua energia através do corpo. O encontro do equilíbrio começa com a remoção das inibições que mantêm o movimento sob controle. Isso pode ser mais fácil a sós, sem um público com suas regras de comportamento "apropriado".

Postura da Deusa

Começamos com o corpo imóvel, com vistas a abrir a virilha e a permitir que você sinta um estado de vulnerabilidade e de receptividade. Deitado de costas, dobre os joelhos e puxe os pés, apoiados no assoalho, na direção das nádegas. Abra os joelhos para os lados, deixando que o peso das pernas alonguem as partes internas das coxas. Não se preocupe se os joelhos não tocam o chão; procure apenas perceber a sensação de abertura. As fotos mostram duas possibilidades quanto ao grau de abertura dos joelhos — deixe que a gravidade abra até o ponto que sua flexibilidade lhe permitir, sem forçar.

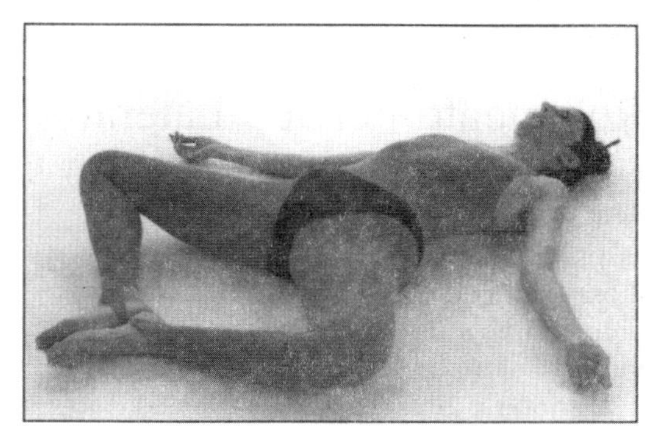

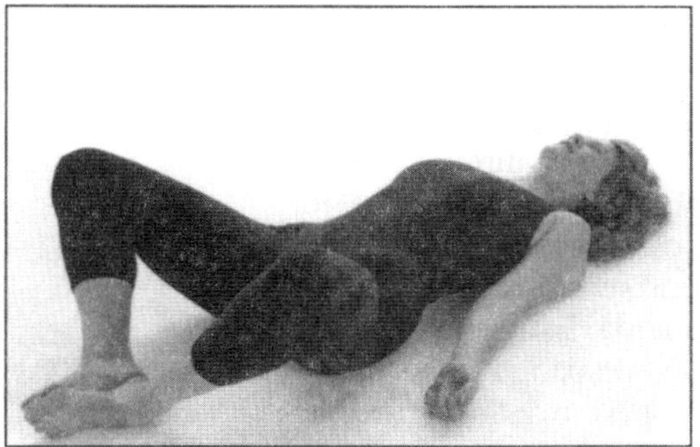

Rolamento Pélvico

A partir da postura da deusa, encoste um joelho no outro, e abrace-os puxando-os na direção do peito, cada uma das mãos segurando a outra pelo pulso, e deixando que o peso dos braços pressione naturalmente as pernas para dentro. Volte a atenção para o sacro e para a região lombar, e tente pressionar suavemente a região lombar contra o assoalho, fazendo em seguida o mesmo com o sacro. Este movimento de balanço sutil mudará a área de estimu-

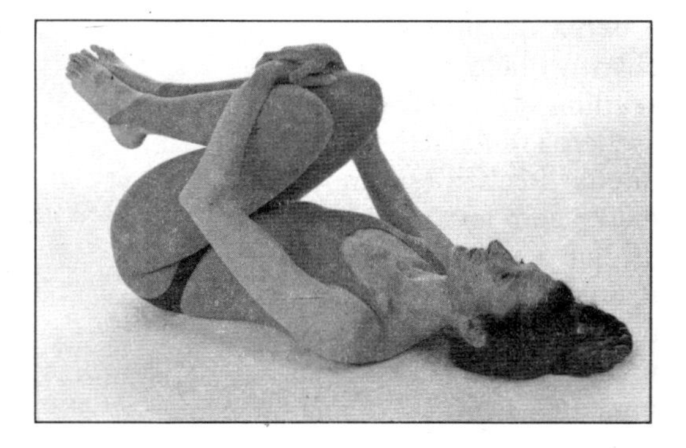

lação e de alongamento físico, abrindo a área do segundo chakra.

Rolamento Pélvico Lateral

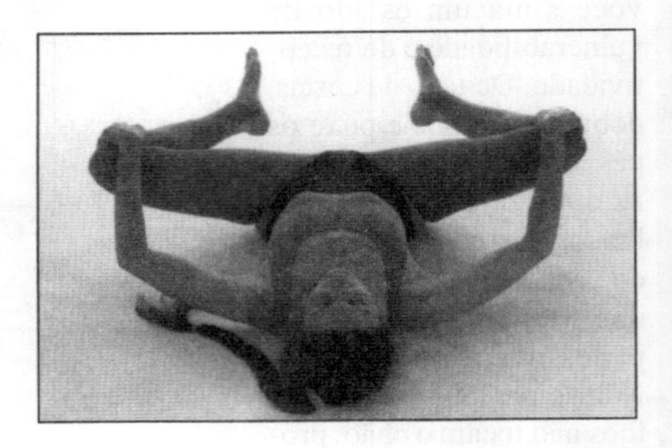

1 Solte as mãos e posicione-as de modo a segurar as partes internas dos joelhos. Alongue essas áreas pelo tempo que lhe convier.

2 Estique o braço direito para o lado, junto ao chão. O joelho esquerdo rola lentamente para a esquerda até tocar o chão.

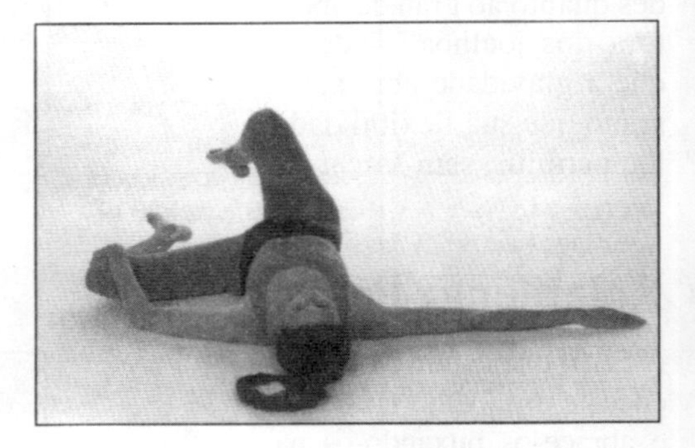

3 A perna direita continua aberta pelo tempo que for possível, depois do que dobra-se sobre a perna esquerda. Estique o braço esquerdo para o lado e movase para o lado oposto, levantando lentamente a perna de cima (a direita, neste caso), abrindo-a. Deixe a perna esquerda aberta e encostada no chão até que a perna direita chegue ao chão no lado oposto. Em seguida, coloque a perna esquerda, dobrada, sobre a direita. Realize este movimento com leveza, deixando que a gravidade faça a maior parte do trabalho e usando apenas os músculos necessários para criar o movimento. Durante o rolamento, coloque sua atenção na área pélvica e nos órgãos genitais.

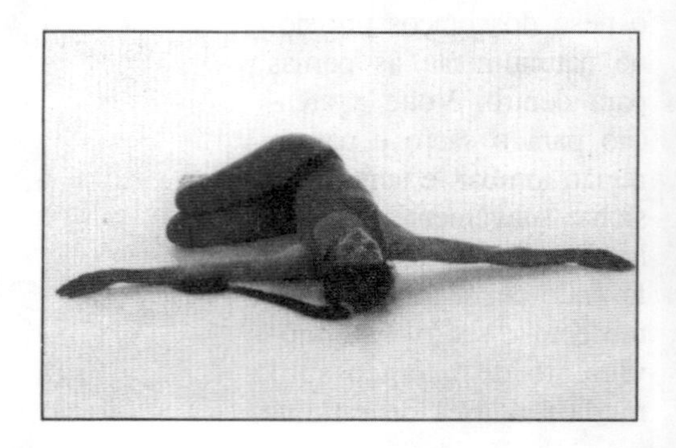

O Rolamento Pélvico Lateral é uma continuação do tema da Postura da Deusa, abrindo a virilha, mas a ênfase aqui está no fluxo de abertura e fechamento quando você se move facilmente de um lado (fechamento), passa pelo centro (abertura), chega ao lado oposto, e daí faz o mesmo movimento no sentido inverso.

Rolamento Pélvico Lateral com as Pernas Estiradas

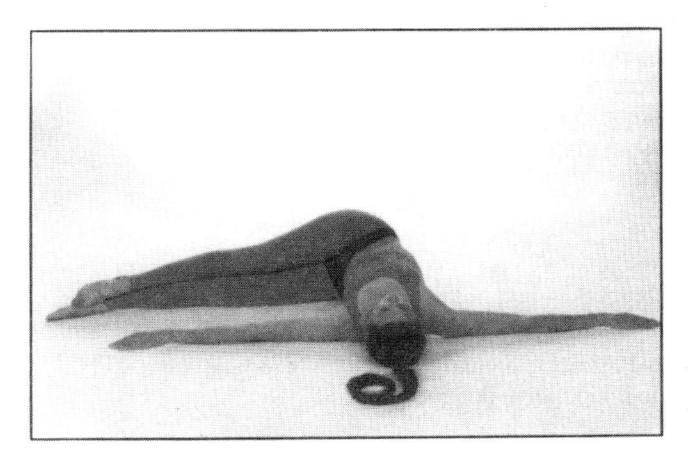

1 Ao terminar o movimento no lado direito e ao colocar a perna direita sobre a esquerda, estenda ambas as pernas.

2 Levante a perna direita no ar e gire-a para a direita, de modo semelhante ao que aconteceu no movimento anterior com as pernas dobradas. Agora, porém, mantenha as pernas bem contraídas (joelhos não dobrados). Baixe a perna direita até o chão, à direita do corpo, e deixe que a perna esquerda descanse.

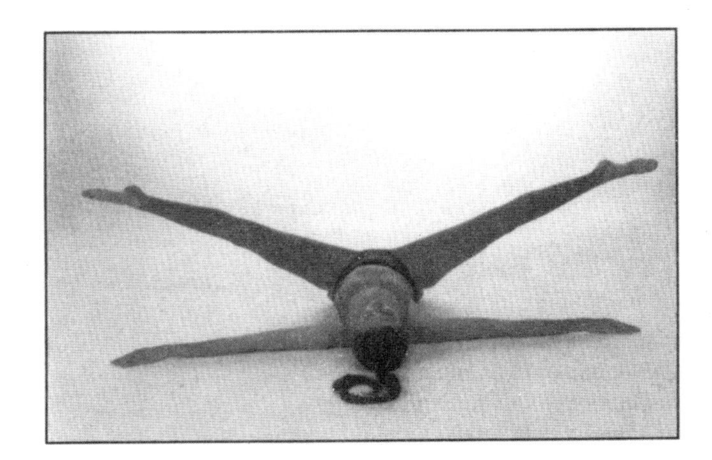

Esta variação do Rolamento Pélvico Lateral acrescenta o contraste da abertura passiva da virilha com a contração ativa dos músculos da perna para manter os joelhos estirados. Esta dicotomia tensão/relaxamento é característica do segundo chakra. É um atributo conhecido da sexualidade, onde encontramos tanto a tensão como o relaxamento essenciais à nossa capacidade de participar plenamente na excitação do corpo e em seu relaxamento.

Postura da Criança — Quadris Abertos

1 Termine o rolamento num dos lados (o lado esquerdo, por exemplo) e faça o braço direito girar até encostar na perna direita, de modo a ficar deitado sobre o lado esquerdo, olhando para a esquerda.

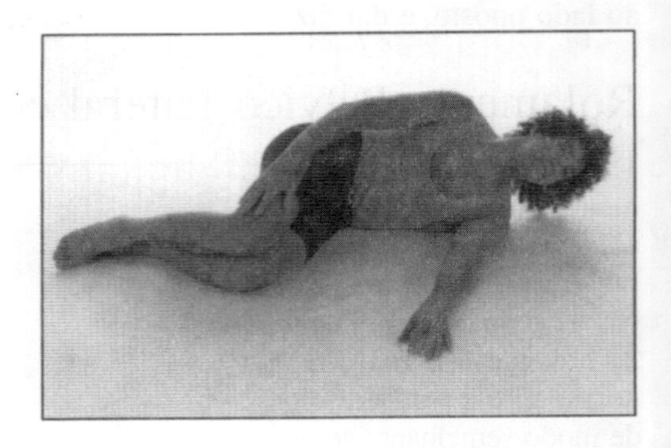

2 Posicione a mão direita no chão, perto dos joelhos.

3 Comece a pressionar o chão com os dois braços à medida que vai transferindo o peso até sentar-se sobre as pernas, com o tronco ainda dobrado para a frente. Deixe os joelhos se afastarem.

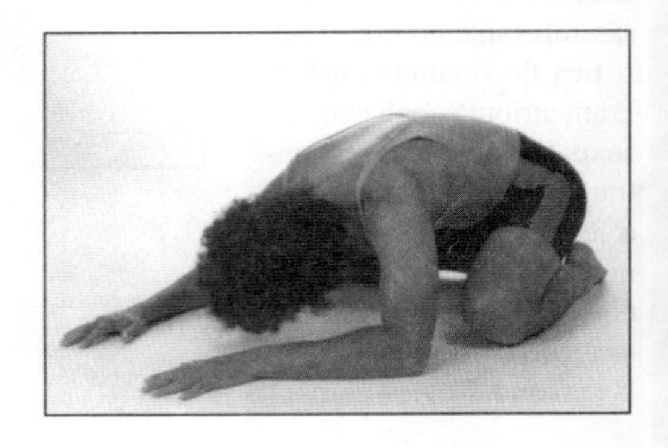

4 Movimente o tronco de um lado para o outro mexendo as articulações dos quadris suavemente. Levante o tronco o que for necessário para permitir que o movimento que começa na pelve chegue até a coluna, estimulando o movimento a partir do segundo chakra. Depois que o movimento começar a fluir, deixe que ele passe através de você e que saia pela cabeça e pelos braços, fazendo sua atenção voltar-se para a pelve, enquanto ele continua a gerar o movimento e a dirigir a energia para cima desde o chakra da raiz, através do segundo chakra pulsante, alcançando as demais partes do corpo.

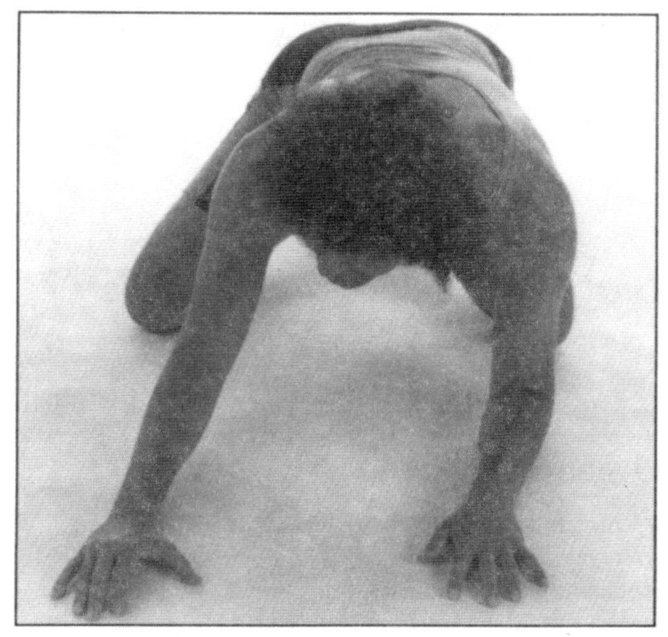

Cachorrinho de Cabeça Baixa

Aproxime as pernas até formar uma linha com a junção das coxas, e estire o tronco para a frente. Esta postura pode abrir a parte superior do tórax e o chakra do coração, mas, por ora, concentre-se na abertura que se forma na região pélvica quando você inclina a parte superior da pelve para a frente (como se esticasse a frente dos ossos do quadril na direção das coxas).

O gato

1 Coloque todo o seu peso sobre as mãos e sobre os joelhos e pare por um instante a fim de sentir o comprimento da coluna. Tome consciência do contorno do seu corpo.

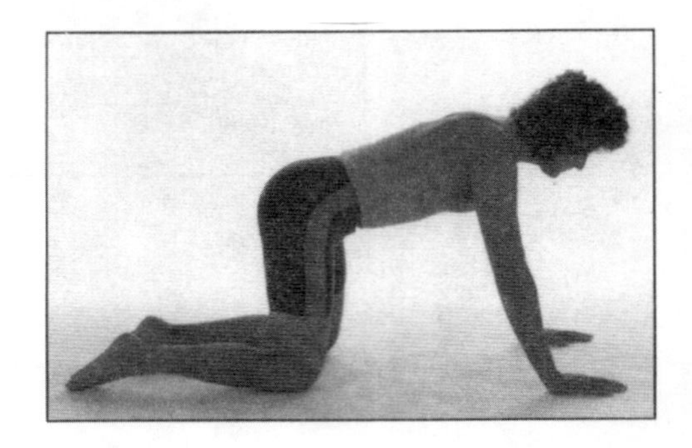

2 Ao expirar, comece a desdobrar a espinha para cima, na direção do teto, deixando a cabeça pender, relaxando o pescoço.

3 Ao inspirar, faça com que sua espinha forme um arco, inclinando a pelve para a frente, levantando o pescoço e a cabeça, enquanto os ombros se deslocam para baixo e para trás, afastando-se das orelhas. Continue este arco e repita o ciclo quantas vezes quiser.

4 Em seguida, balance os quadris de um lado para outro, formando com o tronco um arco lateral, voltando a cabeça na mesma direção das nádegas. Finalmente, deixe o movimento tornar-se mais espontâneo, explorando a dança que começa na pelve e se desloca através de todo o corpo. A única recomendação é a de você manter as mãos e os pés no chão.

Pernas Abertas

1 Encontre um modo natural de se movimentar a partir das mãos e dos joelhos para sentar-se sobre as nádegas com as pernas à frente. Afaste os pés um do outro até começar a sentir desconforto, mantendo os joelhos relaxados. Imagine sua coluna elevando-se do chão, iniciando no cóccix e subindo pelas costas, os ombros distanciando-se das orelhas, pescoço distendido, sentindo o alongamento chegar à cabeça e ultrapassando-a. Cuide para não virar o corpo.

Assim

Não assim

2 Mantenha as mãos apoiadas no chão e atrás, se esta posição o ajudar a deixar a coluna ereta. Você pode tentar fazer isso com os joelhos retos, mas se isso fizer com que a região lombar gire, pratique com os joelhos dobrados até que você adquira mais flexibilidade.

3 Ponha os braços à sua frente, as mãos apoiadas no chão, e comece a inclinar a pelve para a frente, forçando-a por meio das pernas ao realizar o movimento de rotação da junção do quadril. Simultaneamente, imagine que a coluna continua a se alongar.

Este exercício, complementando a abertura da virilha, se concentra na relação que a pelve tem com as pernas e com o resto da espinha. O relaxamento das juntas dos quadris propicia à pelve uma maior liberdade de movimento.

Transição por Meio do Agachamento

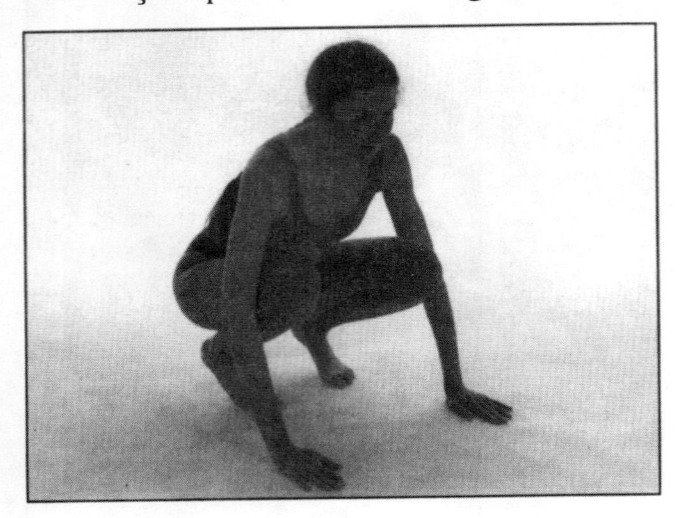

Aproxime as pernas à sua frente, descansando ligeiramente sobre as mãos apoiadas no solo, atrás de você. Pressione o chão com as mãos e transfira o peso para a postura do agachamento. Desdobre-se para ficar de pé do mesmo modo como no primeiro chakra (ver pág. 62).

Movimentação dos Quadris, de Pé

Nesta seção, os movimentos da pelve são a base para a dança do segundo chakra. Ao começar a praticá-los, concentre-se unicamente em isolar a pelve, mantendo a cabeça, a parte superior do corpo e os pés no lugar. Os movimentos se originam no segundo chakra, e embora eles acabem por refletir-se daí para o resto do corpo, o primeiro passo é praticar retendo os movimentos na área pélvica, e obter o controle sobre a direção e o impulso dos movimentos. Isto não significa que você deva manter a cabeça e os ombros rigidamente no lugar, mas antes que deve mantê-los relaxados e sem envolvimento no início.

Inclinação para a Frente e para Trás

1 Com os joelhos ligeiramente dobrados, enrijeça as nádegas e pressione o púbis para a frente, endireitando a curva natural da região lombar.

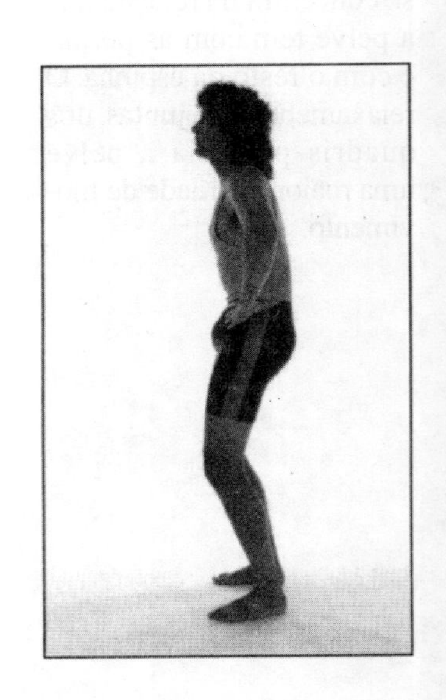

2 Lentamente, dobre a região lombar enquanto inclina o topo da pelve para a frente, dobrando ligeiramente a parte de trás do joelho.

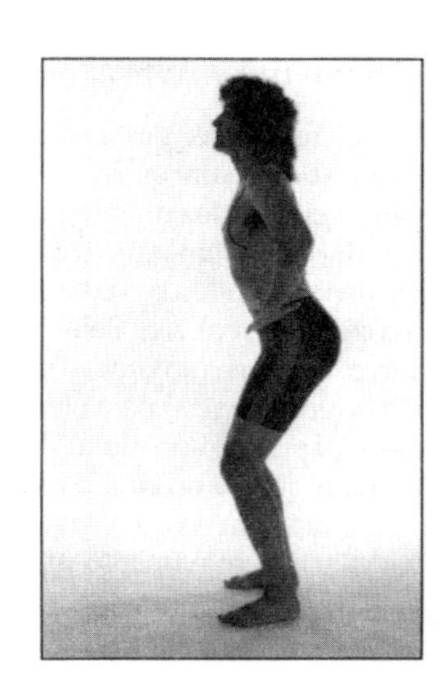

Transferência Lateral

Encontre a posição em que a sua pelve fique equilibrada no seu eixo da parte da frente e de trás.

Movimente suavemente a pelve de um lado para outro, mantendo o corpo imóvel da cintura para cima. Concentre o movimento na junção da coxa com o abdome. Acomode as pernas e os joelhos da melhor forma para que possam manter seu movimento.

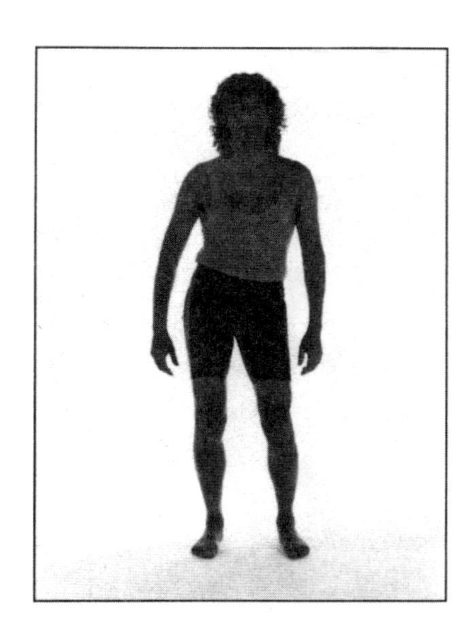

Movimento Circular

Realize movimentos circulares com os quadris, combinando os dois padrões de movimento anteriores. Não esqueça de realizar o movimento circular nas duas direções, esquerda e direita.

Movimento Livre

Agora, relaxe-se, desenhando figuras no ar com os quadris enquanto eles perfazem movimentos circulares, balançam e dançam por meio de todos os movimentos que possam realizar. Seus braços fluem com os movimentos, mas não volte a atenção para eles. Deixe-os expressar um fluxo de movimento que se origina no segundo chakra, em vez de levá-los a executar um movimento próprio.

Caminhando sobre a Água

Dê continuidade ao exercício "Movimentação dos Quadris, de Pé", mas, agora, tire os pés do chão ao mover-se, dando passos para os lados, para a frente, para trás, para qualquer direção que o movimento de sua pelve o levar. Visualize-se caminhando na água ou imagine que seu corpo é água, fluindo como um rio, rolando como ondas do oceano.

A Dança

Se você realizou o exercício até o movimento de caminhar pela água, você já está praticando a dança do segundo chakra, deslizando e fluindo pelo espaço que você tem à sua disposição. Sua dança pode levá-lo de volta ao chão, pressionando, puxando e rolando sensualmente, ou você pode usar as mãos para apoiar-se no assoalho, na parede, ou em algum móvel, dando liberdade de movimento a seus quadris. O início de cada fluxo de movimento provém da sua pelve, mas a sensualidade está em cada célula do seu corpo, em cada ondulação dos músculos e da carne, em cada transferência de peso.

Sua dança sobre a água pode assumir os fluxos de energia do oceano: grandes ondas, ondulações gigantescas, marés enchentes e vazantes. O reflexo silencioso de um lago ou de um tanque produz uma qualidade de movimento inteiramente diferente, com ondulações suaves fluindo de uma parte do seu corpo para outra. Talvez sua dança reflita a agitação e a força das cachoeiras, impetuosas, violentas e selvagens.

Assim como as relações sexuais podem variar de doces, sem graça ou engraçadas até apaixonadas, agressivas, intensas ou atemporalmente transcendentes, sua dança pode cobrir uma gama de expressões sensuais através do movimento. Deixe seu corpo guiá-lo sem a censura da sua mente e da sua programação social. Dançar sozinho, no princípio, pode ser muito importante nesse sentido — o medo da opinião dos outros pode constituir-se em poderoso repressor do movimento. Mais tarde, quando você tiver desenvolvido uma certa confiança em sua dança, e certa familiaridade com as pessoas com quem quer dançar, você pode achar mais fácil fazer este exercício com elas.

Movimento Bioenergético: A Ligação da Pelve

Este exercício começa com o embasamento bioenergético básico descrito no chakra um (pág. 67). Se você o esteve praticando por algum tempo, agora você está familiarizado com a sensação de deixar que a carga de energia proveniente da terra flua pelas pernas e chegue ao primeiro chakra. Se isto ainda não estiver acontecendo, continue com o primeiro chakra por mais algum tempo antes de se exercitar nesta seção. Se a energia ainda não fluir pelas pernas, é provável que não chegará até o seu segundo chakra, porque as pernas fazem parte do canal com que estamos trabalhando.

Recordando rapidamente, você deve se lembrar que está em pé, firme sobre os dois pés, afastados um do outro numa distância equivalente à dos ombros. Os joelhos estão dobrados, e você está criando uma carga de energia em suas pernas ao inspirar e dobrar os joelhos, e ao exalar e pressionar os pés sobre o chão enquanto os joelhos se endireitam. Lembre-se de que, durante este exercício, você nunca endireita os joelhos completamente.

Quando sentir que suas pernas estabeleceram a ligação, você pode acrescentar o exercício seguinte ao que você já vem fazendo:

1 Enquanto dobra os joelhos e inspira, mova as nádegas para trás permitindo que a pelve recue, como se balançasse sobre um pino localizado na sua cintura. Mantenha as costas eretas — todo esse movimento se realiza através da pelve. Deixe as mãos à vontade.

2 Ao expirar e ao pressionar os pés contra o chão, também mova a pelve para a frente. Ao inalar, dobre novamente os joelhos, mova a pelve para trás e repita a seqüência várias vezes.

O objetivo deste exercício é movimentar a energia que está se deslocando através das pernas, passando pelo primeiro chakra e chegando ao segundo. Você pode deparar com certa tensão que exigirá mais trabalho, ou pode achar o movimento bastante fácil. Quando voltar a atenção para a pelve, não esqueça que você ainda está absorvendo energia do chão, através dos pés e das pernas. Não perca sua base ao se concentrar em alguma coisa nova.

Continue o movimento até sentir que alguma coisa ocorre interiormente — alguma mudança na parte inferior do seu corpo. Você pode sentir a energia sexual começando a preencher sua pelve, ou pode sentir um fluxo de energia emocional. Você pode começar a tremer ou a se sacudir — sinal de que a energia está fluindo para um novo lugar. Relaxe e deixe-a fluir e chacoalhar.

O segundo chakra trata da mudança e do movimento, e este exercício permite que nosso corpo mude e se mova.

Quando você o tiver praticado tempo suficiente para atingir os seus propósitos, detenha-se num lugar que você sinta como o mais energizado. (Ao fazer isso, os joelhos ficam ligeiramente dobrados e a pelve se volta para o ângulo que crie a sensação maior.) Veja se você ainda pode sentir o fluxo da energia. Lentamente, passe a um estado de imobilidade total e sinta seu corpo por algum tempo. Caminhe em volta da sala e veja se é capaz de sentir algum efeito.

Pode ser necessário muita prática para sentir este exercício profundamente. Seja paciente consigo mesmo e procure desfrutar o processo.

Trabalho com um Parceiro: Alongando e Equilibrando

1 Fique de pé e de frente para seu parceiro. Cada um segura o outro pelos pulsos.

2 Afastem-se um do outro, lentamente, dobrando o corpo na articulação dos quadris, e não na cintura. Ambos mantêm os pés paralelos e afastados um do outro na distância equivalente à largura dos quadris. Afastem-se de modo a permitir que o peso de cada um fique o mais distante possível um do outro; o que os impede de cair é o equilíbrio decorrente da distribuição adequada dos dois pesos. Mantenham os braços esticados de modo a não

tentar manter-se de pé usando os músculos dos braços. A menos que você sofra de problemas lombares, endireite os joelhos e deixe que o peso de seu parceiro que o puxa alongue os tendões dos jarretes e da parte posterior das coxas. Posicionem os pés para manter o equilíbrio entre vocês ao iniciarem o alongamento. Concentrem-se em elevar os ossos dos quadris na direção do teto e em soltar a pelve para a frente, na direção das coxas. Para voltar à posição normal, dobrem os joelhos e caminhem lentamente um na direção do outro, ao mesmo tempo que levantam o tronco.

Este exercício tem várias funções relacionadas com o segundo chakra. Ao elevar os ossos dos quadris, a área dos órgãos genitais se abre, afetando diretamente a sexualidade do segundo chakra. Acrescente-se a isso o vínculo e a confiança que ocorre com relação a seu parceiro quando você é capaz de se entregar ao equilíbrio entre vocês.

3 Agora, pegue apenas uma das mãos do seu parceiro (pode ser a mesma mão ou a outra mão) segurando novamente pelos pulsos para manter a estabilidade. Deixem que o peso de vocês os mantenha afastados, desta vez mantendo uma postura ereta. Brinquem com o equilíbrio, estendendo o braço livre, fazendo-o circular no ar, experimentando erguer uma das pernas etc.

Trabalho com um Parceiro: De Costas Um para o Outro

1 Em pé, costas contra costas, joelhos ligeiramente dobrados, solte seu peso nas costas do parceiro. Você está de pé sobre seus próprios pés, mas seu ponto de equilíbrio está entre vocês dois. Se seu parceiro não estivesse aí, você cairia para trás. Observe as sensações em suas costas e a pressão do outro corpo sobre você. Quais são as partes das suas costas que estão unidas? Se você percebe que apenas a parte superior das costas está tocando a de seu parceiro, veja se consegue fazer com que a parte inferior também se ligue. Preste atenção à sua respiração, e veja se pode sentir a respiração do seu parceiro, ambos se expandindo um em direção ao outro em cada inspirar e ambos relaxando em cada expirar.

2 Comecem a mover-se lentamente um na direção do outro, imaginando que estão conversando com suas costas. Sejam sensíveis ao movimento do parceiro e encontrem meios de fluir juntos no movimento. Depois de dançar juntos por algum tempo, deixem que os braços se juntem à dança. Quando quiserem terminar, encontrem uma maneira adequada para concluir a dança, sem parar abruptamente. Respeitem a energia que vocês partilharam.

Trabalho de Grupo: Dança

Cada participante se envolve com a sua própria dança do segundo chakra (ver pág. 113), em torno do espaço onde está trabalhando, tomando consciência da dança dos demais participantes. Ao se sentir atraído, junte-se a outro dançarino, dançando com ele, tocando-o ou não, conforme a vontade de ambos, explorando sua ligação com essa outra pessoa. Vocês podem unir ambas as mãos, ou podem pegar apenas uma delas deixando o outro braço dançar livre. Vocês podem unir as costas e observar aonde essa junção os leva. Vocês podem se alternar espontaneamente na condução de alguns movimentos, enquanto o outro imita os movimentos do líder, ou um de vocês pode levar o outro pela mão, saltando, pulando e dançando pela sala. Quando você se sentir satisfeito, encontre uma maneira de despedir-se com movimentos, e dance com outra pessoa ou mesmo sozinho por algum tempo (isso é importante se você tem a tendência de se acomodar a seu parceiro a ponto de perder contato com sua própria dança).

Lenços longos e esvoaçantes podem constituir-se num elemento agradável a mais nessa dança de grupo, inspirando uma fluidez graciosa tanto nos movimentos do indivíduo como nos do parceiro ou do grupo. A dança com lenços faz com que vocês possam ligar-se segurando o lenço juntos e brincando com ele, sem se tocarem. Vocês podem formar grupos com mais de duas pessoas. Deixe a música finalizar sua dança, ou encontre um final natural espontâneo.

Atividades Práticas

Relacionamos abaixo alguns assuntos que dizem respeito ao segundo chakra, e também sugestões de como trabalhar com eles. Usufrua durante algum tempo o ensinamento que cada um oferece. Uma vez que esse chakra trata do prazer, aproveite.

Sexo

A sexualidade é a expressão da energia do segundo chakra. Ela decorre logicamente do desejo, da emoção e do prazer. É a experiência máxima de união com o outro — a dança da dualidade e o movimento da energia através do corpo, o êxtase do prazer.

Se você mantém um relacionamento sexual, crie e pesquise. Tente algo novo, fale sobre seus sentimentos, sobre sexo, compre alguma peça de roupa íntima *sexy*, assista a um filme ou leia um livro erótico, ou trabalhe com um livro de auto-ajuda erótico com seu parceiro.

Se você não mantém um relacionamento assim, entregue-se à fantasia sobre quem você gostaria que fosse o seu próximo parceiro — que espécie de relacionamento sexual você gostaria de ter, como você gostaria de sentir esse relacionamento, como ele o estimularia. Faça amor consigo mesmo, envolvendo todo o seu corpo no processo. Você também pode fazer várias coisas dentre as arroladas acima, tais como comprar uma roupa íntima, ver um filme erótico ou apenas falar sobre sexo com amigos de sua confiança.

Sozinho, ou com alguém em quem você confia, mova-se com sensualidade, preste atenção às sensações de tato, aos aromas, aos sabores. Sensações de todos os tipos fazem parte de nossos sentimentos, do nosso estímulo à consciência e do nosso prazer. Sintonize-se com as sensações em todos os lugares e sinta como elas o afetam.

Movimento

Diferente do chakra um, que tinha relação com um estado de calma, de quietude e de contenção, o chakra dois trata do movimento e da expansão. O chakra dois diz respeito à sintonia com o movimento que brota do interior. O movimento nos põe em contato com o nosso corpo e faz com que a energia nos permeie continuamente, nutrindo-nos.

Observe seus movimentos ao longo do dia ao realizar suas atividades. Sempre que se lembrar, faça alongamento, balance, equilibre-se, relaxe-se confortavelmente.

Sinta o prazer do movimento pelo menos uma vez ao dia. Coloque alguma música e dance em sua sala de estar, prestando atenção às necessidades de expressão do seu corpo em vez de seguir algum modelo preestabelecido. Localize as partes tensas do corpo e veja quais os movimentos que podem liberá-las. Procure deslocar essa energia para as outras partes do corpo. Faça experiências com os movimentos como parte de sua expressão pessoal. Que movimentos representam você realmente? Que movimentos expressam seus sentimentos? Que movimentos despertam os seus sentimentos?

Reserve tempo para realizar os movimentos descritos na seção movimento, pois isso é absolutamente importante para este chakra.

Mudança

A verdadeira essência do segundo chakra é a mudança. Quando passamos do primeiro ao segundo, da estabilidade ao movimento, da sobrevivência ao prazer, passamos por uma mudança. Quando evitamos a mudança bloqueamos o segundo chakra. Se você aprendeu a formar uma base sólida através do trabalho do primeiro chakra, agora você não precisa apegar-se à segurança de ficar com as mesmas velhas coisas.

Pense em algo diferente para fazer. Se você sempre vai ao trabalho pelo mesmo trajeto, mude propositadamente de caminho. Se sempre usa cores escuras, vista cores claras. Se fala muito, fique quieto; se fala pouco, procure agir mais em companhia de outros. Fique atento a afirmações do tipo "Eu nunca faço isso — não tem nada que ver comigo", como indício de um padrão que você poderia mudar. Observe o efeito que o fato de realizar algo completamente fora do que o caracteriza provoca sobre a sua consciência e sobre a sua sensação de estar vivo.

Água

A água é o elemento do chakra dois. Fique algum tempo dentro da água ou perto dela — nade, passeie de barco por um rio, por um lago ou pelo mar. Entregue-se aos prazeres da água sob a forma de banhos quentes de chuveiro ou de banheira, ou de duchas demoradas. Estude a essência da água, como ela se movimenta, como flui. Preste especial atenção a seus rituais com água, como banhar-se ou tomar uma ducha, fazer café ou molhar as plantas. Preste atenção à sua necessidade de líquidos e à sensação que eles despertam quando entram no seu corpo.

Alimentação Nutritiva

Quando reunimos todos os atributos do segundo chakra: água, sexo, prazer, emoção, movimento, mudança — todos eles descrevem modos de alimentação e de nutrição. Portanto, acima de tudo, ALIMENTE-SE BEM! Faça o que julgar correto. Seja bom consigo mesmo.

Exercícios com o Diário

1. Desejo

O desejo é o fruto do corpo (chakra 1) e o combustível da vontade (chakra 3). O desejo é o que nos põe em ação (chakra 1), desdobrando-se e expandindo-se para abranger mais do que apenas nós mesmos. Agora que consolidamos o que temos, é hora de olhar para o que queremos.

Dedique algum tempo para entrar em contato com seus desejos. Faça uma lista deles. Observe quantos deles são desejos do corpo, desejos da mente, do espírito, do ego ou do que seja. Querer dormir mais, por exemplo, é um desejo do corpo. Querer ler um livro pode ser um desejo da mente. Querer um Ph.D. pode ser um desejo da mente ou talvez do ego.

Em seguida, observe se alguns dos seus desejos se excluem mutuamente. Você pode querer mais dinheiro e, ao mesmo tempo, mais horas de folga. Qual dos dois é mais importante? (No terceiro chakra, transformaremos nossos desejos em metas, visto que trabalharemos com a vontade.)

2. Emoções

As emoções estão intimamente relacionadas com os desejos. A raiva nasce de um desejo de ser tratado melhor, a tristeza advém da perda de algo que desejávamos, a felicidade de um desejo realizado. Focalize suas emoções — examine como elas governam sua vida, examine o que você faz com elas, como elas afetam sua energia, e registre as emoções que o afetam mais fortemente.

No final de cada dia, reserve um momento para rever as emoções vividas. Faça no diário um pequeno calendário e escreva algumas observações que descrevam o percurso das emoções. Você pode até mesmo desenhar um rosto que reflita seu estado de ânimo de cada dia, de modo que, no fim do mês, você possa olhar esses rostos e obter um quadro emocional global de si mesmo.

A emoção é o movimento da energia para fora do corpo. Quando bloqueamos uma emoção, bloqueamos o fluxo de energia através dos chakras. Permita-se liberar a tensão dos lugares que você está bloqueando. Isto não significa descarregar a raiva (ou chorar) sobre alguém que por acaso esteja por perto quando essa liberação acontecer; em vez disso, significa criar um momento e um lugar em que você possa deixar suas emoções fluírem. Também significa abandonar velhos rancores e sofrimentos que o inibem e que não se prestam mais a nenhum propósito positivo. Este é o momento de livrar-se daqueles velhos sentimentos para que não venham a interferir em sua vida mais tarde. Escrevê-los pode ser útil neste processo.

Exercícios com o Diário

3. Prazer

O desejo e as emoções têm muito que ver com o prazer e com o sofrimento. O prazer é um impulso para a frente; o sofrimento faz com que recuemos. Este é o momento para proporcionar a si mesmo algum prazer!

Faça uma lista das coisas que lhe dão prazer. (Em que ela é semelhante à sua lista de desejos?) Novamente, veja que na lista há prazeres para todas as partes que constituem o seu ser — o seu corpo, a sua mente, o seu espírito, suas emoções, sua criatividade, etc. Trabalhe no sentido de criar alguma pequena satisfação para si mesmo todos os dias, estabeleça para si mesmo a meta de atingir um equilíbrio geral em uma semana a fim de energizar todas as suas partes. Observe como você se sente a seu respeito e como a quantidade de prazer em sua vida afeta o seu amor-próprio.

Quanto do que você faz para si mesmo diariamente é para o seu próprio prazer? Com que grau de culpa você depara quando se permite sentir prazer? Como o prazer o faz sentir-se? Que prioridade ele tem na sua vida? Você se sente feliz com isso?

4. Dualidade

Uma das forças básicas para o movimento do universo é a atração dos opostos, uma força que acontece devido à existência da dualidade. Este é o momento de prestar atenção aos opostos.

- Quais são as qualidades que se opõem às suas próprias, e como você se sente a respeito delas?
- O que você reprime em si mesmo? Como você é polarizado?
- Uma das polaridades entre as quais oscilamos é a dualidade macho/fêmea. Até que ponto você reconhece seu lado feminino? E o seu lado masculino?

Reserve algum tempo para identificar a sua sombra. A sombra é a parte da personalidade que rejeitamos por ser desagradável, sem ética, ou indesejável. Nossa sombra pode ser a parte de nós que é raivosa, egoísta, preguiçosa ou desleixada. Identificar a sombra não significa que enfatizamos essas características, mas que reconhecemos a existência delas diretamente, de modo que não impregnem nossas ações. Se minha sombra é um ser furioso, eu poderia identificá-la observando de onde a raiva surge, e que papel ela desempenha em minha vida.

- Que forma a sua sombra teria se você a deixasse expressar-se?
- Que sentimentos estariam aflorando?
- Como esses sentimentos afetam a sua vida no momento presente?

As emoções são a expressão energética do segundo chakra. Muitos de nós experimentamos dualidades em nossas flutuações emocionais: nós variamos da alegria à tristeza, da esperança ao desânimo, da ira à calma. Numa situação ideal, queremos uma variação total de emoções, de modo a podermos abarcar ambas as polaridades, e ao mesmo tempo gostaríamos de estar centrados e equilibrados segundo essa variação. Se podemos sentir apenas um lado, ficamos emocionalmente desequilibrados. Se ficamos de tal maneira presos nas flutuações de modo a não podermos sentir o ponto intermediário, podemos perder o nosso sentido do eu, e nos tornamos vítimas de nosso próprio fluxo emocional.

- Até que ponto suas emoções variam de um extremo ao outro?
- Quais são os pólos mais comuns?
- Eles se equilibram ao longo do tempo?
- Qual seria uma expressão intermediária dessas emoções?

Idealmente, o Eu Interior é o ponto de encontro de todas as dualidades. Neste chakra, trabalhamos para abandonar a polarização e chegar a um equilíbrio, sem negação ou repressão. Em vez disso, buscamos a integração que nos permite ascender através dos chakras a partir de uma base firme e sólida com uma carga vivificante de energia emocional.

5. Reavaliação

- O que você aprendeu sobre si mesmo ao trabalhar com as atividades do segundo chakra?
- Quais são as áreas desse chakra sobre as quais você precisa trabalhar? Como você fará isso?
- Quais são as áreas desse chakra com as quais você está satisfeito? Como você pode fazer uso dessas forças?
- Que mudanças você realizou e como se sente a respeito delas?

Ingresso no Espaço Sagrado

O Altar da Meditação do Mar

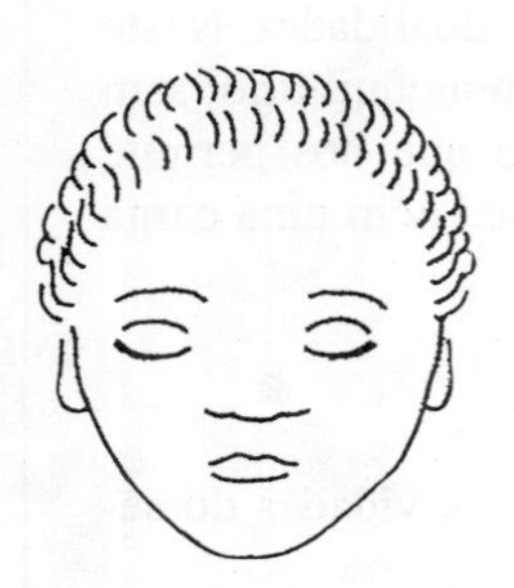

Um agradável ritual em louvor do mar pode ser feito por quem vive próximo às águas onde há marés. Comece na maré baixa e na praia recolha conchas, galhos flutuantes, algas e outras coisas. Escolha um lugar para fazer uma mandala com esses objetos. Faça-a com um desenho que se constitua numa afirmação para você — pode ser um símbolo de paz, o símbolo do yin-yang, uma oferenda a uma deusa do mar, ou uma criação conjunta com uma pessoa querida. Ao terminar, medite sobre a mandala e então contemple a maré elevando-se e levando-a embora.

Ritual para Equilibrar a Polaridade

Muitas vezes na nossa vida percebemos que estamos oscilando entre duas escolhas, incapazes de firmar duas partes nossas aparentemente opostas. Isso faz parte da dança da polaridade e, geralmente, se uma decisão entre duas escolhas não é perceptível, é porque cada lado tem méritos consideráveis e nenhuma escolha isolada resolve satisfatoriamente o problema.

O ritual descrito a seguir é muito simples e pode ser feito individualmente ou em grupo, com qualquer número de participantes. Prepare o espaço para caminhar em círculo, de acordo com a extensão que o local lhe permitir. Fixe na mente a trajetória do círculo e remova todos os obstáculos ao longo do trajeto.

Sente-se em meditação o tempo necessário para entrar em contato com os dois lados da sua equação. Pode tratar-se de algo prático, como continuar no emprego ou pedir demissão, ou mudar para uma nova casa. Pode ser a necessidade de equacionar diferentes partes suas, como a que quer ficar sozinha e a outra que prefere ser mais social. Ou pode ser a necessidade de equilibrar uma polaridade em que você ficou preso ultimamente, como trabalho e diversão, passividade e agressão, atividade e quietude. Para este exercício, é importante tomar apenas um conjunto de polaridades por vez, mas você pode repetir o ritual quantas vezes desejar.

Olhe para o círculo e trace mentalmente o diâmetro dele. Você pode até marcá-lo com um bastão ou com algum objeto fino. Em seguida, considere um dos lados do círculo como um dos lados da polaridade e o outro como seu oposto. Por exemplo, se estou tentando separar meu conflito sobre casa e carreira, posso fazer o lado direito do círculo representar a carreira, e o lado esquerdo representar a vida familiar.

Caminhe lentamente em volta do círculo numa direção. Quando estiver num dos lados do círculo, mergulhe no sentimento que esse fato desperta em você. Quando caminho no lado da carreira, mergulho no sentimento que tenho quando estou fazendo o meu trabalho, viajando, ministrando cursos, realizando promoções, escrevendo, etc. Quando ultrapasso o ponto intermediário do círculo e entro no lado que representa o lar, mergulho no sentimento de estar em casa com a família, relaxando, cozinhando, sossegando.

Caminhe em círculo várias vezes. Cada vez que você cruza o ponto intermediário, você passa para a outra polaridade, imergindo totalmente nessa realidade e prestando atenção às sensações que ela provoca em seu corpo. Deixe que seu corpo expresse essas sensações à medida que caminha. Você pode caminhar com peito estufado e orgulhoso num lado e encurvado no outro, ou então caminhar rapidamente num lado e lentamente no outro.

Depois de caminhar várias vezes ao redor do círculo, e de sentir cada lado, você estará pronto para caminhar no meio. Ao fazer isso, tente estabelecer um equilíbrio entre os dois extremos. Imagine-se fazendo as duas coisas ao mesmo tempo, incorporando a energia do veloz e a tranqüilidade do lento, a excitação de um lado e a sensação repousante de outro. Observe como seu corpo sente isso. Veja se você agora pode caminhar pela sala desse modo. Observe todos os sentimentos de resolução.

Ritual em Grupo

Uma pessoa pode dirigir o grupo através de todas as seções, ou cada seção pode ser dirigida por pessoas diferentes.

Material Necessário

Uma taça para cada participante
Uma jarra com água
Música ao vivo ou fitas gravadas (oferecemos algumas sugestões, mas você pode escolher qualquer música que lhe pareça apropriada)

Criação de um Espaço Sagrado

Dêem-se as mãos formando um círculo, e em seguida virem-se de modo a olhar para o lado de fora do círculo. Um participante lidera o grupo para realizar o embasamento, criando raízes profundas na terra. A partir disso, continuem com as imagens mentais que seguem.

Ao absorver a energia para o seu corpo, direcione-a ao primeiro chakra e imagine-o brilhando com cores vermelhas e rodopiando. Isso purifica a esfera de energia terrestre, equilibrando-a à medida que gira; em seguida, ela continua subindo e passando através de cada chakra. Imagine essa energia assumindo as diversas cores apropriadas, e girando e equilibrando sempre mais. Ao chegar ao sétimo chakra, no topo da cabeça, visualize a energia que percorreu os chakras explodindo na coroa, abrindo-a para a ligação com a energia universal que pode então entrar pela coroa e derramar-se para os chakras, misturando-se com a energia terrestre que subiu das raízes da terra.

Sintam as pessoas que estão ao lado e estendam os braços deixando que as costas das mãos se toquem. Visualizem a energia que circula através de cada um de vocês saindo de cada uma das mãos e entrando nas mãos das pessoas que estão ao seu lado, criando um fluxo circular de energia que percorre o circuito e volta para o seu interior. Quando essa energia circulante ficar forte e adquirir estabilidade, estendam os braços à frente erguendo-os lentamente, formando um arco que se eleva no alto, onde as mãos erguidas de todos se tocam em ambos os lados. Isto cria uma esfera de energia que circunda todo o círculo.

Em seguida, cada participante volta o rosto para o interior do círculo, ainda mantendo os braços levantados e sustentados pela energia. Visualize seus braços fechando o topo da esfera ao serem postos para a frente na direção do centro do grupo.

Invocação dos Elementos

Usando música, todas as pessoas do grupo se movimentam livremente através do espaço do ritual, permitindo que seus corpos se tornem cada um dos elementos, voltadas para as direções apropriadas. O movimento de cada elemento pode ser diferente para cada participante. Por exemplo, uma pessoa movendo-se como o ar pode estender os braços através do espaço em movimentos amplos e energéticos enquanto imagina ventos fortes.

Outra pode andar levemente na ponta dos pés enquanto os braços e a cabeça balançam suavemente.

Para o fogo, os movimentos podem representar labaredas saltando e dançando selvagemente, ou podem ser pequenas faíscas de energia bruxuleando, ou até mesmo vulcões em erupção. Os movimentos da água podem fluir suavemente como um riacho, ou podem refletir o movimento de subida e de descida das marés, ou talvez a dança da chuva caindo. A terra pode inspirar movimentos amplos, lentos, firmes, ou talvez você possa rolar no chão ou acompanhar, batendo com os pés no chão, as batidas sincopadas do coração. Estas são apenas algumas das muitas possibilidades — a dança nascerá da sua própria interpretação pessoal de cada elemento.

Música: Ar (Leste) *Dream Theory in Malay*. (These Times) Hassell
Fogo (Sul) *Drums of Passion*. Olatunji
Água (Oeste) *Dream Theory in Malay*. (Gift of Fire) Hassell
Terra (Norte) *Lotusongs II*. Ojas

Invocação da Divindade

Cada participante se torna o corpo receptivo e alimentador da Deusa — a terra fértil pronta a dar condições de crescimento e a prover o sustento. Cada um então se torna o Deus sob a forma do espírito da vida que brota de dentro, desabrochando e crescendo até o amadurecimento, a maturidade.

Música: *Cymbalom Solos*. Michael Masley

O Trabalho com a Energia

Cada participante dança sua própria dança, deixando que os movimentos sejam conduzidos pelos quadris e pela pelve, podendo juntar-se aos companheiros sempre que quiser e pelo tempo que desejar.

Música: *Dancing Toward the One*. Gabrielle Roth & the Mirrors

Canto e Comunhão

Quando o movimento termina, todos se deitam no chão, próximos uns dos outros, em silêncio. Todos cantam enquanto a taça de cada participante é enchida com água de uma jarra comum.

(Ver o canto "Deixe a água cair", na página seguinte.

Para estabelecer o equilíbrio

Os participantes voltam a formar o círculo, cada um com os braços em volta da cintura do outro. Relembre e libere tudo o que foi evocado. Reconheça a energia que vocês formaram e com que dançaram e devolvam o excesso que houver à terra, baixando com ele o círculo.

Deixe a Água Cair
Letra e música de *Anodea Judith*
Dei x'a á gua ca ir, dei x'a á gua cair. Dei x'a á gua cair na terra
Qu'as plan tas cres çam Que a á gua caia
Que o ver de cres ça na ter ra.

Fontes

Livros

Abbott, Frankin, org. *Men & Intimacy*. The Crossing Press.
Anand, Margo. *The Art of Sexual Ecstasy*. Jeremy Tarcher.
Barbach, Lonnie. *For Each Other: Sharing Sexual Intimacy*. Signet.
Bonheim, Jalaja. *The Serpent and the Wave: A Guide to Movement Meditation*. Celestial Arts.
Chia, Mantak & Maneewan. *Healing Love through the Tao: Cultivating female sexual energy*. Healing Tao Books.
Douglas, Nik & Slinger, Penny. *Sexual Secrets*. Destiny.
Hawthorne, Nan. *Loving the Goddess Within: Sex Magick for Women*. Delphi Press.
Ramsdale, David Alan e Ellen Jo. *Sexual Energy Ecstasy*. Peak Skill Publishing,
Williams, Brandy. *Ecstatic Ritual: Practical Sex Magick*. Avery Pub.

Música

Hassell, Jon. *Dream Theory in Malay*.
Masley, Michael. *Cymbalom Solos*.
Khan, Al Gromer. *Divan I Khas*.
Roth, Gabrielle & The Mirrors. *Dancing Toward the One*.
Initiation.
Ritual.
Totem.
Waves.
Roth, Schawkie. *Dance of the Tao*.

Catálogos

Good Vibrations
1210 Valencia Street
San Francisco, Ca 94110

CHAKRA TRÊS
Fogo

Considerações Preliminares

Onde Você Está Agora?

As palavras abaixo são conceitos-chave relacionados com o terceiro chakra. Medite sobre cada uma por alguns momentos. Em seguida, faça associações livres escrevendo todos os pensamentos e imagens que lhe venham à mente. Observe que os conceitos listados incluem tanto os aspectos positivos como os negativos do terceiro chakra.

Poder
Vontade
Energia
Metabolismo
Facilidade
Humor
Controle
Autoridade
Agressão
Guerreiro
Transformação
Tepidez
Fogo

Este chakra envolve o plexo solar, localizado entre o umbigo e a base do esterno. Como você se sente com relação a essa área do corpo? Já teve algum problema nessa área no decorrer de sua vida?

Preparação do Altar

Comece cobrindo seu altar com amarelo. Perceba a energia e a vitalidade do amarelo brilhante e do seu efeito sobre você. Sendo o fogo o elemento desse chakra, você pode representá-lo com velas ou lamparinas. Leia a tabela de correspondências e acrescente ao altar o que for apropriado, consciente do propósito de cada item que você utilizar. No terceiro chakra, é importante permanecer consciente do *propósito* em todas as ações.

Neste chakra, voltamos a atenção para a nossa vontade, examinando o rumo que estamos dando à nossa vida e fazendo uso da energia necessária para chegar aonde queremos. Você pode dispor sobre o altar objetos que simbolizem suas metas e o propósito da sua vida. Crie uma colagem com imagens que sejam o reflexo do rumo que você quer tomar e de quem você quer ser no mundo e coloque-a sobre o seu altar ou acima dele.

O ritual que usamos no terceiro chakra (ver pág. 162) inclui a anotação de nossos objetivos numa vela. Depois de terminar o ritual, coloque a vela no meio do altar e acenda-a durante suas meditações ou exercícios até que ela queime totalmente.

Correspondências

Nome Sânscrito	Manipura
Significado	Pedra preciosa
Localização	Plexo Solar, entre o umbigo e a base do esterno
Elemento	Fogo
Apelo/Questão Principal	Poder, energia
Metas	Vitalidade, força de vontade, sentido de propósito, eficiência
Disfunção	*Excesso:* incapacidade de diminuir o ritmo, necessidade de estar no controle, irritação constante, úlceras estomacais, peso excessivo em torno da cintura. *Deficiência*: Timidez, energia baixa ou fadiga crônica, dependência de estimulantes, relação de submissão com a vida, problemas digestivos
Cor	Amarelo
Astros	Marte, Sol
Alimentos	Carboidratos complexos
Direito	De Agir
Pedras	Topázio, âmbar
Animais	Carneiro, leão
Princípio Operador	Combustão
Ioga	Karma Ioga
Arquétipos	Mago, Guerreiro

Partilha da Experiência

"Meu nome é Sally e passei por momentos de emoções intensas e incontroláveis durante este mês. Estive com raiva, nervosa e hostil por quase uma semana inteira. Acordei às sete horas da manhã e escrevi uma carta de dezessete páginas para minha mãe, que sempre está nervosa. Isto me revelou uma porção de outras coisas também, criando aberturas em meus chakras superiores, o que está movimentando a minha energia antes estagnada."

*

"Eu sou Sue e algumas coisas próprias do terceiro chakra começaram a se manifestar em mim. Bem no dia em que eu precisava me afastar das pessoas e ficar sozinha, recebi a incumbência de realizar três tarefas. Eu provavelmente as teria realizado se contasse com a colaboração de meus colegas, mas essa colaboração não aconteceu. Ao se passarem dois terços do dia, irrompi como um vulcão — explodi. Passei isso para todos. Odeio fazer isso porque depois preciso lidar com as conseqüências. Eu disse então ao meu chefe que, se ele quisesse que eu executasse as tarefas, ele precisava me fornecer a ajuda necessária e deixar-me sozinha na terceira semana, a do período do balancete. E acho que ele entendeu."

*

"Eu sou John e tive um mês interessante. O universo me proporcionou vários desafios no que diz respeito ao terceiro chakra. Estou sendo desafiado a manter a minha base, a cuidar de mim mesmo. Parece ter havido uma espécie de sinergia nisso: lidar com os assuntos que ameaçavam a mim e à minha mulher, e manter nosso relacionamento transparente, e ao mesmo tempo proteger nosso espaço, sabendo que alguém mais ia assumir a responsabilidade por alguma coisa. E então ser desafiado a fazer novamente a mesma coisa com outra pessoa. Ser invadido, violentado, e ser capaz de dizer Não. Ter de dizer ao policial se quero instaurar processo. Não querer fazer isso, mas sendo advertido de que não haveria proteção a menos que eu quisesse. Saber que isso poderia deixar alguém infeliz, e todavia fazê-lo porque era correto."

*

"Meu nome é Georgia e estou apaixonada. Está realmente acontecendo. Estou muito feliz, sinto-me muito forte; não tenho tudo sob controle, como costumo fazer, mas mesmo assim realmente forte, vivendo plenamente cada momento. Sei que isso se relaciona mais com o quarto chakra, mas estou percebendo como tudo isso me faz sentir forte."

*

"Sou Janet e creio que tinha três preocupações quando me juntei a esta turma. A primeira era que meu chefe me tirava todo meu poder. A segunda era não me sentir amada e querer ter um parceiro, e a terceira era não ter dinheiro. E nos últimos trinta dias, desde que nos encontramos, entrei com uma petição discriminatória contra meu chefe, e reassumi meu poder. Agora ele está na defensiva, o que me faz sentir poderosa. Consegui um aumento mensal de 200 dólares. E me apaixonei! Sinto-me ótima!"

*

"Sou Katherine e este mês minha chama interior ardeu intensamente. Sinto que tudo o que eu soltei no primeiro e no segundo chakras foi canalizado no terceiro chakra e eu tive um mês glorioso. Tudo está funcionando. Consegui mais dinheiro. Canalizei um curso inteiro e ministrei-o. É como se meu poder tivesse se tornado tão forte, que tenho a impressão de ter dado força a todas as pessoas à minha volta. Tudo fluiu facilmente. E quando tive de pôr-me de pé por mim mesma, senti-me capaz de manter minha base, sem a sensação de luta. Pedi uma alta soma por um trabalho que estava executando, e a consegui, e ainda recebi mais pedidos. Fui desafiada várias vezes, até mesmo na assinatura do contrato, e mantive-me firme todas as vezes. Sinto como se fosse um poder partilhado. Relacionei-me bem com todas as pessoas com as quais trabalhei no decorrer deste mês."

*

"Sou Gabrielle e não tive um mês muito bom. Foi um mês próprio do terceiro chakra, mas não foi agradável. Entrei em contato com minha raiva, com o modo como a reprimo, e com a preocupação de ser uma garota gentil; mas acabei sendo levada pela raiva, o que foi doloroso para mim. Também percebi como me fixo em minha dor em vez de acabar com ela, e peguei-me usando minha raiva para transferir essa dor para as atividades ou para a comunicação. Durante todo o mês, senti essa pressão em meu coração, e às vezes uma liberação que se transformava em sentimentos amorosos. Mas era difícil, porque não me sinto bem com a raiva. Agora, as boas notícias! Minha meta era conseguir um emprego em algo que eu gostasse, e consegui um trabalho com 'energia'! Vou ensinar as pessoas a conservar energia. Eu adoro fazer isso!"

*

"Sou Karlin e trabalhei com várias questões relacionadas com o poder. Em meu emprego sou uma intermediária entre a gerência superior e as gerências médias, o que me obriga a ser diplomática e a administrar assuntos de poder; com isso, adquiri o hábito de aprender a ficar comigo mesma. Tomei decisões definitivas de renunciar a partes minhas quando tinha seis anos de idade, e agora venho trabalhando para recuperá-las."

*

"Sou Jeanette, e usei a energia do terceiro chakra para fazer coisas que há tempos venho adiando. Escrevi algumas coisas e fiz um orçamento financeiro; também comecei a ir ao trabalho a pé, e tratei de algumas questões ligadas a antigos relacionamentos. Finalmente, remeti uma carta que havia escrito solicitando informações sobre algumas oportunidades de emprego. Realizei uma porção de coisas este mês, coisas que eu havia adiado, e a energia do terceiro chakra aflorou, ateou sua chama, e tudo foi feito, o que me fez sentir realmente bem."

Compreensão do Conceito

Com o nosso corpo em perfeito equilíbrio e os nossos sentimentos fluindo, estamos prontos para iniciar o trabalho de desenvolvimento do chakra três, o chakra que se relaciona com o *poder pessoal,* com a *vontade* e com a *vitalidade.* É aqui que empreendemos a ação, que criamos a mudança, que nos reorganizamos para a eficiência e que nos purificamos na chama da vida. O nome deste chakra é *Manipura*, que significa "pedra preciosa". Este é o chakra do plexo solar, da energia solar, do fogo, da luz amarelo-dourada, brilhando com força e vontade.

Fogo

Nosso elemento é o fogo, e este chakra rege a *criação e a expressão de energia* no corpo. O fogo é o elemento que transforma e que converte a matéria em energia na forma de calor e de luz. Enquanto nossos dois primeiros chakras, terra e água, estão sujeitos à gravidade, e fluem para baixo, o fogo envia seu calor e suas labaredas para cima. Esta mudança é necessária para o processo de transformação de dirigir a energia para os chakras superiores. Fisiologicamente, isto está relacionado ao metabolismo, que transforma o alimento e a água em energia e calor. Psicologicamente, a relação se dá com nossa expressão de poder e vontade pessoais, com as ações criadas pela combinação do corpo e do movimento proveniente de baixo, temperadas pela consciência vinda de cima.

Podemos intuir a condição do terceiro chakra examinando nosso relacionamento com a metáfora do fogo. Algumas pessoas têm uma disposição "morna," outras, quente; outras ainda são frias, emocional e/ou fisicamente; algumas são rápidas e decididas, ao passo que outras são lentas e entorpecidas. Esses são estilos energéticos e podem ser relevantes para diversos chakras. Mencionamos isto aqui no contexto que envolve aprender a examinar as qualidades de nosso próprio estilo energético, e de ver sua relação com o elemento fogo.

Um terceiro chakra saudável desperta uma sensação de bem-estar e de calor. Há riso, prazer, harmonia com o meio ambiente e alegria na ação graciosa e intencional. O poder emana de dentro, e não é nem opressivo nem submisso. Não é um poder feito de controle, próprio ou de terceiros, mas um poder que resulta do amálgama — mente e corpo, eu e os outros, paixão e compaixão.

Poder e Vontade

O verdadeiro poder resulta da harmonia de nossas polaridades, à semelhança da energia elétrica que deriva da combinação dos pólos positivo e negativo. Nosso poder pessoal é maior quando combinamos nossos lados masculino e feminino, nosso lado luminoso com nossa sombra, nossa força com nossa vulnerabilidade. A exploração dessas polaridades pertence aos domínios do chakra dois, ao passo que a combinação delas cria o poder do chakra três.

Se considerarmos o Sistema de Chakras como um todo, nosso poder advém da combinação das correntes ascendente e descendente. A corrente de liberação ascendente fornece a energia, ao passo que a corrente de manifestação que desce da consciência dos chakras superiores fornece a forma — canalizando a energia como os fios conduzem a energia elétrica para que ela possa ser usada como força.

A consciência, quando aplicada à energia ígnea do chakra três, torna-se *vontade*. A vontade é a direção consciente de nossa energia vital para uma meta precisa. É a vontade que diferencia a energia bruta do poder verdadeiro, porque é ela que guia, contém e utiliza essa energia. Para termos uma vontade forte, precisamos de consciência — *saber* quais são nossas metas, ter em nossa mente uma idéia do que queremos alcançar. A energia instintiva dos dois primeiros chakras começa a mudar de direção neste nível, incorporando mais consciência às nossas ações e reações.

Uma mudança de consciência significativa ocorre quando mudamos nosso ponto de vista de vítima para o de co-criador. A condição de vítima existe e, quando crianças, todos tivemos alguma experiência em que fomos vítimas. É tarefa do chakra dois reconhecer e lamentar essa experiência. Todavia, se continuamos a considerar nossas circunstâncias como algo causado por outras pessoas, então somos impotentes para mudá-las. Para entrar no chakra três, temos de estar convencidos de que nossa vida é o resultado de nossa própria vontade, um salto que muitas pessoas têm dificuldade de dar. Só então começamos realmente a nos ligar com o poder que nossa vontade pessoal pode de fato ter.

Um conceito apropriado com o qual podemos trabalhar para o desenvolvimento da vontade é o do Guerreiro Espiritual. Este arquétipo representa a pessoa que quer manter sua base, que quer proteger o sagrado interior, aceitar desafios e manter o poder de uma maneira firme e serena. Bons guerreiros refletem o sentido de que estão dispostos a lutar bravamente se assim for necessário, e é precisamente esse sentido que pode evitar a luta. Guerreiros Espirituais não utilizam seu poder indevidamente, mas agem segundo um contexto de força, de verdade e de honra.

A palavra poder advém da raiz *podere* — ser capaz. É nossa tarefa, no terceiro chakra, recuperar nosso *direito de agir*. A recuperação desse direito nos deixa em condição de usar nossa vontade, a começar um projeto e a acompanhá-lo até o fim, enfrentando os obstáculos que surgirem; nos permite assumir riscos, não ficando presos pelo medo; e a liderar sem dominar e sem nos engrandecermos. Capacita-nos a enfrentar sem negar as injustiças que ocorrem e a agir para corrigi-las — garantindo que nós mesmos e os outros não nos tornaremos vítimas novamente.

Muitas pessoas sofrem do que eu chamo de "vontade incapaz". Vezes sem conta fomos reduzidos à condição de impotência, demasiadamente criticados ou punidos por nossas ações, ensinados a nos submeter à autoridade, ou considerados estúpidos ou maus. Nessa cultura, somos educados com vistas na obediência. Os pais ensinam as crianças a reprimir sua raiva, a nunca retrucar, nem mesmo (e muitas vezes especialmente) quando ocorrem desentendimentos. As escolas recompensam a obediência, como o fazem o exército e muitos empregos. Culturalmente, sofremos de uma vontade incapaz. Pagamos impostos para financiar guerras que não desejamos, aumentamos a poluição quando vamos para o trabalho, submetemo-nos diariamente a rotinas que arruínam o nosso espírito.

A vontade incapaz é vulnerável à dominação porque, quando deixamos de exercer a nossa própria vontade, outras pessoas podem dispor dela. O exército exige submissão à autoridade, a qual então dirige a vontade coletiva com vistas no uso da força contra a força. Cônjuges, filhos, professores ou patrões podem dirigir a nossa vontade por nós. A vontade incapaz é vulnerável à dependência, ao controle de terceiros e à escravidão em geral. Quando isso acontece, o resultado é um sentimento de impotência, e a energia e a vitalidade diminuem, fechando assim o terceiro chakra. Uma vontade incapaz não tem desejo, e, portanto, nem fogo nem entusiasmo.

É através do desejo que estimulamos a vontade. Quando expandimos nossos horizontes do eu para o outro, da singularidade para a dualidade, estamos tendo escolha. Escolher conscientemente é um ato de vontade. O resultado dessa escolha é a mudança e a reorganização da nossa energia de vida. O poder, ligado a nossos corpos e a nossos sentimentos, e temperado pela compreensão, é a meta.

Excesso e Deficiência

A tarefa física do terceiro chakra é transformar adequadamente o alimento em energia. Disfunções comuns podem manifestar-se de muitas maneiras. Problemas de digestão e de metabolismo, como hipoglicemia ou dificuldade na digestão de alimentos indicam falta de energia, o que caracteriza uma deficiência. Diabetes ou úlceras estomacais são uma "ultrapassagem" das funções metabólicas, ou uma reação de excesso.

Em geral, um bloqueio no terceiro chakra pode ser visto como excesso ou como falta de energia. A dependência a substâncias que dão a ilusão de energia, como cafeína, açúcar, anfetaminas ou cocaína são o resultado de uma deficiência básica na sensação de poder e de vitalidade da pessoa. As substâncias dão uma trégua temporária, mas, no decorrer do processo, causam uma deficiência ainda maior, pois retiram do corpo a saúde e o descanso. A fadiga crônica, uma deficiência visível do terceiro chakra, pode ser resultado da dependência ou da doença. Um sistema imunológico fraco não tem energia para "combater" a doença. O repouso e uma dieta apropriada podem restaurar uma energia física deficiente.

A obesidade pode ser vista como uma deficiência do terceiro chakra, porque o corpo não pode transformar apropriadamente o alimento em energia. (A obesidade, entretanto, é uma questão complexa, que pode envolver mais de um chakra.) A remoção das obstruções do terceiro chakra de modo a expressar a raiva e a recuperar o poder pode fazer maravilhas para ajudar as pessoas a readquirir o equilíbrio do peso.

Outras características físicas revelam o estado do centro de poder. Um estômago tenso, rijo (a menos que você seja um halterofilista) indica que o poder não está fluindo com facilidade pelo centro do tórax — indica a existência de uma tensão constante ou de uma necessidade de defesa. O diafragma contraído, a incapacidade de respirar profundamente pela barriga, ou um terceiro chakra desequilibrado sugerem medo de assumir o poder, de mostrar-se e, às vezes, de assumir responsabilidade. Todas essas são características de deficiência.

As pessoas com excesso no terceiro chakra podem sentir um desejo quase incontrolável de ingerir substâncias sedativas, como álcool, tranqüilizantes ou opiáceos, porque acalmam o sistema nervoso hiperativo e criam uma sensação de relaxamento. Um terceiro chakra apresentando excesso de energia pode manifestar-se na forma de uma barriga exagerada, sem o peso correspondente distribuído por outras partes do corpo, bloqueando fatores genéticos. As pessoas que têm uma forte necessidade de estar no controle, de manter o poder sobre os outros, de dominar ou de sempre parecer superiores estão supercompensando uma sensação de perda do seu verdadeiro poder.

O deixar de dar valor a si mesmo ou um sentido oculto de vergonha em geral têm origem num terceiro chakra com excesso de energia ou deficiente. Voltar a atenção para as nossas raízes, para o nosso passado, e trabalhar com os nossos sentimentos são métodos que ajudam a nos recuperar dessa vergonha e a devolver ao terceiro chakra seu papel saudável no Sistema de Chakras — como um tecelão que integra matéria e consciência na força interior de cada um.

Trabalho com o Movimento

A meta do terceiro chakra é voltar a atenção para o plexo solar, a fonte da nossa energia. Alguns desses exercícios ativam os grupos de músculos que sustentam essa área do corpo, ao passo que outros implicam o uso do plexo solar como iniciador, a fonte dos movimentos que se irradiam para outras áreas do corpo. Este chakra energiza e dá força não apenas ao plexo solar mas ao sistema inteiro, de modo que trabalhamos com o corpo como um todo, fazendo com que caminhemos e nos movimentemos com uma variedade de níveis e de estilos de energia. Deixe que os exercícios de caminhar sejam uma experiência para ativar a percepção dos padrões (hábitos) de movimento que são familiares a você. Muitos dos exercícios podem iniciá-lo em maneiras novas e desconhecidas de sentir sua força e poder. Incorpore-os na sua vida, como parte de uma prática de movimentos ou como algo que você faz durante todo o seu dia, e você sentirá essa força e poder de uma maneira que irá além do físico, questionando suas concepções sobre o que é possível para você na sua vida.

Caminhadas

1 Sinta todo o seu corpo, desde a ligação dos pés com o chão, subindo pelas pernas, pelos quadris, pelo tronco, sentindo cada respiração transmitindo energia para dentro do corpo. Quando você sentir que formou uma base firme, comece a caminhar, usando todo o espaço disponível. Caminhe normalmente, observando como se sente, como sente a sua energia, como ela se expressa no seu caminhar. Enquanto caminha, atente para a sensação que o caminhar causa sobre a área do terceiro chakra.
2 Agora caminhe como se estivesse preocupado e apressado, precisando superar alguma dificuldade. Imagine que está tendo um dia agitado, com muitas coisas para fazer, que tem mais três encontros e não tem certeza sobre se vai dar conta de tudo; você tem compras a fazer, recados a dar, e tudo é demais, tudo é estafante. Perceba as mudanças no seu corpo enquanto caminha, sinta as partes que você tensiona, sinta a sensação do seu terceiro chakra, e deixe acontecer.
3 Agora, caminhe a esmo. Você não sabe o que vai fazer hoje; não sabe sequer o que está fazendo nesta vida. Esta caminhada não tem nenhum propósito, nenhum sentido de

direção. Novamente, perceba as sensações do seu corpo, sinta o que seu terceiro chakra sente. Observe as mudanças — qual a diferença dessa caminhada em comparação com a caminhada preocupada e agitada de antes? Em seguida, altere novamente seu modo de caminhar colocando nele um propósito; agora você sabe para onde vai, você sabe que pode chegar lá, você sabe que tudo estará bem. Você caminha com certo sentido de direção, de propósito. Perceba como seu corpo sente, sinta o que seu terceiro chakra sente. Volte a caminhar de maneira natural.

4 Agora, vamos tentar fazer uma caminhada que se relacione mais com seu sentido de espaço e de força da gravidade do que com sua sensação. Comece deixando que seu corpo se torne pesado, como se duplicasse o peso. Sinta a gravidade exercendo sua força a cada passo que você dá. Observe em que partes do corpo você sente essa força, onde você sente o peso. Como isso afeta seu corpo? Qual a sensação do seu terceiro chakra resultante desse modo de caminhar?

5 Livre-se desse peso e sinta-se leve, como se não tivesse nenhuma dificuldade em flutuar; seu corpo se tornou leve como uma pluma; você está caminhando acima do solo, imponderável, como se a gravidade tivesse desaparecido. Qual a sensação que seu corpo apresenta? Qual a sensação do seu terceiro chakra?

6 Encontre um equilíbrio entre vergar-se sob o peso e tornar-se leve a ponto de flutuar, um lugar onde você se sinta em equilíbrio. Perceba as sensações do corpo quando você caminha de uma maneira equilibrada. Atente para a sensação do seu terceiro chakra.

7 Agora, pare de caminhar e sinta a energia do seu corpo parado. Coloque uma das mãos, ou ambas, sobre o terceiro chakra para concentrar sua atenção. Sinta como a sua energia se movimenta pelo seu corpo, as partes que você sente energizadas e as que não estão recebendo nenhuma energia.

Postura do Barco

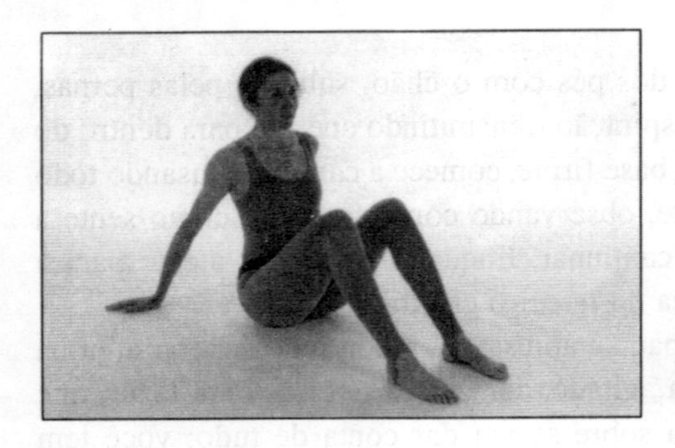

1 Sente-se com os joelhos dobrados e com os pés à frente apoiados sobre o assoalho.

2 Alongue a espinha, inclinando o tronco para trás, o tanto que for necessário para impedir que suas costas se dobrem.

3 Ao exalar, endireite um dos joelhos, esticando a perna. Procure manter a coxa na mesma posição em que ela estava quando você mantinha o joelho dobrado. Fique atento ao trabalho em seus músculos abdominais para não deixar que o tronco se incline para trás. Dobre novamente a perna e execute o mesmo movimento com a outra perna. Esse exercício com cada perna isoladamente prepara-o para a postura do barco, fortalecendo os músculos de que você precisará. Pratique mantendo a espinha sempre reta, sem pender para trás, algo bem mais difícil de conseguir quando você estende ambas as pernas.

4 Para a postura do barco completa, estique as duas pernas para a frente, da mesma maneira como as esticou separadamente no exercício anterior; em seguida, estenda os braços para a frente, paralelos ao chão, com as palmas voltadas uma para a outra e os ombros abaixados.

A Postura do Barco fortalece os músculos em torno do terceiro chakra e proporciona a prática necessária para um trabalho vigoroso, ao mesmo tempo que mantém o bem-estar e o relaxamento em todos os demais músculos que não são utilizados na formação dessa postura.

Alongamento Frontal

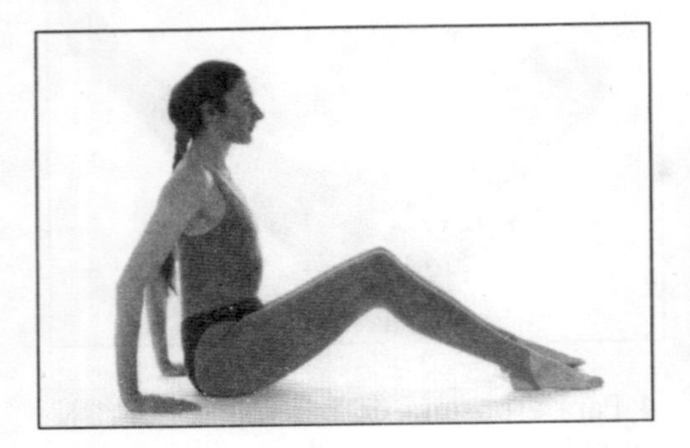

1 Comece na mesma posição da Postura do Barco, com os joelhos dobrados à frente, os pés apoiados no chão. Coloque as mãos atrás com os dedos voltados para os pés.

2 Ao exalar, estenda os braços e as pernas, erguendo os quadris. Imagine os ossos da parte da frente dos quadris elevando-se em direção à sua cabeça ao mesmo tempo que o cóccix se volta para a ponta dos pés. Contraia as nádegas e alongue a coluna enquanto rebaixa os ombros. Esta postura combina a força com a abertura da frente do corpo, especialmente o plexo solar.

Transição Através do Agachamento

Depois do alongamento frontal, sente-se novamente sobre as nádegas, dobre os joelhos e volte os pés para dentro. As mãos apoiadas no chão ajudam a manter seu centro de equilíbrio sobre os pés. Desdobre-se para ficar em pé da mesma maneira que no primeiro chakra (pág. 62).

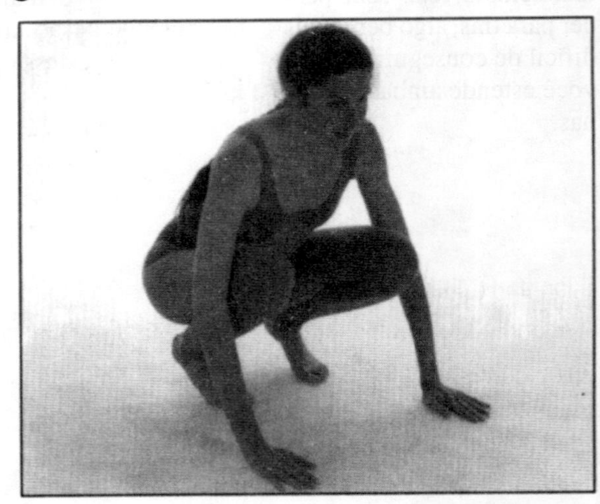

Vibração

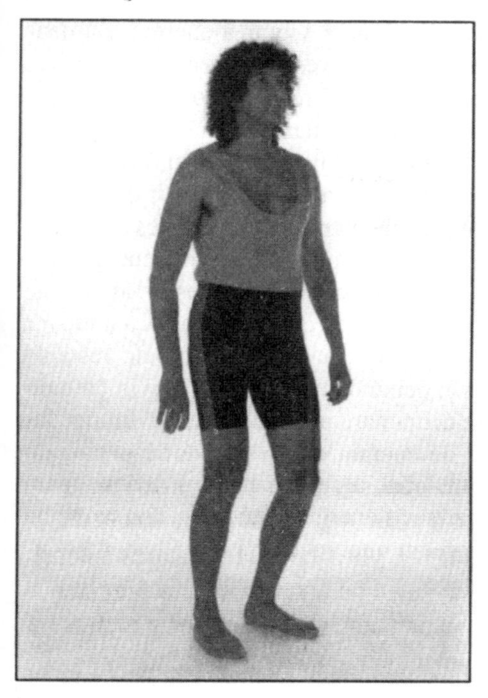

Imagine seus pés afundados na terra e, como parte dela, brotando de suas profundezas. Sinta suas raízes crescendo a partir dos pés e deixe que iniciem uma dança com o chão à volta delas. Sinta o movimento das gavinhas das raízes dançando com a umidade do chão, dançando com a energia intensa desse planeta que vive e que se movimenta. À medida que a dança de suas raízes continua, a energia começa a subir pelos seus pés e pernas, e os seus músculos reagem dobrando ligeiramente os joelhos ritmicamente, alternando as pernas para criar uma sensação de bombeamento. Os joelhos não se dobram muito e nunca se endireitam por completo. Os calcanhares mal se levantam do chão. Respire tranqüila e profundamente, sentindo o ar encher os pulmões. Seu corpo, incluindo a parte superior do tronco, o pescoço, a cabeça e os braços, pende suavemente, permitindo que o ar circule por ele. A vibração sobe pelas pernas, passa pela pelve e se desloca para a coluna (e para os chakras), despertando todas as células e todos os músculos, pois os faz vibrar com o movimento e com a energia bombeados através de você pela ação dos joelhos e dos pés.

Use uma música de ritmo e percussão adequados para inspirar movimento vigoroso. Adapte os movimentos dos joelhos ao ritmo da música. Assegure-se de que a música utilizada lhe permita mover-se confortavelmente de modo a manter a sincronia com o seu ritmo.

Agora, ponha todo o seu corpo em movimento, permitindo que o chacoalhar e a vibração que subiram pelas pernas e pelo tronco desloquem a sua atenção para outras partes do corpo. Imagine uma bola de energia movimentando-se através de você; à medida que ela chega a cada parte do corpo, chacoalha e faz vibrar essa energia no movimento. Brinque com ela, sinta-a como chamas dançando no espaço ocupado pelo seu corpo, chamas que surgem de um sol luminoso, brilhante, cintilante, localizado no seu plexo solar.

Movimento do Eixo da Espinha

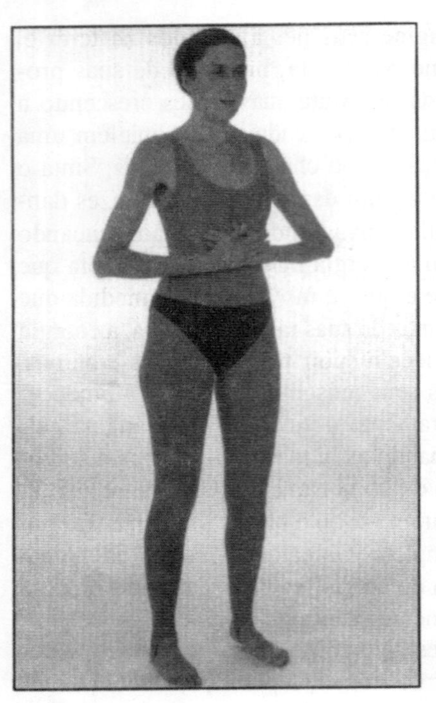

Enquanto continua a vibrar a energia e a dirigi-la para cima através das pernas e da pelve, coloque as mãos sobre o plexo solar. Sinta a vibração sob as palmas das mãos e visualize uma bola amarela pulsando sob suas mãos, um pequeno sol que gera energia a partir desse centro e que a irradia para as outras partes do corpo. De modo especial, preste atenção à energia que flui através do tronco, dos ombros e dos braços.

Agora, à medida que você começa a mover o plexo solar no espaço (seguido pelo restante do corpo), deixe que o fluxo do movimento do plexo se dirija para os braços, como um rio flamejante de energia que se move de dentro do seu centro para sair pelas mãos e dedos e para reintegrar-se às energias que rodopiam em volta do espaço em que você está.

Comece a cobrir o espaço com esse movimento, percorrendo a sala com o terceiro chakra, com o plexo solar dirigindo o movimento, gerando a energia que se irradia desse centro e

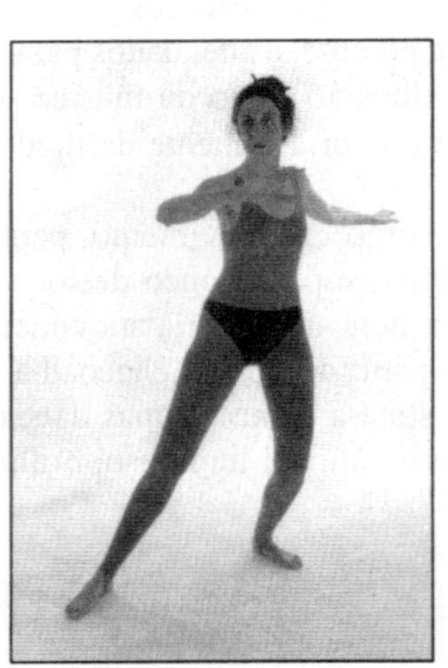

que sobe para a espinha. Sem dobrar a espinha, gire-a para que o movimento flua para fora dos braços. Numa terminologia mais comum — sua coluna mantém o alinhamento enquanto seu tronco e seus braços giram em torno dela. Deixe o movimento diminuir e parar, e sinta a energia fluindo no seu corpo enquanto você permanece imóvel.

Movimento do Lenhador

O Movimento do Lenhador tem a finalidade de reunir a energia do corpo e de liberá-la. Ao colocar todo o seu ser no movimento e no som, você pode ficar espantado com a força e a energia que existem dentro de você. Este exercício é especialmente útil se você é tímido e se tem dificuldade para agir com firmeza.

1 Plante os pés firmemente no chão, afastados mais ou menos uns sessenta centímetros um do outro. Mantenha os joelhos ligeiramente dobrados. Levante os braços acima da cabeça, as mãos unidas pelos dedos entrelaçados. Estenda os braços para cima e incline-se ligeiramente para trás enquanto inspira.

2 Abaixe-se rapidamente ao exalar, emitindo em voz alta o som "ahh" enquanto faz isso, colocando os braços entre as pernas. Repita este exercício várias vezes, fazendo com que o movimento do seu corpo e o som que você emite sejam tão vigorosos quanto possível.

Criando o Sol

1 Em pé, com os pés paralelos, separados na distância equivalente à largura dos quadris, com braços pendendo ao lado do corpo. Imagine-se levantando, desenvolvendo-se a partir de raízes enterradas profundamente no chão saindo de seus pés. Descansando a pelve sobre os ossos da coxa, visualize a coluna crescendo na direção do céu. Os ombros se soltam e o pescoço se espicha enquanto o topo da cabeça (a coroa) se eleva. Os braços são estendidos para baixo, sem que você os tensione, mas alongando-os.

2 Mantenha os braços estirados e alongados enquanto os suspende lateralmente, devagar, formando um arco tão amplo quanto lhe for possível.

3 Na altura dos ombros, lembre-se de deixar os ombros cair novamente se eles também se ergueram; vire as palmas das mãos para cima.

4 Continue o movimento dos braços para cima. (Com a prática, você poderá completar o arco de baixo até o topo com uma única inalação.) Vire as palmas para fora novamente, e, exalando o ar, baixe-as lentamente, pressionando o espaço à sua volta com a energia dos raios do sol. Imagine-se sendo o sol, sendo a energia que flui por você e pelos seus braços. Depois que os braços tiverem completado o seu circuito, sinta o brilho do sol que você criou à sua volta.

A Postura do Guerreiro

Fique em pé, com os pés paralelos, separados por uma distância aproximada de um metro e meio. Vire a perna direita para fora, num ângulo de 90º, de modo que a ponta do pé e o joelho fiquem virados para a direita. Volte a perna esquerda ligeiramente para o centro. Comece com os braços estendidos ao longo do corpo, e erga-os devagar até a altura dos ombros, alongando-os, enquanto os ombros baixam e o pescoço se espicha. Mantenha a posição da perna direita e ao mesmo tempo gire o tronco de modo que fique

voltado para a frente o quanto for possível. Vire a cabeça de modo a olhar na direção do braço direito. Inspire profundamente e, ao exalar o ar lentamente, dobre o joelho direito, formando um ângulo reto entre a coxa e a perna, com o joelho diretamente acima do calcanhar. Mantenha o tronco ereto e equilibrado, não se inclinando sobre a perna direita nem para trás, na direção da perna esquerda. Mantenha a perna esquerda reta, contraindo o músculo da coxa para erguer a rótula. Ao terminar, endireite lentamente o joelho direito, inspirando o ar, volte à posição inicial e altere as posições das pernas para repetir o exercício do outro lado.

A prática da Postura do Guerreiro, além de desenvolver a força e a determinação, proporciona a oportunidade de encontrar o equilíbrio entre a agressão (avançando demais na direção da perna da frente) e a não aceitação do desafio (distanciando-se da perna da frente e apoiando-se na perna de trás). O Guerreiro está sempre pronto, centrado, despendendo apenas a energia necessária para manter o estado de alerta, não desperdiçando energia na agressão.

A Dança

Os movimentos do terceiro chakra são uma expressão de sua força e poder, do seu direito de ocupar um espaço no mundo. Esta é uma dança agressiva, com movimentos que anunciam sua presença e seu direito de estar aqui. Com freqüência, a dança é expansiva; por isso, assegure-se de que você dispõe de espaço suficiente para se mover sem se sentir apertado. Deixe que os movimentos expressem sua amplitude, sua segurança, sua energia. Você pode começar com o movimento ardente da Vibração, deixando a energia gerada tomar vida própria em seu corpo. Sua dança também pode começar na força firme e equilibrada do Guerreiro, com movimentos lentos e amplos que definem seus limites e exibem sua confiança. O Lenhador também pode ser o início de sua dança, preenchendo seu espaço com o som e com a afirmação de agilidade e força do seu corpo cortando o espaço e evoluindo em outras direções enquanto a energia o move. Você pode começar com os conceitos e imagens que lhe vêm à mente para o terceiro chakra e deixar que tomem forma em seu corpo, sem idéia preconcebida de como devam parecer-se — esta é a sua dança: dance-a com todo seu entusiasmo!

Trabalho com um Parceiro: Invasão do Espaço

Fiquem de pé, um de frente para o outro, afastados um do outro mais ou menos oitenta centímetros. Um tenta invadir o espaço do outro, enquanto o parceiro se protege da invasão. Invertam os papéis para que cada um tenha a oportunidade de invadir e de ser invadido. Como você conserva seu poder enquanto protege seus limites?

Trabalho com um Parceiro: Puxar a Toalha

Fiquem de pé, afastados mais ou menos um metro, cada um segurando a ponta de uma toalha. Sem mover os pés, brinquem de cabo de guerra com a toalha, cada um tentando puxá-la para si. Libere a criança dentro de você e deixe que ela grite coisas como "Minha!" "Me dá!". Isto possibilita nossa ligação com o "estágio do querer" da nossa infância e o nosso acesso aos sentimentos que se desenvolviam naquela época.

Trabalho com um Parceiro: Estátuas

Um dos parceiros vira escultor enquanto o outro permanece numa posição neutra, pronto para ser esculpido. O escultor coloca o corpo neutro na posição que mais lhe interessar; a estátua mantém a posição em que o escultor a colocou. Quando o escultor tiver terminado, a estátua mantém a postura pelo tempo suficiente que lhe permita entrar em contato com suas sensações; em seguida, muda para posturas com as quais se identifique mais, recuperando o corpo e sua postura. Assumam várias posições antes de inverter os papéis.

Com freqüência, este exercício levanta questões de controle, visto que cada parceiro se submete aos caprichos do outro. As escolhas que fazemos ao nos movermos pela vida podem ser ditadas por outros sem que sequer percebamos que estamos nos rendendo à vontade da mídia, de nossos pais, do grupo de amigos ou de outras forças externas. Ao sermos moldados tão abertamente por outra pessoa podemos observar esse processo e nos reencontrar à medida que assumimos a postura ao escolher como queremos que ela seja.

Atividades Práticas

Os Riscos que Corremos

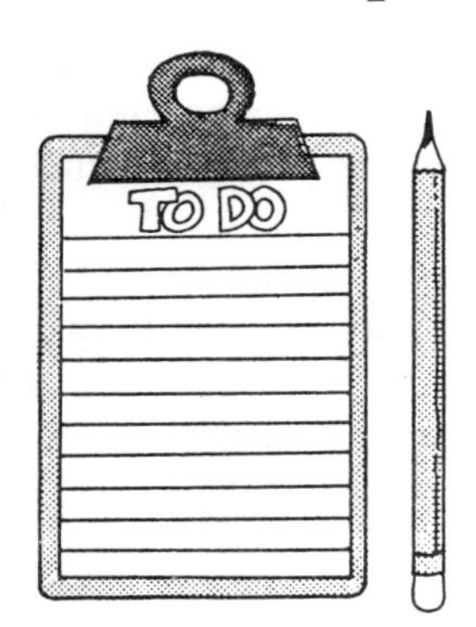

O poder e a vontade são como músculos. Eles raramente se desenvolvem quando ociosos. Se nos prendemos sempre àquilo que é seguro e garantido (função do primeiro chakra), não passamos pela experiência do crescimento, da superação, do triunfo e da percepção do nosso poder. Não adquirimos confiança sem correr riscos. Todavia, os riscos precisam ser calculados sensatamente, pois os fracassos contribuem pouco para a aquisição da confiança.

Os riscos podem assumir muitas formas. Algumas pessoas assumem riscos físicos saltando de pára-quedas, planando de asa delta, surfando ou simplesmente estendendo os limites do que acreditam ser suas limitações físicas. Outros riscos podem ser dizer a alguém coisas que você sempre teve medo de dizer, como um confronto em que você solicita algo que deseja ou exercita a prática do "não" para uma mudança.

Que riscos, entre os que até hoje evitou, você poderia correr agora? Sinta o que acontece no seu plexo solar quando você se imagina se aproximando de um risco, topando-o e envolvendo-se com ele. O que o tem impedido de fazer isso? Que medos e outros sentimentos surgem quando você o imagina? Imaginar como você reagiria às supostas conseqüências também pode ajudar. Por exemplo, pense no que você dirá a uma pessoa com quem tem evitado comentar determinado assunto. Imagine a resposta dela e a reação que você teria a essa resposta. Você pode representar esse diálogo com um amigo para ajudá-lo a praticar. Faça isso, e sinta o que o seu plexo solar sente realmente. Compare sua projeção com a realidade.

Acabando com a Inércia

Liberar a energia é acabar com a inércia. Os bloqueios são mantidos muito mais por hábito do que por qualquer outra coisa. Se você se sente acorrentado e não consegue se soltar, saia correndo, faça de conta que ficou nervoso, mova-se, faça qualquer coisa para superar a inércia. Depois do primeiro passo, você terá energia para que possa trabalhar e lhe será mais fácil realizar tudo o que for importante. Alguns dos exercícios físicos descritos na seção de movimentos para este chakra são ótimos para essa finalidade. *Faça alguma coisa que envolva grande atividade uma vez por dia.*

Examine os Sistemas de Energia

Você é um sistema de energia completo. Você é também parte de vários sistemas de energia mais amplos — sua família, seu local de trabalho, sua comunidade, cultura e país. Visto que o terceiro chakra trata da dinâmica energética, é interessante examinar os vários sistemas de energia que o compõem com a finalidade de localizar disfunções. Algumas disfunções energéticas típicas são:

- Desequilíbrios de poder, como necessidade de estar no controle, ou ser submisso. Em sua rede energética imediata, quem tem esses problemas e como eles o afetam?
- Desequilíbrios na quantidade do trabalho, como dedicar-se mais a determinado tipo de trabalho num sistema. Esse pode ser um trabalho de lidar com as emoções, trabalho na área da comunicação, trabalho inicial (iniciar coisas), trabalho efetivo (como em horas extras, compromisso extra), trabalho de professor particular, cuidado com os filhos ou trabalho doméstico.
- Bloqueios no sistema. Onde a energia que se desloca pelo sistema fica bloqueada? Quais são as forças que atuam sobre essa pessoa ou elemento do sistema? O que pode ser feito para ajudar a energia a fluir mais livremente?

Adote algumas medidas para alterar esses sistemas de energia se isso for necessário, mudando o seu enfoque energético.

Resistência

Aqui, vamos verificar em que ponto sentimos maior resistência no nosso campo de energia. Talvez tenhamos dificuldade para começar as coisas, talvez resistamos a um confronto, talvez resistamos a uma vivência íntima. Ao examinar a resistência, é importante verificar por que ela está ali. Não podemos apenas passar por cima dela. A resistência desaparece rapidamente quando encontramos a razão da sua existência, quando a reconhecemos e a compensamos satisfazendo a necessidade que ela representa de uma maneira saudável. Se você não sabe por que sente resistência a alguma coisa em particular, pergunte à sua criança interior. Ela provavelmente saberá.

A que você resiste com freqüência? De que você tem medo? De onde vem o medo? O que você pode fazer para torná-lo menos ameaçador, ou tornar-se mais capacitado a enfrentar o perigo?

Tome algumas iniciativas para acabar com a resistência. Procure realizar suas tarefas sem ceder à resistência (use sua força de vontade).

Paixão, Vontade e Libertação das Amarras

Essas palavras podem parecer contraditórias, mas são relevantes para o terceiro chakra. Nossa paixão fornece combustível e excitação à vontade. Quando nossos sentimentos estão adormecidos, nossa vontade não tem entusiasmo — ela se torna uma estrutura rígida e não uma energia concentrada. É assim que o segundo chakra serve ao terceiro — revelando nossos sentimentos, desejos e paixões.

Se, todavia, nossas paixões se fixam em algo que não seja evidente, ou em algo que não seja saudável para nós (como um relacionamento prejudicial, por exemplo), então podemos liberar uma quantidade enorme de energia nos libertando dessas amarras. Isto se vincula ao exame dos sistemas de energia mencionados. Se a sua ligação não está servindo ao seu sistema de energia de uma maneira positiva, você está exaurindo o seu poder e minando o desenvolvimento do seu terceiro chakra. Faça alguma coisa para romper as amarras que não estão sendo úteis ao seu sistema de energia.

Poder Superior

Um dos princípios importantes dos programas de recuperação é a rendição a um "poder superior". Com relação aos chakras, quando nos abrimos a um poder "superior", estamos nos abrindo ao poder dos chakras acima de nós. Quando nos abrimos ao nosso Eu Superior, atraímos a consciência através do chakra da coroa para alimentar e energizar os chakras inferiores.

Podemos também nos abrir a um poder "mais profundo". Isto significa abrir-nos ao poder da terra, ao poder do nosso corpo e de nossos sentimentos. Quando fundimos esses dois poderes, estamos intermediando uma polaridade e intensificando o poder da nossa vida.

Medite usando cada um desses poderes como um apoio para a sua vida diária. Tente usá-los isoladamente ou em combinação, compare os sentimentos que eles produzem, e veja como eles o ajudam na solução dos seus problemas.

Fluxo de Energia

Você é feito de energia. O terceiro chakra é visto como um gerador e distribuidor dessa energia.

Uma boa meditação, que pode ser feita diariamente, consiste em sentar-se tranqüilamente e simplesmente sentir essa energia. Sinta onde ela é mais forte e onde é mais fraca, e em que direção ela se move. Visualize e então imagine cinestesicamente a sensação da energia que desce do topo da cabeça, imaginando que você a está absorvendo do sol, do céu e das estrelas. Deixe que ela escorra pelo seu corpo, através de cada chakra, derramando-se sobre o terceiro chakra e, em seguida, descendo para os chakras inferiores até a base. Ao chegar bem embaixo, faça-a reverter e subir novamente até dar a impressão de que flui livremente, deixando toda tensão escoar pela base.

Quando essa corrente descendente fluir livremente, faça a mesma coisa com a corrente ascendente, absorvendo energia da terra e fazendo-a fluir pelas pernas até chegar ao primeiro chakra, e daí para os demais chakras, até sair pelo chakra da coroa, no topo da cabeça.

Pense nisso como se estivesse penteando a aura, mais ou menos como penteamos os cabelos para desembaraçá-los. Este processo de fazer com que tudo flua numa única direção magnetiza o nosso campo de energia, do mesmo modo como magnetizamos um prego quando o friccionamos com um ímã movimentado sempre na mesma direção.

Pense na corrente descendente que flui pela parte frontal do corpo, e na corrente ascendente que sobe pela espinha, embora esta não seja uma regra fixa. Ao seguir por esses caminhos, as duas correntes formam um circuito contínuo de energia, não se cruzando uma com a outra.

Posicionando-se no Mundo

Escreva cartas de cunho político com temas do seu interesse a seus representantes ou a um grupo comprometido com procedimentos que você desaprova. Escreva uma carta ao editor do seu jornal expondo seu ponto de vista sobre um assunto que o atrai. Torne sua vontade conhecida no mundo e vá à luta.

Experimente mudar seu comportamento com relação à liderança nos grupos a que você pertence. Se você sempre desempenha um papel de comando, tente encorajar os outros a fazer isso enquanto você apenas os segue. Se você espera que os demais membros do grupo assumam a liderança, tente adiantar-se para tomar as rédeas.

Torcendo a Toalha

Pegue uma toalha e dobre-a várias vezes de modo a poder segurá-la como um tubo e torcê-la. Pense em algo que o faça ficar irritado e torça a toalha, projetando sua raiva nessa atividade. Conte até dez e pare. Depois de se recompor, torça a toalha novamente. Alterne esses dois estágios até sentir que obteve uma sensação de equilíbrio entre o controle e a liberação da sua raiva.

Raiva

A raiva é uma liberação e uma expressão de poder. Usada sábia e cuidadosamente, uma expressão de raiva boa e saudável, externada com segurança, pode ser de enorme ajuda no desbloqueio do chakra do poder. Isso pode ser feito individualmente ou com a ajuda de um amigo ou de um terapeuta.

Primeiro, firme-se na sua base, e tenha às mãos alguma coisa macia para bater ou empurrar. Use um bastão de plástico para bater numa almofada, tapete ou colchão. A almofada também pode estar na posição vertical, dobrada, e servir como um saco de pancada.

No início, o uso do bastão pode parecer mecânico para algumas pessoas, mas, se você persistir com ele, pode descobrir que outra espécie de energia pode vir à tona. A liberação dessa energia de uma forma segura diminui a probabilidade de que ela recaia inadvertidamente sobre amigos ou pessoas que amamos. (Não recomendamos este exercício se você já tem inclinação para a cólera. Se sente que o exercício pode abrir áreas que você tem dificuldade de controlar, recorra a um amigo de confiança ou a um terapeuta que o ajude a prosseguir lentamente. O exercício acima é um bom início.)

Riso

Enquanto as lágrimas fazem parte da expressão emocional do segundo chakra, o riso provém diretamente do plexo solar. Quando podemos rir de alguma coisa, ela não tem mais poder sobre nós.

Escolha uma característica sua que você tenha dificuldade de aceitar. Feche os olhos e imagine-se observando seu envolvimento com esse traço seu, como se estivesse observando de um outro plano, mais acima. Veja se consegue passar do julgamento para a satisfação enquanto observa esse comportamento. Em resumo, ria de si mesmo.

Depois de fazer isso com uma de suas próprias características, tente o mesmo com aspectos de amigos ou de parceiros com os quais você sinta o mesmo tipo de dificuldade. Novamente, tente passar do julgamento à brincadeira enquanto os observa envolvendo-se nesse comportamento.

Brincadeira

As crianças gostam de usar sua energia de uma forma física quando brincam. Com uma criança, ou com um amigo adulto que tenha vontade de brincar, deixe que a criança brincalhona que existe dentro de você venha para fora. Vá a um parque de diversões e divirta-se nos diversos aparelhos, corra na grama e engalfinhe-se com seu amigo. Nos limites impostos por seus móveis, brinque sobre o tapete da casa, lutando, rolando, engalfinhando-se.

Exercícios com o Diário

1. Poder

A questão principal do terceiro chakra é o exame e o desenvolvimento do nosso poder pessoal. As questões abaixo ajudam a abordar esses assuntos.

- O que, para você, constitui o poder?
- Como você sabe quando o detém?
- Como você sabe quando outra pessoa o detém?
- Quando você se sente mais poderoso?
- Quando você se sente menos poderoso?
- Se você pensar em si mesmo desenvolvendo seu poder pessoal, para que você quer esse poder? O que você quer fazer com ele?
- Levando em conta sua vida (passada ou presente) quem você considera poderoso de uma forma que chega a granjear seu respeito? O que essa pessoa tem que a faz produzir esse resultado?
- Como você é afetado pelo poder de pessoas assim?
- Como elas se comportam para transmitir-lhe essa sensação de poder?

2. Vontade e Metas

O primeiro passo no desenvolvimento de uma vontade forte é dar crédito à sua vontade atual constatando que ela pode criar tudo o que você faz ou tem. Isso se aplica mesmo a alguma coisa que você pensa que não quer fazer — é ainda a sua vontade que a direciona. Quando percebemos que a vontade é ativa, então, e só então, é que podemos aprender a redirecioná-la.

É muito difícil ativar a vontade sem um propósito ou uma meta. Sem eles, a vontade se tornará um simples capricho. A relevância atribuída ao propósito é um barômetro valioso para distinguir entre vontade e capricho.

Faça uma lista de suas metas e propósitos semanais. Ao final da semana, examine quantos foram atingidos e quantos foram desconsiderados.

- O que o deteve? O que o desviou?
- Você elaborou uma lista muito extensa? Tratava-se realmente de prioridades?
- Como você avalia a capacidade de sua vontade de concretizar os propósitos?
- Faça uma lista de metas e objetivos que você quer alcançar nos próximos cinco anos.
- No dia-a-dia, quantas ações suas são relevantes para concretizar esses propósitos?
- Como você cai nas ciladas do caminho?
- Quais são as partes mais difíceis de realizar?
- Quais são as mensagens que você recebe no caminho?
- O que está bloqueando a sua vontade?

Exercícios com o Diário

Pense sobre o que você gostaria de realizar no decorrer da sua vida. Faça uma lista dessas metas globais.

- Suas metas qüinqüenais estão alinhadas com suas metas globais?
- Suas metas semanais estão alinhadas com suas metas globais?

3. Reavaliação

- O que você aprendeu sobre si mesmo ao trabalhar com as atividades do terceiro chakra?
- Quais são as áreas desse chakra sobre as quais você precisa continuar trabalhando? Como você fará isso?
- Quais são as áreas que lhe dão prazer? Como você pode utilizar esses reforços?

Ingresso no Espaço Sagrado

Meditação da Vela

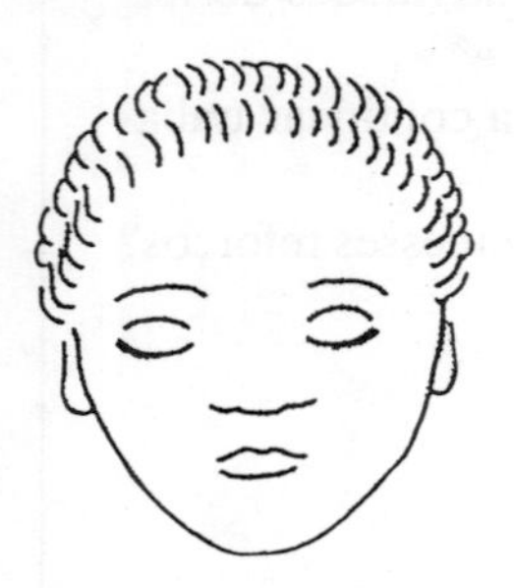

Como o fogo é o elemento deste chakra, o uso da chama de uma vela como foco visual é um recurso apropriado para a meditação. Você pode fazer uma meditação noturna com essa chama (é melhor, mas não imprescindível, fazê-la no escuro). Sente-se confortavelmente diante da vela e deixe que seu olhar repouse suavemente sobre a chama. Sinta seu plexo solar e imagine que a chama queima também ali, permitindo que as duas se conectem. Sinta o calor e deixe que a imagem do fogo abra caminho para a consciência "queimando"; continue assim até que possa fechar os olhos e reter uma imagem vívida da chama. Em seguida, pense na palavra ou nas palavras escritas na vela (do ritual de grupo) e imagine-as queimando à sua frente. Deixe que o fogo desse propósito entre em você, imaginando que a chama queima sua vontade para começar e finalizar o objetivo proposto. Traga isso para o seu terceiro chakra e deixe sua energia espalhar-se a partir dali para todo o seu corpo. Para isso, você pode acrescentar o exercício da Respiração do Fogo, abaixo.

Respiração do Fogo

Esta é uma respiração rápida com o diafragma da tradição iogue do pranayama. Sente-se confortavelmente com as costas retas e inspire profundamente. Ao terminar a inspiração, contraia o diafragma num movimento súbito de modo que o ar seja expelido pelo nariz num jato abrupto. Relaxe o diafragma, e você perceberá que a inspiração acontecerá naturalmente por si mesma. Quando estiver novamente terminada, contraia o diafragma novamente. Repita essa respiração várias vezes. No início, faça isso bem devagar, para que possa obter a sensação dessa prática. Na continuação, você pode trabalhar cada vez mais rapidamente. A velocidade, entretanto, não é tão importante quanto realizar o exercício corretamente.

Ritual em Grupo

Material Necessário

Vela e candelabro para cada participante.
Um pedaço de papel e caneta para cada participante.
Caldeirão ou lareira.
Alimento temperado com especiarias e bebidas.

Preparação

Com uma caneta ou com um instrumento pontiagudo, escreva na vela uma ou duas palavras que representem uma meta essencial para você no momento presente, como cura, perder peso ou terminar um projeto.

Criação de um Espaço Sagrado

Todos os participantes entram no espaço do ritual e se movimentam para definir seus limites sentindo a força que têm e entoando a sílaba do terceiro chakra, Ram. Todos colocam sua vela sobre o altar, no centro, e posicionam-se em círculo em torno dele.

Invocação dos Pontos Cardeais

Convoque os quatro pontos cardeais invocando os poderes animais abaixo, ou outros com o qual você se sinta mais em sintonia.

Sul — leão
Oeste — baleia
Norte — touro
Leste — falcão

Recuperação do Poder

Escreva num pedaço de papel o nome de uma pessoa, da coisa ou da situação que você considera responsável por algo em sua vida, a quem você de alguma maneira entregou seu poder. Os participantes, um a um, vão ao caldeirão ou à lareira e queimam o pedaço de papel, dizendo em voz alta ou reservadamente quem ou o que eles liberam da responsabilidade. Cada um pega sua vela, na qual estão gravadas suas metas e propósitos, e a acende nas chamas do papel que está queimando, afirmando que reassumem o poder que estava nas mãos da pessoa ou coisa e que agora o dedicam à realização de suas metas.

Fogo, Fogo, Fogo
Fo - go Fo - go Fogo. A cen da nos sa al ma.
Na da mais que re mos que fo go fo go fo go.

Canto

Pode ser cantado enquanto os pedaços de papel se queimam, depois, Fazendo o Sol.
Fogo, fogo, fogo. (Veja pág. anterior)

Fazendo o Sol

De pé, em círculo, todos assumem essa postura juntos, visualizando seu sol individual e um sol maior e mais forte constituído pelas energias somadas do grupo, dando sustentação e poder ao trabalho que acaba de ser concluído.

Comunhão

Todos compartilham o alimento e as bebidas trazidos (como símbolo do fogo).

Exercício para o estabelecimento do equilíbrio

Captem a energia e abram o círculo. Cada participante leva a sua vela para casa para queimar durante a meditação.

Fontes

Livros

Harvey, Bill. *Mind Magic*. Unlimited Pub.
Macy, Joanna. *Despair & Personal Power in the Nuclear Age*. New Society Pub.
Starhawk, *Dreaming the Dark*. Beacon.
Starhawk, *Truth or Dare*. Harper & Row.
von Oech, Roger. *Creative Whack Pack*. (deck of cards). U.S. Games Systems.

Música

Isham, Mark. *Vapor Drawings*.
Olatunji. *Drums of Passion*.
Reich, Steve. *Drumming*.
Roach, Steve. *Traveler*.

CHAKRA QUATRO

Ar

Considerações Preliminares

Onde Você Está Agora?

Passe algum tempo refletindo sobre os conceitos a seguir. Escreva todos os pensamentos ou frases que lhe venham à mente sobre os efeitos que esses conceitos têm em sua vida.

Estabilidade	*Recebimento*
Amor	*Respiração*
Compaixão	*Afinidade*
Relacionamento	*Graça*
Abertura	*Equilíbrio*
Doação	*Paz*

Este chakra envolve o coração e a parte superior do tórax e das costas. Como você se sente com relação a essas áreas do seu corpo? Você já teve algum problema em alguma dessas áreas no decorrer de sua vida?

Preparação do Altar

O quarto chakra se concentra nos temas do amor e da compaixão, como também no elemento ar. Penas, leques e quadros com criaturas voadoras são símbolos adequados do ar. Use fragrâncias e incenso no altar para estimular a consciência da respiração. Fotografias das pessoas que você ama e que lhe são caras podem ser misturadas com as figuras aladas. Quaisquer símbolos que você associe com o amor, ou quadros de pessoas que você vê como especialmente compassivas também ficariam bem sobre o altar. Uma toalha e uma vela verdes são apropriadas, e talvez uma imagem de Quan Yin ou de outra divindade de compaixão.

Correspondências

Nome Sânscrito	Anahata
Significado	Som produzido sem que duas coisas batam, não-batido
Localização	Coração
Elemento	Ar
Apelo/Questão Principal	Amor, relacionamentos
Metas	Equilíbrio nos relacionamentos e com o eu, compaixão, aceitação de si mesmo
Disfunção	*Deficiência*: isolamento, amor-próprio, peito contraído, respiração curta, melancolia. *Excesso*: co-dependência, comportamentos de dependência
Cor	Verde
Astro	Vênus
Alimentos	Vegetais
Direito	De Amar
Pedras	Esmeralda, quartzo rosa
Animais	Antílope, rola
Princípio Operador	Equilíbrio
Ioga	Bhakti Ioga (ioga devocional)
Arquétipos	Afrodite, Quan Yin, Cristo

Partilha da Experiência

"No mês passado, fixei-me no primeiro chakra, o que melhorou alguma coisa. Agora sinto-me mais segura. Mas senti muita dor no chakra do coração neste último mês. Preciso resolver antigos assuntos da infância, e tive condições de lidar com eles sem descontar em meu namorado. Sinto que estou fazendo progressos na cura da minha criança interior, e isso tem muito que ver com o meu coração. Estou começando a sentir satisfação, e também me tornei mais leve. Não é exatamente como eu gostaria que fosse, mas estou na direção certa."

*

"Meu corpo tem feito coisas esquisitas. No início do mês meu peito doía tanto que era como se alguém estivesse sentado sobre ele. Era uma parte minha que eu não aceitava ou amava em mim mesmo. Fiz um trabalho de cura nesse sentido, foi como se eu mal pudesse respirar, e então, de repente, simplesmente explodiu, e meu coração inteiro se abriu. Desde então, a energia em meu corpo tem subido pelos meus pés, pois posso senti-la, e minha sensação é intensificada em todos os lugares, mas especialmente na parte inferior do corpo, a que eu geralmente não sinto. Minha visão está aumentando — estou tendo experiências psíquicas. Tudo está se abrindo, e muito rapidamente. Acho que despertei minha energia Kundalini."

*

"Bem, foi um mês interessante. As circunstâncias se voltaram para os assuntos cruciais do quarto chakra e trouxeram muito material à tona. Foi muito doloroso, levantando aspectos negativos e confusão. Meu coração se comprimiu e agora sinto uma sensação de vazio, como se nada estivesse acontecendo. Sinto que me comunico melhor comigo mesma, ouvindo interiormente."

*

"Comecei o mês tomando consciência de uma brecha entre meu coração e minha alma, reconhecendo que havia uma separação real para mim. Acho que neste mês tomei consciência dos buracos em meu coração — há espaços cheios ao redor, mas os buracos estão lá. Precisei entrar em acordo com a solidão."

*

"Quando terminamos a última sessão, pensei que seria fácil trabalhar com o quarto chakra, mas descobri que não é tão fácil assim. Muitas questões ligadas a relacionamentos estão vindo à tona. Meu ex-parceiro quer voltar. Tive de dizer não. Todos estamos realmente ocupados, dando e amando outras pessoas, mas eu não estou tendo tempo para o meu relacionamento atual. Mas eu e meu companheiro atual estamos mais próximos do que nunca e vamos encontrar tempo para ficar um com o outro."

*

"Para mim, o quarto chakra significou encontrar uma fonte de amor-próprio. Sinto que finalmente aprendi nessa etapa uma das maiores lições da vida. Eu descobri que fazer algo por amor a mim mesma não é egoísmo, que não tem nada que ver com isso, que é apenas dedicar-me inteiramente a mim, e que tudo isso é simplesmente um estado de amor a si mesmo. Agindo assim, todos os outros chakras se equilibram. O primeiro chakra me proporcionou toda a sorte de fartura; o segundo criou uma vibração fantástica dessa abundância, e antigos amores aconteceram de novo, e eu pude dizer tudo o que precisava dizer, sempre a partir dessa parte de mim repleta de amor-próprio. Não houve agressão. Também deixei de fumar — o que havia tentado várias vezes sem conseguir, mas desta vez aceitei tanto que não quero mais fumar, não há mais desejo, e isso parece permanente. Parece diferente — minha respiração está livre, meu coração está aberto."

*

"Meu querido e eu comemoramos nosso primeiro mês juntos, e estamos trabalhando com os sete chakras. O quarto chakra esteve se manifestando. No outono passado pedi para abrir o meu coração. O que está acontecendo com esse novo relacionamento tem aspectos divertidos e aspectos assustadores. As partes prazerosas todos conhecem. As partes assustadoras são os pesadelos que tenho de vez em quando sobre a possibilidade de nosso relacionamento se desfazer. Sei que é medo meu, em função de casos passados que não duraram. Mas dessa vez sinto-me muito bem, sei que não posso me afastar dessa relação, e consegui manter o chakra cardíaco aberto, apesar do meu medo."

*

"Pensei que este seria um mês de tranqüilidade e de luz, mas não foi. Chorei durante este mês. Descobri que não consigo dizer 'Eu te amo' tão facilmente como outras pessoas o fazem. Tomei consciência de minha tendência para julgar. Vi que isso não é amor e aproveitei para substituir o julgamento pela compaixão. Trabalhei para estabelecer o equilíbrio em minha família, com meu marido, pois suas viagens desequilibram todo o sistema familiar cada vez que ele vem e vai."

"Senti o peso de meu quarto chakra fisicamente. Pude sentir meu coração — batimentos cardíacos irregulares, muita ansiedade, dificuldades com a respiração. Isso aconteceu no início do mês; depois de uma semana passei por muitos momentos de tensão emocional com amigos que voltaram para falar, dizendo-me que sentiam saudade de mim e que me amavam e isso foi emocionante. Aprendi sobre a compaixão. Concentrei-me na irregularidade dos batimentos cardíacos e depois no primeiro chakra — senti o peso do meu corpo, e percebi que preciso fazer alguma coisa para torná-lo mais leve. Para funcionar apropriadamente, constatei que preciso liberar — amor, poder, energia, etc. O quarto chakra me fez perceber que preciso trabalhar nos demais chakras. Pessoas estranhas me deram flores e foram boas para mim; eu fiquei grata e senti humildade porque o universo se abriu para mim, para me ajudar a me amar a mim mesma e a aceitar o amor de outras pessoas."

Compreensão do Conceito

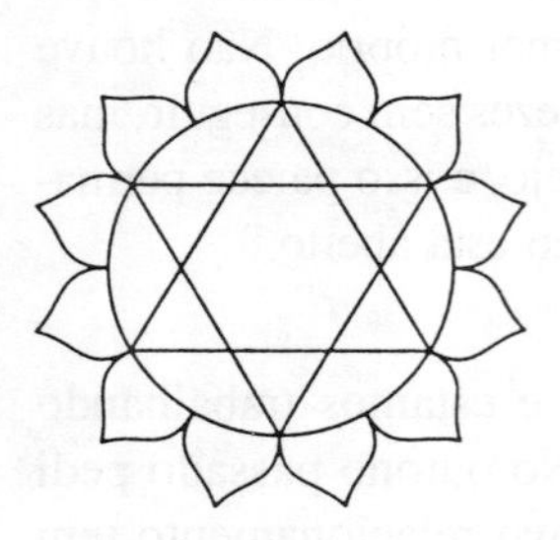

Vamos entrar agora no verdadeiro centro do Sistema de Chakras. Com três chakras embaixo e três chakras em cima, o quarto chakra fica literalmente no coração do sistema. Conhecido como chakra "do coração", porque está localizado na área desse órgão vital, este centro está no âmago de nosso espírito. Em muitas línguas, a palavra coração deriva da raiz *core* (âmago, núcleo, centro), como no francês, *coeur*, e no espanhol, *corazon*. E, no inglês, *to go to the heart of an issue* [ir ao coração de uma questão] é ir ao âmago da questão. Um dos muitos caminhos da energia através dos chakras é uma espiral que emana do coração, como centro, e que flui através de cada chakra em pares sempre em expansão. (Veja ilustração, pág. 198)

O chakra quatro é o teto do mundo inferior e a raiz do mundo superior. Por essa razão, é um ponto de equilíbrio, o integrador dos mundos do espírito e da matéria. O símbolo do chakra cardíaco é um lótus de doze pétalas, dentro do qual se encontra uma estrela de seis pontas. Esse é o *trikona* (triângulo de energia) do espírito que desce à matéria, e o trikona da matéria que se eleva em direção ao espírito. A estrela de seis pontas representa a interpenetração dos dois trikonas estabelecendo um equilíbrio perfeito.

Ar

O chakra do coração é o centro do *amor*, da *compaixão*, do *equilíbrio* e da *paz*. Seu elemento é o *ar*, o mais leve até aqui. O ar é o elemento da respiração, do oxigênio bombeado através de nossa corrente sanguínea com cada batimento do coração. À medida que se enchem de ar e esvaziam, os pulmões são como ramos e gavinhas do chakra cardíaco. As células do coração batem em uníssono, e continuam incessantemente desde o útero até o final da nossa vida. Quando trabalhamos com o ar, à medida que agimos reciprocamente com ele através da respiração, temos acesso aos aspectos físicos e espirituais do chakra cardíaco. Esta prática é chamada *pranayama*, de *prana* — palavra hindu para respiração ou unidade fundamental. Pranayama é a ioga dos exercícios respiratórios, o processo de nutrição do corpo e da mente com a energia vital da respiração. Abrir a respiração, relaxar os músculos do peito e ouvir os batimentos do coração são atividades que nos ajudam a entrar no recinto sagrado do chakra do coração.

O ar expande, acaricia e energiza. Ele preenche todo o espaço onde penetra, e todavia é suave e delicado. Como a água, o ar assume a forma do recipiente que o contém, mas é mais leve e menos sujeito à gravidade. Com o calor do terceiro chakra embaixo dele, o ar pode, inclusive, subir. Se acendo uma vareta de incenso, o cheiro se espalha mais ou menos uniformemente por toda a sala, o que demonstra o sentido de equilíbrio na qualidade do ar. Isso também acontece com o amor.

Amor

O amor é o princípio básico associado ao chakra do coração. O amor é um estado expansivo do espírito, a transcendência das fronteiras e das limitações, a ligação e o ponto de encontro de planos que penetram uns nos outros. O amor no quarto chakra é sentido como um estado do ser que emana do centro e que se irradia para tudo o que encontra. Ele não depende de um objeto, como pode acontecer com a natureza apaixonada do segundo chakra, mas existe no indivíduo como um estado independente e se derrama sobre tudo o que encontra. Alimentado pelos fogos da paixão e da vontade situados embaixo, ele é uma energia que se eleva, abrindo-se para a expansão do espírito, característica dos chakras localizados em cima.

A palavra sânscrita para este chakra é *Anahata*, que significa *som produzido sem que duas coisas se choquem*, ou não-batido, não-ferido. Este é o equilíbrio tranqüilo do coração, em que a batalha do terceiro chakra se transformou em aceitação serena no quarto chakra. Se a vontade realizou sua tarefa, então dispomos nossa vida de modo a estar no nosso "lugar apropriado", e podemos relaxar e aceitar, permitir, nos abrir e receber. Este é o significado implícito no aforismo mágico de Aleister Crowley: "O Amor é a Lei, o Amor sob a Vontade." Só depois que nossa vontade cumpre sua tarefa é que ela pode realmente libertar e nos permitir entrar no estado de confiança e de equilíbrio do chakra do coração.

Equilíbrio

Este chakra tem um princípio básico que rege seu padrão energético; o princípio do *equilíbrio* rege o chakra do coração. O que tem equilíbrio tem longevidade — o relacionamento perdura. Quando entramos efetivamente em equilíbrio com nós mesmos, com nossos relacionamentos e com nosso ambiente, mergulhamos numa sensação profunda de serenidade e de paz. Este é um equilíbrio *dinâmico* — que permanece o tempo todo, dando às pessoas condições de ser dinâmicas em seus relacionamentos. Uma das tarefas do chakra do coração é levar-nos a um estado de equilíbrio com tudo o que nos cerca, deixando que os batimentos do nosso coração pulsem em uníssono com os batimentos da teia da vida através dos quais estamos intimamente ligados. Temos então o equilíbrio do universo para nos assaltar e guiar em tudo o que fazemos.

O amor é uma interpenetração de campos de energia, à semelhança dos dois triângulos entrecruzados no lótus acima descrito. Isto implica relacionamento, seja um relacionamento entre diferentes aspectos de nós mesmos, entre espírito e matéria, entre mãe e filho, entre cultura e meio ambiente, seja entre um amante e outro. Sem um sentimento global de equilíbrio, entretanto, um relacionamento fracassa. É através do equilíbrio que o amor se mantém.

Isto se aplica especialmente ao nosso relacionamento com os outros. Se é sempre Mary que inicia ou que prepara o caminho ou que realiza o processo emocional para o relacionamento, é óbvio que não existe equilíbrio na relação. Mais cedo ou mais tarde, ela se cansará desse desequilíbrio e buscará outros relacionamentos em que possa encontrar uma igualdade maior. Há sempre algum equilíbrio em qualquer relacionamento que perdure, entretanto, mesmo em relações que parecem ser opressivas. Mary pode decidir por continuar a relação porque ela gosta do retorno financeiro ou porque seu companheiro lhe oferece algo que ela é incapaz de prover por si mesma.

Relacionamentos saudáveis buscam um equilíbrio saudável, um equilíbrio voluntário. O som produzido sem que duas coisas se choquem advém de uma doação voluntária de energia para o outro, e uma doação que é aceita voluntariamente pelo outro. Se uma pessoa se encontra na condição de ter que oferecer mais do que recebe num relacionamento, sentimentos de obrigação e de ressentimento afloram, e esses são inimigos do amor. Enquanto as circunstâncias externas de um relacionamento, como filhos ou habitação, podem nos unir, a entrega verdadeira do chakra do coração vem de um encontro equilibrado de necessidades, de desejos e de desafios.

O amor por si mesmo é um elemento importante para se chegar a esse equilíbrio. É difícil amar outra pessoa se antes não amamos a nós mesmos. Em outras palavras, precisamos estar equilibrados interiormente. Isto repousa sobre uma compreensão e aceitação de nossas dualidades pessoais — um equilíbrio entre sombra e luz, entre interior e exterior, entre dar e receber, entre adulto e criança interior — e sobre uma disponibilidade de perceber nossas necessidades e de satisfazê-las. Quando estamos em equilíbrio, entramos num estado de graça. Quando somos amados, é mais fácil amar a nós mesmos, mas se dependemos disso para ter amor por nós mesmos, estamos novamente pondo em perigo o equilíbrio saudável.

Consciência Reflexiva

No chakra do coração entramos na consciência "auto-reflexiva". Os chakras inferiores funcionam em grande parte instintivamente, e sua orientação consciente pode estar além do nosso controle, como por exemplo os mecanismos de sobrevivência que reagem com violência quando somos ameaçados, ou os sentimentos opressivos que podemos vivenciar em algumas situações.

No centro do coração, somos menos ativos e mais contemplativos. Vivenciamos acontecimentos em termos de relacionamentos — como uma coisa se relaciona com outra. Nossa experiência das relações *entre* as coisas é mais importante do que as coisas em si.

Excesso e Deficiência

Se a energia do chakra do coração for deficiente, a pessoa pode sentir uma pressão sobre o esterno, e pode ser difícil respirar profundamente sem esforço. O peito pode parecer contraído e há tendência à depressão. Uma pessoa nessas condições pode optar pelo isolamento, ter medo de relacionamentos interpessoais, ou simplesmente sofrer com a falta de amor-próprio. Com o chakra cardíaco fechado, o próprio âmago do sistema de chakras fica bloqueado e torna-se difícil o fluxo da energia entre os corpos superior e inferior. Pode até ocorrer uma profunda cisão no corpo-mente. Condições assim podem ser o resultado da negligência ou do abandono, dano emocional, ou experiências de vergonha na infância. Na idade adulta, o acúmulo de mágoas não-resolvidas pesa muito sobre o chakra cardíaco e com freqüência sufoca a respiração e a dilatação natural do tórax.

Se o chakra do coração apresentar excesso de energia, a tendência é a de nos desfazermos de tudo, de ficarmos concentrados nos outros a ponto de ignorarmos a própria essência — o perfil de uma personalidade co-dependente. Aqui não operamos a partir de nosso próprio centro, mas vivemos através dos outros. As causas que originam essas condições podem ser semelhantes às que causam a deficiência de um chakra cardíaco. Tanto a escolha do isolamento e do afastamento como a da atividade excessiva exerce influência sobre o modo como a energia passa pelo chakra do coração e flui para o mundo exterior das relações interpessoais. Nossa meta deve ser, novamente, um equilíbrio saudável.

Amor Universal

O conceito de amor universal é o valor espiritual que está por trás do chakra do coração. O amor universal é a capacidade de ter um relacionamento apropriado e significativo com nosso meio ambiente, de sentir a compaixão e a ligação com tudo o que nos cerca, e de sermos capazes de manter nossos próprios centros ao mesmo tempo que permanecemos abertos e ligados. A compaixão nasce da compreensão de padrões — a capacidade de ver as forças que atuaram sobre uma pessoa ou situação para moldar seus padrões. Quando estamos centrados e temos clareza sobre nossos próprios padrões, é mais fácil sentir compaixão pelos outros.

Em resumo, a tarefa do chakra do coração é entrar num estado de equilíbrio interior com nós mesmos e com nossos relacionamentos e abrir-nos à compaixão e ao amor. A passagem da energia através do coração une a mente com o corpo, o interior com o exterior, o eu com o outro, e nos recompensa com uma sensação de paz e de realização.

Trabalho com o Movimento

Equilibrar a vida e manter esse equilíbrio não é ficar parado. Assim como a aferição de uma balança exige ajustes num dos pratos para contrabalançar o peso colocado no outro prato, o equilíbrio na vida requer que se façam ajustes adequados como uma resposta a novos desafios ou informações. Aprender a fazer esses ajustes calmamente — sem exagerar, para não ser preciso refazer-se do excesso da reação — ajuda a manter um equilíbrio saudável.

É importante compreender que, ao realizar qualquer postura ou movimento deste livro, o trabalho não está apenas na postura "final" nem na posição estática que atingimos no ponto máximo. O processo de abertura e de fechamento é tão importante na prática desses exercícios como o é a meta específica da postura. Ao finalizar qualquer postura, faça isso lentamente, sem se precipitar. Se você pensar, "OK, cheguei lá, consegui, agora acabou e eu posso relaxar e me deitar no chão", você estará perdendo a metade do exercício, que é aprender a fazer transições suaves e permitir-se fluir na entrada e na saída das posturas.

Há uma hierarquia no alongamento; segundo essa hierarquia, em qualquer postura certos músculos formam a primeira camada, e precisamos alongá-los antes de passar à camada seguinte. Freqüentemente, escolhemos um exercício para determinado chakra menos pelo seu efeito direto sobre uma área específica do corpo do que pela sua capacidade de abrir áreas correlatas. Essas áreas muitas vezes definham em torno da área do chakra, impedindo-nos de estimulá-la.

Grande parte do trabalho de movimento do quarto chakra visa corrigir ombros arqueados e tensos, o que possibilita a expansão do peito e a estimulação da área do coração. Tenha isso em mente ao realizar esses exercício e sinta o coração se abrir à medida que você libera as áreas ao redor que o mantêm bloqueado.

Pender o Corpo Diante de uma Parede

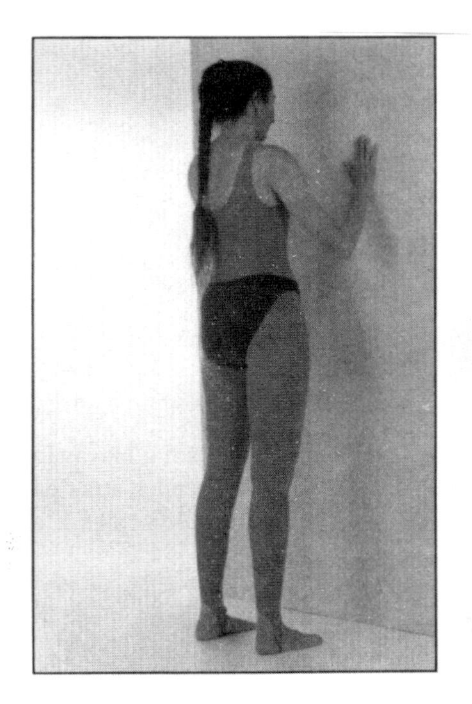

1 De pé, voltado para a parede, afastado uns quinze centímetros, coloque as mãos paralelas e estendidas na parede, na altura dos ombros.
2 Afaste-se da parede, mantendo os pés paralelos, separados na largura dos quadris. A distância da parede dependerá da sua altura e da sua flexibilidade. Quanto mais alto e/ou tenso você for, mais precisará distanciar-se; quanto mais baixo e/ou flexível, menor o afastamento.

Imagine seu corpo dividido em duas secções — as pernas, desde a parte superior da coxa, para baixo; e o tronco, cabeça e braços, desde as nádegas, para cima. Incline a pelve para a frente e empurre as nádegas para cima, em direção ao teto, e para longe da parede.

Para que se produzam os efeitos do quarto chakra, concentramos nossa atenção na abertura da parte superior do corpo, mas perceba também as sensações na parte posterior das pernas ao assumir essa postura, porque manter as pernas retas fará com que a barriga das pernas também fique assim. Para o nosso objetivo, o que importa aqui é o alongamento da parte superior do peito e da área das axilas. Relaxe nesse alongamento, respirando tranqüilamente e imaginando sua espinha se alongando e a área do coração se abrindo.

Alongamento no Sofá

Sente-se e apóie a parte superior das costas e a cabeça no braço de um sofá; elevando os braços, faça com eles um arco, partindo da frente e deixando-os pender atrás da cabeça. Concentre-se no relaxamento, na liberação do peso dos braços e da cabeça, e deixando que a área do coração se alongue.

Alongamento Acima da Cabeça

1 Com ambas as mãos, distanciadas mais ou menos um metro uma da outra, estique um cinto ou uma faixa.

2 Mantendo os cotovelos retos, eleve os braços acima da cabeça.

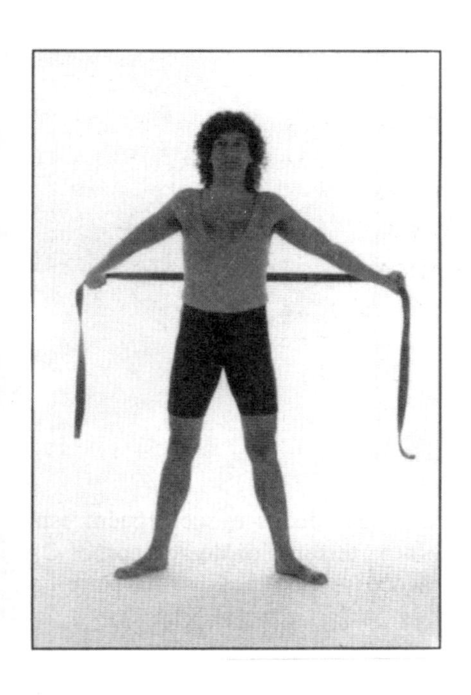

3 Deixando as mãos deslizarem pela faixa apenas o absolutamente necessário, posicione os braços atrás de você. Para voltar à posição inicial, deixe as mãos na mesma posição que assumiram em **2.**

Abertura do Peito com o Rosto Voltado para Baixo

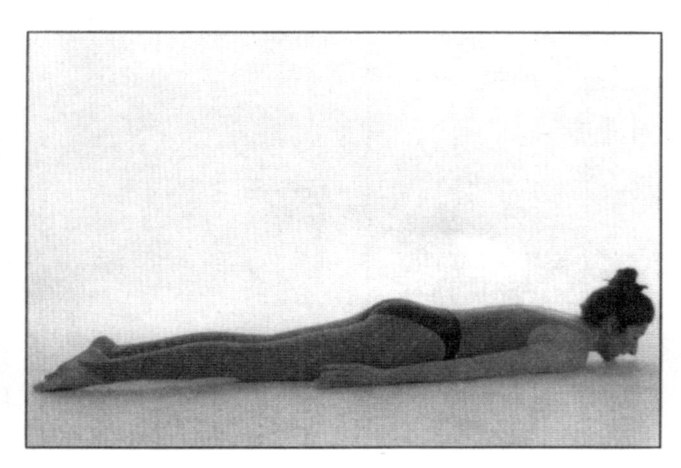

Deite-se no chão com o rosto voltado para baixo, braços estendidos ao longo do corpo, palmas das mãos voltadas para o corpo. Usaremos três posições dos braços na prática desta postura. Realize cada variação ao inspirar o ar e lembre-se de respirar enquanto permanece nessa postura. Volte ao chão ao exalar o ar.

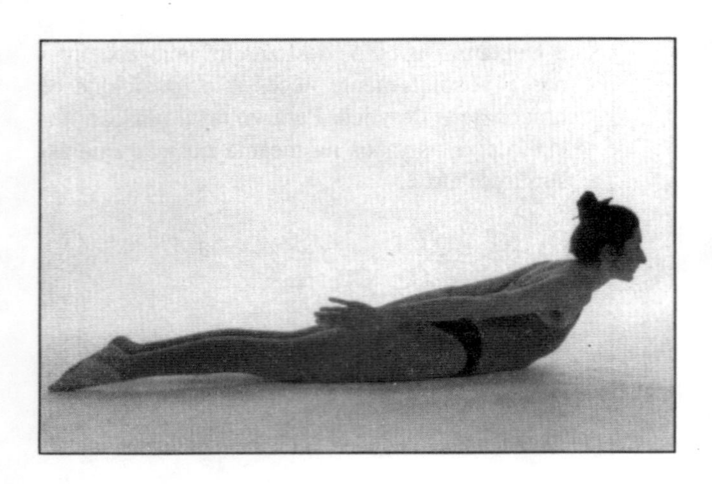

1 Ao inspirar, imagine que há cordas amarradas nos seus dedos e que alguém está levantando e puxando por trás para erguer do chão a parte superior do seu corpo. Os braços se estendem ao máximo para trás e seu pescoço se alonga, tanto na parte da frente como na parte de trás e nas laterais.

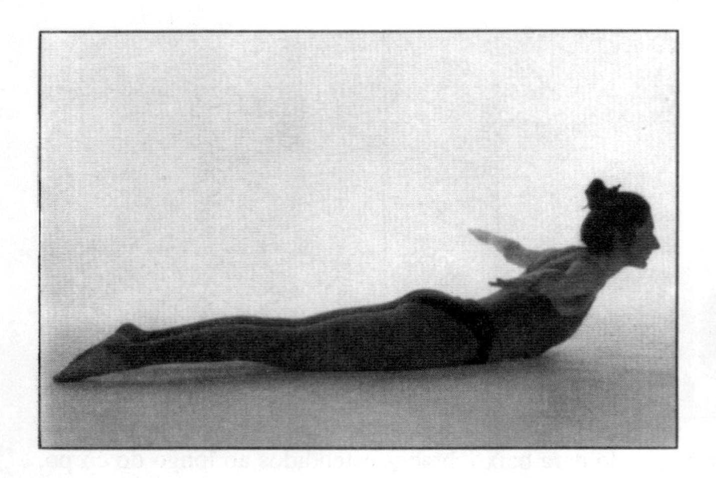

2 Comece novamente a partir do chão, desta vez com os braços estendidos para fora, na altura dos ombros. Erga do chão a parte superior do corpo, imaginando que seus braços são asas que se levantam. Abra o coração e a parte superior do tórax, apresentando seu coração ao espaço à sua frente. Deixe os ombros bem afastado das orelhas para criar um espaço ao redor do pescoço. Imagine as omoplatas deslizando pelas costas, permitindo que o pescoço se espiche.

3 Desta vez, estenda os braços à frente da cabeça e ao longo do chão. Novamente, levante a parte superior do corpo, no estilo do Super-homem. Esta é uma variação mais difícil, porque os braços não se posicionam de maneira a abrir com facilidade a área do coração. Aqui, você terá de visualizar e de trabalhar para que essa abertura aconteça. Para facilitar, erga as pernas, retas, equilibrando a elevação da parte superior do corpo. Experimente e veja qual das maneiras lhe proporciona uma sensação maior de abertura do coração.

Postura da Cabeça de Vaca

1 Comece numa postura estável, sentado sobre as pernas ou com as pernas cruzadas. Erga um braço e dobre-o no cotovelo, estendendo a mão atrás da cabeça em direção às costas.

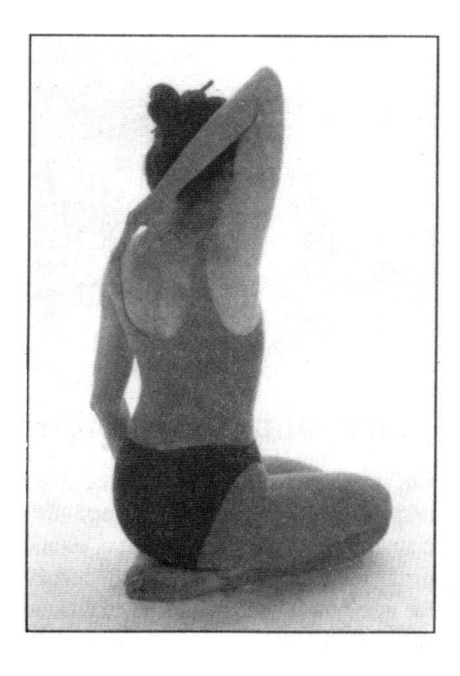

2 Deixe o outro braço caído, dobre-o no cotovelo, para cima, e estenda a mão na direção da outra. A idéia não é apenas unir as duas mãos, mas também manter a coluna alinhada e trabalhar para a abertura da área do coração. Coloque a atenção mais na abertura da parte superior do tórax do que na saliência das costelas inferiores. Isso requer um certo estiramento das axilas, e um esforço para levar os cotovelos para trás em vez de deixar que os ombros caiam para a frente. Mantenha a cabeça erguida e reta, resistindo à tendência de deixá-la cair para a frente.

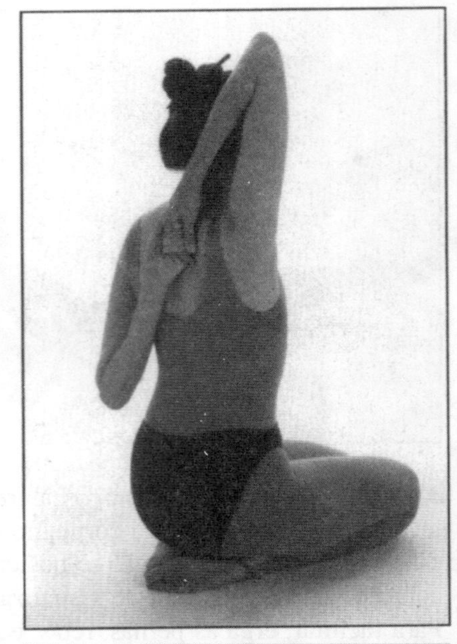

3 Muitas pessoas sentem dificuldade para juntar as mãos quando praticam esta postura pela primeira vez; por isso, sugerimos o uso de um cinto ou de uma toalha para ajudar. Segure uma das pontas do cinto com a mão que está por cima, de modo que ele fique pendente, e em seguida segure-o na outra ponta com a outra mão.

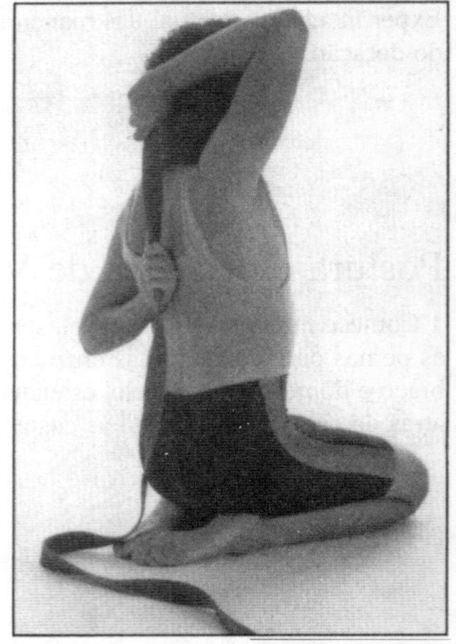

Pranayama — Técnicas Respiratórias

Em geral, as pessoas acham que os exercícios respiratórios não são importantes — afinal, respiramos o tempo todo, e apenas vamos controlar a respiração um pouco mais. Mas o *pranayama* implica algumas técnicas muito fortes e não é uma boa idéia começar sem uma preparação adequada. O corpo precisa estar preparado para a tensão das técnicas. Se você vem praticando os exercícios apresentados neste livro, já está trabalhando com essas técnicas. Pode parecer que muitos exercícios sejam consideravelmente mais cansativos do que sentar-se tranqüilamente e respirar, mas a seu modo o pranayama pode ser ainda mais extenuante.

Alinhamento

O mais importante ao começar o pranayama é colocar o corpo numa posição estável, em alinhamento correto, numa postura de equilíbrio relaxado que absorva o mínimo de atenção para ser mantida. Isto permite que você concentre toda a atenção na prática da respiração com um mínimo de tensão. A melhor posição para começar é mostrada na fotografia abaixo, pois ela propicia espaço para a expansão dos pulmões sem distorção nem tensão. Dobre um cobertor num formato de 90 centímetros de comprimento por 20 centímetros de largura. Apóie sobre o cobertor somente a parte que vai da cintura à cabeça. Dobre outro cobertor e coloque-o sob a cabeça, inclinando o queixo ligeiramente na direção do peito. Deixe os braços soltos a uns 45° ao lado do corpo. Ao adotar essa posição, alinhe as pernas simetricamente. Deite-se lentamente sobre os cobertores dobrados, ajeitando-os conforme for necessário.

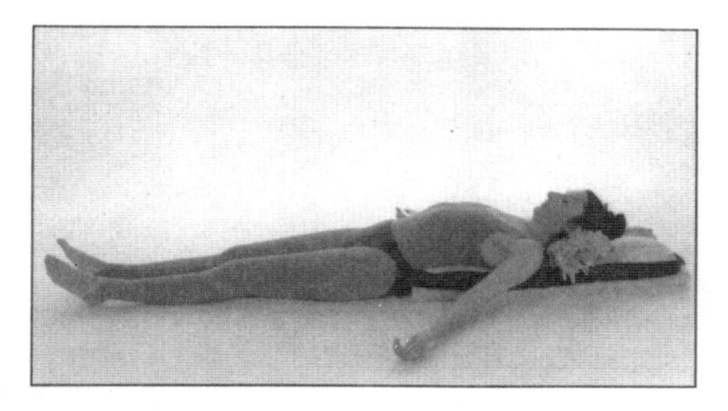

Respiração Abdominal e Torácica

Há duas maneiras principais de tornar a respiração mais profunda. A primeira é a que em geral nos vem à mente quando pensamos em respirar para relaxar: ao inalar empurramos o diafragma para baixo com o fim de criar espaço para o enchimento dos pulmões. Esta é também conhecida como respiração abdominal. A outra forma de respiração é a torácica, em que o diafragma não se move e as costelas se abrem e se expandem em todas as direções para acomodar o ar que aumenta. A respiração torácica é uma respiração energizadora e uma técnica mais avançada. O livro de B.K.S. Iyengar, *Light on Pranayama: The Yogic Art of Breathing*, publicado pela Crossroad Publishing Company, é uma fonte excelente.

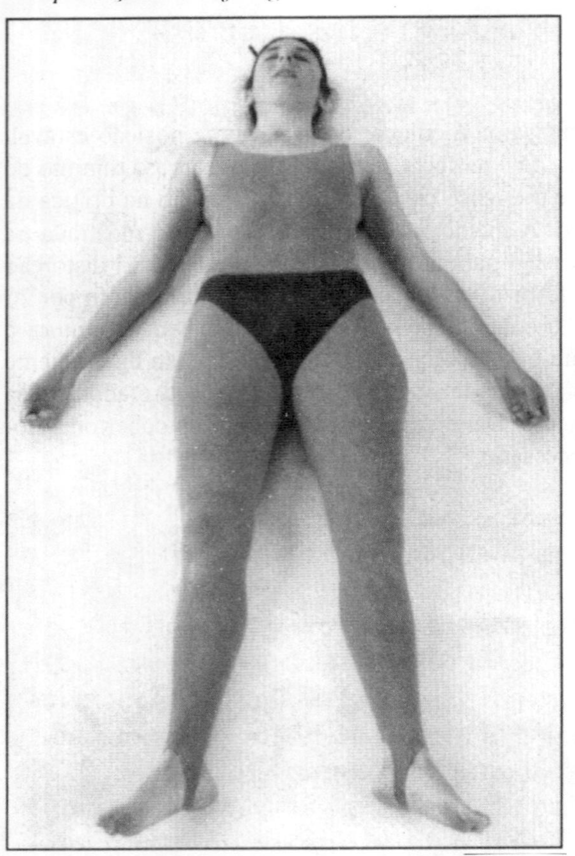

Inspire pelo nariz, permitindo que o abdome se eleve. Exale, sentindo o abdome encolher enquanto o ar deixa o corpo. Respire tão profundamente quanto o conforto lhe permitir, soltando a respiração completamente em cada exalação.

Para Regular a Respiração

Conte enquanto respira, levando o mesmo tempo para inalar e para exalar. Quando tiver definido um período constante de inalação e de exalação, tente aumentar a contagem, tornando cada respiração mais lenta e mais profunda.

Postura do Cadáver (Savasana)

Ao final de cada prática de pranayama, retire os cobertores ou travesseiros que usou e passe algum tempo descansado na postura do cadáver, respirando normalmente.

A Dança

Os exercícios para o quarto chakra focalizam a abertura da área do coração. Depois de praticá-los, você terá um vislumbre do tipo de sensação que a abertura física do corpo feita desse modo provoca. Deixe que a respiração inicie os movimentos e que o corpo siga os movimentos criados pela expansão dos pulmões. Transforme isso numa dança, a expressão da entrada e da saída do ar em seu corpo, envolvendo não apenas os movimentos respiratórios óbvios, mas indo além deles. Sua respiração é a inspiração para a dança da respiração e da abertura do coração de todo o seu corpo.

Freqüentemente, a dança do quarto chakra inclui movimentos de dar e receber, e os braços podem ser um importante meio para expressar isso. Lembre os movimentos dos braços e da parte superior do corpo que você já usa para demonstrar amor (por exemplo, abraços, carícias, toques) e expanda-os em sua dança do coração.

Trabalho com um Parceiro: Respiração pelas Costas

Quando as pessoas pensam em expandir os pulmões durante a respiração, em geral expandem primeiro a parte da frente, abrindo a caixa torácica. Mas nossos pulmões também se expandem para os lados e para trás, e para a prática correta do pranayama precisamos fazer isso. O trabalho com um parceiro pode ajudar a imprimir consciência e movimento às costas durante a prática da respiração. Um dos parceiros assume a postura da criança. O outro senta-se atrás do primeiro e coloca suas mãos gentilmente nas costas do parceiro, começando na base do pescoço, descendo para o meio das costas e terminando abaixo da cintura. Em cada posição das mãos, o parceiro que está na postura da criança direciona sua respiração para as mãos do companheiro, expandindo essa parte das costas durante algumas respirações.

Trabalho com um Parceiro: Conexão Através do Coração

Em pé ou sentados confortavelmente, um voltado para o outro, a uma distância de um braço estendido. Olhe para os olhos do parceiro e estenda o braço direito, colocando a mão no peito dele, nas proximidades do coração. Coloque a mão esquerda sobre a mão do parceiro, que já está sobre o seu peito. Sinta sua conexão com a batida do coração de seu companheiro, o fluxo rítmico do sangue da vida fluindo pelo corpo dele. Imagine agora que você faz parte desse circuito, dando energia através da sua mão direita e recebendo-a da mão dele através do seu coração. Permaneça assim, nesse estado de relaxamento, pelo tempo que se sentir confortável. Observe as tensões que se instalam no seu corpo e libere-as com a respiração. Fique atento à sua tensão facial, solte-a e mantenha o rosto relaxado em vez de esboçar um sorriso ou tentar comunicar amor e compaixão através da sua expressão. Fique apenas consigo mesmo e com seu companheiro.

Trabalho com um Parceiro: Espelhos

Fique de pé, de frente para seu parceiro, e imagine que você está se olhando num espelho. Um de cada vez assume o papel de líder, que é sempre o que se olha no espelho, enquanto o outro segue os movimentos, como se fosse a imagem do espelho. Isto significa que se o líder levanta a mão direita, a imagem levanta a mão esquerda. A idéia aqui é exercitar a sensibilidade de um com relação ao outro, de maneira que o líder precisa criar movimentos suficientemente lentos para serem seguidos — se seu parceiro está atrasado, retarde o movimento e preste atenção no modo como ele o está seguindo,

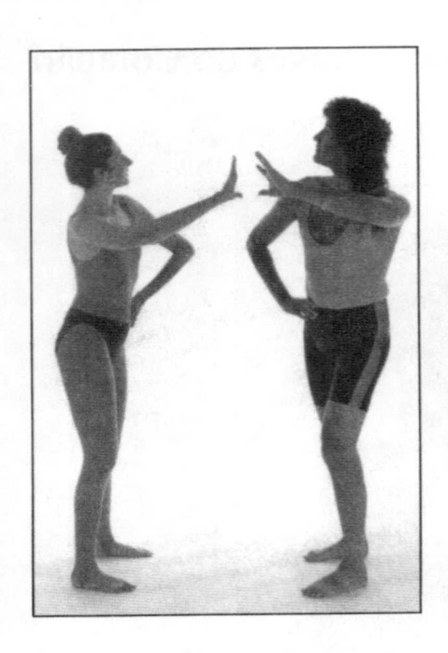

acompanhando seu ritmo. Quando é você que segue, procure captar o máximo que puder da pessoa que você está espelhando, incluindo expressões faciais e todos os níveis de sutileza que lhe sejam possíveis. Alterem a liderança para que cada um possa vivenciar os dois papéis.

Trabalho com um Parceiro: Ponto de Contato

Um dos parceiros estimula o movimento do outro tocando em várias partes do corpo deste; o parceiro tocado usa esses toques como orientação para que a parte tocada siga o toque. Por exemplo, se o meu companheiro toca o meu ombro, esse ombro puxa o movimento do corpo até que seja tocada uma outra parte, que então se torna o novo foco.

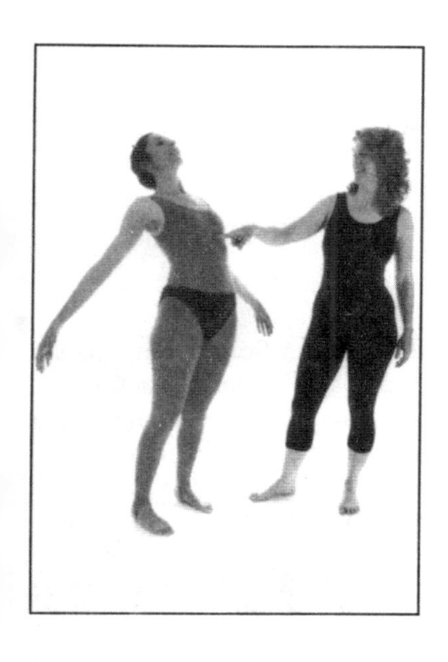

Atividades Práticas

Dar

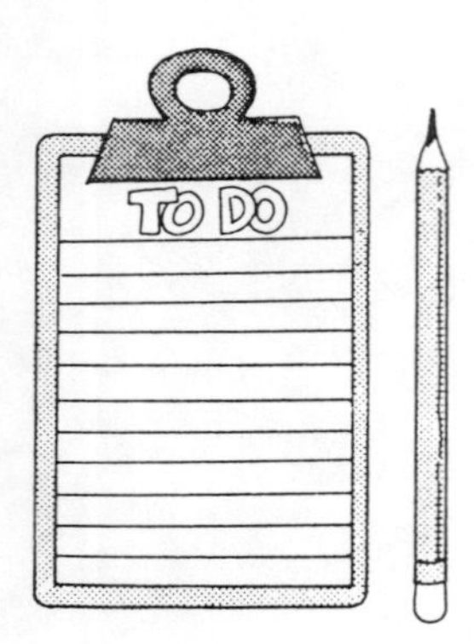

Dê algum dinheiro a um mendigo na rua. Sorria a um estranho que lhe pareça triste. Faça uma doação a uma causa filantrópica. Tire uma tarde para realizar um trabalho voluntário num hospital, num asilo ou numa organização desse tipo.

Observe quando você se fecha, quando não se sente seguro para dar, seja um sorriso ou uma moeda a um mendigo.

Observe quando você se sente obrigado ou pressionado a dar num momento que lhe é desvantajoso. Como você reage geralmente?

Observe onde estão os seus limites e o que você faz para impô-los ou para torná-los mais claros para você mesmo e para os outros.

Ar

Preste atenção aos cheiros, ao ar, às nuvens e à sua própria respiração. Pratique exercícios respiratórios pelo menos durante cinco minutos por dia; quinze minutos seria melhor. Quando não praticar os exercícios, assuma consigo mesmo o compromisso de, pelo menos, observar a sua respiração. Quando ela é superficial? Quando é mais profunda?

Ao trabalhar com o elemento ar, procure criar um sentimento de leveza e de expansão na sua vida. Não seja um peso. Não se fixe. O chakra do coração não é um lugar para apegar-se ao ego pessoal (isto fazia parte do terceiro chakra); antes, é o lugar onde o liberamos. Faça o exercício de soltar o ego em questões de menor importância, pois com essas temos melhores condições de sucesso. À medida que você for soltando, uma leveza começará a se manifestar.

O ar tem que ver com o sentido do olfato, e embora esse sentido tenha sido classicamente atribuído ao primeiro chakra (porque os animais ligados ao solo contam mais com o seu sentido do olfato do que nós), o cheiro está mais apropriadamente relacionado com o ar e com a respiração. Preste atenção aos odores, use perfume, sinta a qualidade do ar, suba numa montanha no ar puro, voe num avião, apresente uma queixa contra a poluição do ar.

O ar também representa o espaço e a expansão. Se realmente vamos abrir o chakra do coração, precisamos de espaço para expandir. Precisamos de espaço para nós mesmos, para nossos sentimentos, para ficar em silêncio, para receber. Isso também é crucial para o trabalho que virá a seguir com os chakras superiores, o qual requer mais meditação e mais reflexão. Veja o que você pode fazer para criar mais espaço para si mesmo.

Relacionamentos

Este é o momento para examinar e para equilibrar os seus relacionamentos. Preste atenção nas relações importantes na sua vida tanto as de que você gosta como as de que você não gosta. Examine esses relacionamentos em termos da dinâmica energética deles, do equilíbrio entre dar e receber, das necessidades envolvidas. O que torna esses relacionamentos importantes para você? O que precisa ser melhorado?

Reserve o tempo extra para seus relacionamentos positivos durante este período. Contrate uma babá ou tire uma folga do trabalho e viaje com seu cônjuge num final de semana. Ofereça um pequeno jantar para encontrar-se com velhos amigos. Dedique momentos extras para seus filhos, melhorando seu relacionamento com eles, prestando realmente atenção aos padrões da relação entre vocês. Telefone ou visite seu pai ou sua mãe já idosos ou algum parente. Dê satisfações a alguém que você tenha magoado.

Tenha o propósito de se relacionar com todas as pessoas com as quais você entrar em contato, mesmo que seja só por um breve instante. Diga "Olá" para a conferente do supermercado, pergunte-lhe como vai. Pare um instante para olhar o funcionário do banco ou a garçonete do restaurante bem nos olhos.

Se, forçado pelas circunstâncias, você for levado a se relacionar com uma pessoa de quem não gosta, no trabalho ou numa situação doméstica, observe suas reações interiores às características dela que você não aprecia (veja o exercício Eus Rejeitados, adiante). Pergunte a si mesmo o que você poderia aprender com essa pessoa ou situação. Proponha-se a fazer uma coisa todos os dias para melhorar esse relacionamento, falando com a pessoa sobre o que você não gosta ou demonstrando boa vontade para com ela.

Examine seu relacionamento com o alimento, com as suas propriedades, com o trabalho, com a natureza ou com o estudo. O que o prende a práticas prejudiciais ou o afasta dos relacionamentos saudáveis que gostaria de ter? Faça alguma coisa para melhorar esses relacionamentos satisfazendo as necessidades que estão por trás deles de uma maneira mais saudável.

Exercícios com o Diário

1. Amor

Quem você ama?

Faça uma lista das pessoas que você ama ou amou profundamente na vida. Quais são as características que elas têm em comum? Como você se sente ao pensar nessas pessoas?

2. Auto-aceitação

Faça uma lista de todas as imperfeições que você se recrimina por possuir, de todos os julgamentos que você faz de si mesmo. Liste todos os aspectos seus que não preenchem suas expectativas de como você "deveria" ser. Repasse a lista examinando as origens de cada item, incluindo a questão de onde você tirou a idéia de que cada aspecto é negativo. Decida por si mesmo se cada um desses traços é realmente negativo, ou se se trata simplesmente de algo que os outros não aprovaram em você. Suas idéias sobre esses traços, como também os traços em si, vieram de experiências da infância, de condicionamentos culturais, de circunstâncias situacionais ou de estratégias de sobrevivência. Sinta as situações adversas que criaram cada um deles, as forças a que você estava reagindo. Ao rever esses traços, perdoe-se por possuí-los. Isto não significa necessariamente que você aceita essa característica — apenas que você se perdoa por possuí-la.

Em seguida, faça uma lista do que lhe seria necessário para conseguir mudar algumas dessas características. Por exemplo, para deixar de ser descuidado, você precisaria diminuir seu ritmo e reservar mais tempo para si mesmo. Para ser menos irritadiço, você precisaria aprender a pedir o que quer de uma maneira direta.

3. Os Eus Rejeitados

Este tópico ajusta-se perfeitamente ao exercício com o diário descrito acima, mas vai um pouco mais fundo. Um eu rejeitado é um aspecto da personalidade que tivemos de superar para poder sobreviver — algo que tivemos de rejeitar. Para algumas pessoas, a raiva é um eu rejeitado. Para outras, poderia ser a preguiça, a timidez ou mesmo a ousadia. A chave para reconhecer um eu rejeitado é a nossa tendência para julgar os outros por terem esse traço, e expor continuamente amigos ou colegas de trabalho que têm níveis extremados dessa característica. Assim, uma pessoa viciada em trabalho terá um eu rejeitado que é preguiçoso, e terá a tendência para julgar rigorosamente os que são preguiçosos e/ou a expor um colega ou companheiro de trabalho que se vangloria por faltar ao trabalho e por não levá-lo a sério. Os que têm eus rejeitados de raiva, freqüentemente se relacionam com pessoas geniosas.

Recuperar um eu rejeitado não significa que você incorpore necessariamente um traço negativo. Significa que você aceita aquela parte da sua personalidade que poderia querer possuir um pouco mais dessa característica. O trabalhador compulsivo poderia querer diminuir seu ritmo de trabalho, a doce e gentil dona de casa poderia perceber que nem sempre se agüenta a si mesma, e poderia beneficiar-se da raiva que rejeitou.

Recuperar um eu rejeitado ajuda-nos a ficar mais equilibrados interiormente, a ser menos críticos com relação às outras pessoas e menos inclinados a nos alarmar com a síntese de nossos piores medos sentada no outro lado da mesa do café da manhã ou da escrivaninha do escritório. Uma vez que os aceitemos, não precisamos mais manifestá-los nos outros.

Faça uma lista dos traços que você considera condenáveis nas outras pessoas, iniciando com aqueles que mais o aborrecem. Assinale com uma marca adicional aqueles que são comuns em seus amigos, namorados ou colegas, ou que se repetem sistematicamente na sua vida.

- Qual foi a sua programação com relação a esses traços?
- O que teria acontecido a você, na sua família, se você tivesse sido indulgente com esse comportamento?
- Qual o preço que você está pagando agora por ter sido incapaz de tornar esse comportamento disponível?
- Que aspecto da sua personalidade você sempre escondeu para manter o seu eu rejeitado reprimido (como um crítico interior, um motorista escravo, um inquisidor, etc.)?
- O que aconteceria se esse controle interior abrandasse, e você desenvolvesse um pouco esse aspecto?
- O que você poderia fazer de modo diferente para deixar que esse aspecto apareça de vez em quando?

4. Exercício do Espelho

Este exercício é simples, mas muito profundo. Olhe-se num espelho, estenda as mãos na direção dele e diga "Eu te amo". O que acontece quando você faz essa tentativa? Que vozes interiores você ouve? Você pode fazer isso na frente de outras pessoas? Parece verdadeiro?

Exercícios com o Diário

5. Equilíbrio

A conquista do equilíbrio interior é o primeiro passo para chegar ao equilíbrio com as outras pessoas. Damos abaixo uma lista de opostos ligados por uma linha indicativa de que eles existem num *continuum*. Copie essa lista e faça um "X" sobre a linha no ponto que melhor o descreve nesse *continuum*.

Passivo ________________________________ Agressivo
Feminino ________________________________ Masculino
Recebedor ________________________________ Doador
Dirigido pelo interior ____________________ Dirigido pelo exterior
Atividade mental __________________________ Atividade física
Secreto ________________________________ Público
Introvertido ______________________________ Extrovertido
Ordenado ________________________________ Caótico
Atitude positiva __________________________ Atitude negativa
Cérebro esquerdo (lógico) ______________ Cérebro direito (criativo)
Ser ________________________________ Fazer
Razão ________________________________ Intuição
Quieto ________________________________ Ativo
Sucesso ________________________________ Fracasso
Transcendência ____________________________ Imanência
Resistente ________________________________ Submisso
Feliz ________________________________ Triste

Como se apresenta a sua linha de Xs? Ela é relativamente centrada? Quais são os desequilíbrios sistemáticos? Quais são as causas desses desequilíbrios e o que pode ser feito para equilibrá-los?

6. Reavaliação

- O que você aprendeu sobre si mesmo ao executar as atividades do quarto chakra?
- Sobre que áreas desse chakra você precisa trabalhar? Como fará isso?
- Com quais áreas desse chakra você se sente satisfeito? Como você pode utilizar essas forças?

Ingresso no Espaço Sagrado

Meditação de Cura

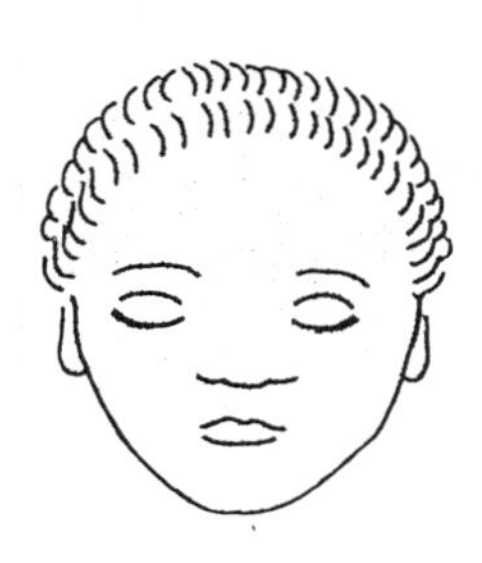

A cura é uma parte essencial do chakra cardíaco. Os canais de cura partem do coração, fluem pelo interior dos braços, descem pelos meridianos yin que se ligam com o coração, com os pulmões e com o pericárdio, e saem através das mãos. Feche os olhos, concentre-se no coração, e aprofunde a respiração. Imagine uma luz verde inundando seu coração com uma forte vibração de cura, entrando por todas as partes à sua volta até transbordar e derramar-se sobre seu corpo, entrar pelos braços, fluir para as mãos, transbordando.

Ao sentir a energia curadora fluir com mais intensidade, imagine um aspecto seu ou de um amigo (com a permissão dele) que gostaria de receber essa energia. Imagine a luz verde sair de você para ele e derramando-se nos lugares que mais precisam de cura, até que esses lugares também transbordem. Deixe que esse processo continue enquanto lhe for confortável e você permanecer centrado. Em seguida, deixe que a energia se recolha. Restabeleça seus próprios limites, e forme uma base (como foi descrito no primeiro chakra) para drenar toda carga excessiva que você possa ter retido. Se você se sentir exaurido, imagine essa luz verde entrando na sua cabeça pelo chakra da coroa e pelos pés.

Você pode fazer essa meditação antes de aplicar uma massagem, deixando que a energia flua através das suas mãos ao tocar na outra pessoa.

Meditação da Espiral

Examine o padrão da energia espiral mostrada na página seguinte. Sente-se em silêncio para meditar e imagine essa energia em espiral no seu próprio corpo, começando pelo coração. Deixe-a descer ao terceiro chakra e subir ao quinto (no sentido horário, do ponto de vista de quem olha para o seu abdome), daí ao segundo chakra, e em seguida ao sexto, e por fim descer ao primeiro chakra e subir ao sétimo e desse ponto para fora do seu corpo. Repita o processo na ordem inversa, canalizando a energia de fora para o centro do seu coração.

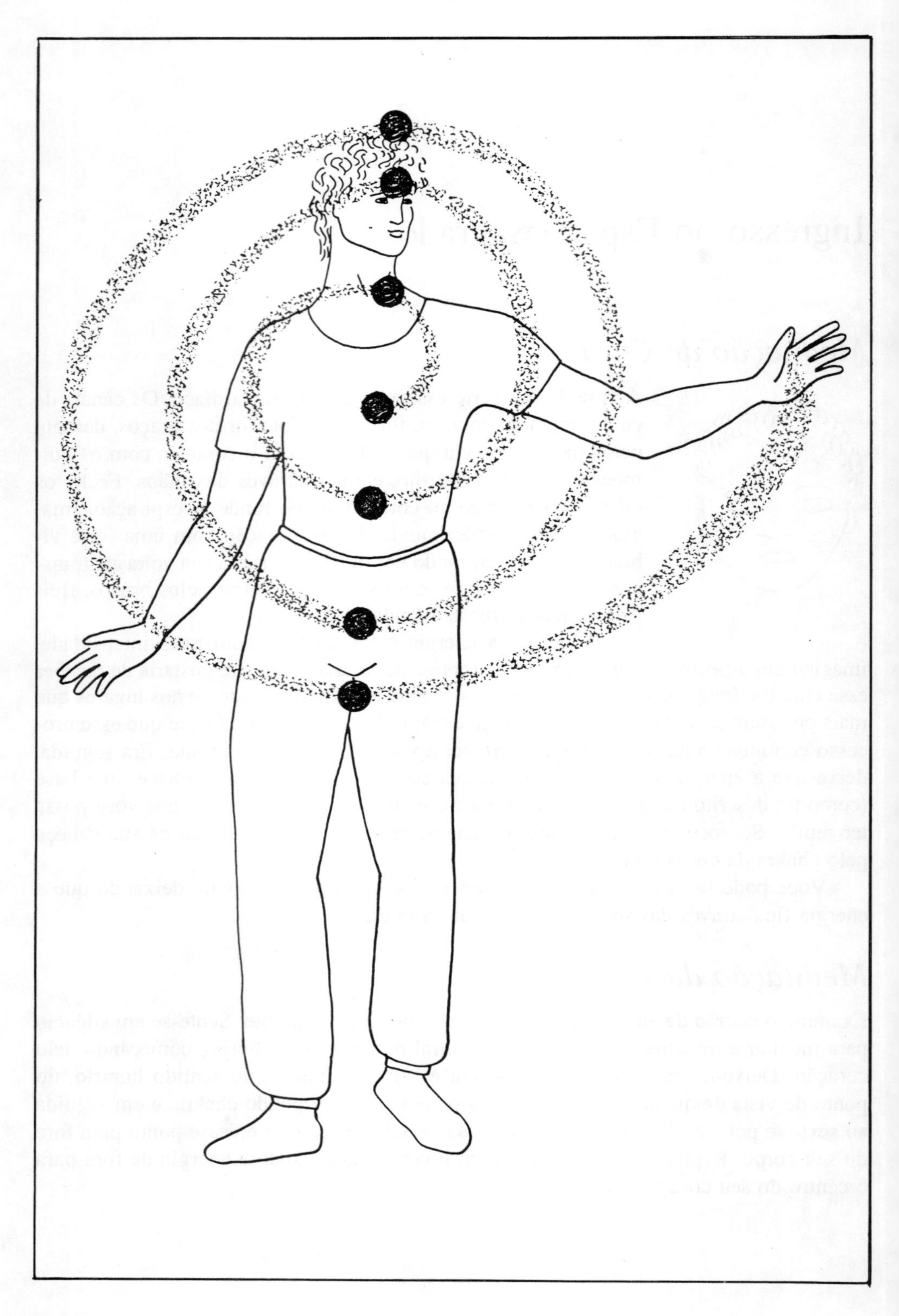

Ritual da Valorização

Se você e sua amada estão atravessando um momento difícil no relacionamento, este pequeno ritual pode fazer maravilhas para restaurar o sentido de amar e de ser amado. Ele não substitui o trabalho sobre as dificuldades, mas certamente ajuda a construir uma base para trabalhar sobre elas numa atmosfera de amor e de respeito mútuo.

Sente-se de frente para a sua companheira, no chão ou em cadeiras da mesma altura. Dediquem alguns momentos para se olharem nos olhos, em silêncio. Pense sobre o que você gosta ou ama nessa pessoa.

Comecem então a falar um para o outro sobre os traços que apreciam, alternadamente, fazendo uma afirmação por vez, continuando até que não haja mais nada a dizer, ou que a energia mude. Vocês podem falar de suas qualidades ou atividades do tipo "Gosto quando você se lembra de me telefonar dizendo que vai chegar atrasada". Não omitam as coisas pequenas.

A única regra para este ritual é que não são permitidas críticas nem o estabelecimento de condições. Não diga: "Gosto de sua comida, mas gostaria que cozinhasse mais." Diga simplesmente: "Gosto da sua comida" — e é o suficiente.

Este ritual também pode ser usado em grupos. Um membro do grupo por vez fica no meio, e os outros, cada um na sua vez, saúda a pessoa.

Ritual de Bênção a Si Mesmo

Este ritual é semelhante ao ritual da valorização, com a diferença de que você pode fazê-lo sozinho. Pegue um pouco de água, de perfume, de óleo aromático ou de outra substância que lhe seja especial e com a qual você possa se ungir.

Tome um banho preparatório, e encontre tempo e lugar onde possa ficar nu e sozinho. Se quiser, você pode realizar este ritual diante de um espelho.

Pegue um pouco do líquido que você preparou e toque seus pés com ele. Diga em voz alta algo como:

"Abençoados sejam os meus pés que me conduzem no meu caminho. Agradeço-lhes por levar-me nesta jornada."

"Abençoados sejam os meus joelhos que se dobram para que eu possa caminhar. Possa eu ser flexível e forte em todas as minhas ações."

Continue até as virilhas, e diga:

"Abençoados sejam os meus órgãos genitais que me dão prazer. Possam eles ficar protegidos e satisfeitos."

Continue com o abdome, com o peito (os homens) ou com os seios (as mulheres), com a garganta, a boca, os olhos, etc. Inclua outras partes que você quiser abençoar. Você também pode abençoar cada chakra, pelo papel que desempenham na sua vida. As afirmações acima são apenas exemplos. Suas afirmações serão as suas melhores bênçãos, visto que surgem espontaneamente.

Este ritual também pode ser feito com alguém que lhe seja íntimo; alternando, cada um abençoa o outro.

Ritual de Grupo

Material Necessário

Penas
Música

Respiração e Restabelecimento do Equilíbrio

Todos se dão as mãos, formando um círculo. Fechem os olhos e entrem em sintonia com o próprio corpo, sentindo-lhe o peso, sentindo a gravidade puxando-o para o chão, criando raízes que se aprofundam na terra. Usem o tempo necessário para isso, com uma pessoa (ou mais) dirigindo a visualização de maneira que todos os participantes tenham a mesma imagem mental para trabalhar enquanto captam a energia. Respirando profunda e tranqüilamente, focalizem a atenção em cada parte do corpo, até sentir a energia da vida fluindo através de vocês.

Passando a Respiração pelo Círculo

Cada pessoa sente que a energia que flui através do grupo se concentra na respiração de todos à medida que inspiram profundamente; em seguida, soltam essa energia pela boca na direção do corpo da pessoa que está à esquerda; esta a inspira e a passa à frente da mesma maneira. Façam a respiração passar pelo círculo três vezes, lentamente na primeira vez, e em seguida acelerando. Deste modo, o círculo fica impregnado de respiração, que é o elemento do chakra do coração.

Movimento Através dos Três Primeiros Chakras

Esta parte pode ser realizada formalmente escolhendo-se um ou dois movimentos de cada um dos três primeiros chakras e fazendo com que uma pessoa (ou talvez uma pessoa para cada chakra) lidere o grupo através dos movimentos, visualizando a energia que sobe através de cada chakra. Se você estiver trabalhando sozinho, deixe que essas imagens fluam através da sua mente enquanto você se movimenta. Uma abordagem menos formal seria improvisar os movimentos para cada chakra à medida que a visualização expressa os atributos ou as qualidades de cada um. Quanto mais familiarizado você estiver com os movimentos de cada chakra — quanto mais tiver praticado — mais fácil se tornará essa abordagem informal. Formal ou informalmente, termine o movimento no coração.

Envolvimento dos Três Chakras Superiores

Imagine que você está esticando, para além da cabeça, para além dos limites físicos da pele, entrando no universo, entrando num lugar maior do que você enquanto indivíduo.

Apanhe a energia do espírito e puxe-a para baixo, para dentro de você, através do topo da cabeça, pelo chakra coronário, fazendo-a descer pelo terceiro olho, pela garganta, e daí para o coração, onde ela se mistura com a energia da terra que subiu partindo das raízes, passou pelos chakras inferiores e penetrou em seu coração.

Movimento a Partir da Respiração

Partindo desse foco no coração, comece a prestar atenção à respiração e aos movimentos que ocorrem naturalmente à medida que os pulmões inspiram e expiram. Deixe que seu corpo exagere esses movimentos, tornando-os mais amplos e abertos nas áreas que o circundam. Por exemplo, ao inspirar, seu peito se expande, e isso pode levantar sua cabeça suavemente e começar a incliná-la para trás ou para os lados. Ao expirar, sua cabeça pode curvar-se suavemente para baixo e em círculos, enquanto o foco do movimento se propaga para o abdome e para a pelve, talvez mexendo os quadris e girando o tronco. Quando você torna a inspirar, essa inspiração pode se expandir para um braço que se ergue no ar, movendo-se no espaço. Você pode pegar algumas penas (do tipo macio, como as de pavão) e expandir seus movimentos em direção aos outros participantes, tocando-os suavemente com a maciez etérea da pena, que propicia outro estímulo para motivar o movimento do seu parceiro em acréscimo a seus movimentos respiratórios.

Música: *Lullaby for the Hearts of Space*
(use-a também para a seção seguinte)

Toques no Coração

Escolha um companheiro. Siga as instruções para a Conexão Através do Coração, na p. 189. Se você não se sentir à vontade com essa postura, devido à proximidade, posicione suas mãos de uma maneira mais simbólica, colocando-as a uma certa distância do coração do outro, e compartilhe esse centro através da imagem de batimentos que se tocam, em vez de fazê-lo pela sensação física. Isso pode ser feito com os olhos fechados, ou também um olhando para o outro.

Se houver tempo, você pode terminar o exercício com esse companheiro e juntar-se a outro, vivenciando uma ligação pelo coração com várias pessoas antes de iniciar o círculo de corações.

Círculo de Corações

Formem um círculo, como se fosse em fila indiana. Cada participante coloca a mão esquerda sobre o coração da pessoa que está à sua frente. Cantem em conjunto, permanecendo em círculo, unidos através do coração. (Veja a música na página seguinte.)

Compartilhando — O Que Você Ama?

Retirem as mãos da posição sobre o coração e toquem o seu companheiro em outro lugar, ou dêem-se as mãos enquanto olham para dentro do círculo. Caminhem em círculo tantas vezes quantas for possível, compartilhando imagens do que vocês amam. Podem ser imagens de pessoas, de lugares, de coisas, de reações, de idéias ou de qualquer outra coisa que lhes venha à mente partindo do coração.

Abraço Grupal

O grupo já pode estar abraçado, mas preste atenção, olhando em volta para as pessoas com as quais você compartilhou o seu coração. Em seguida, façam a energia descer à terra, com a emissão de um som, se preferir.

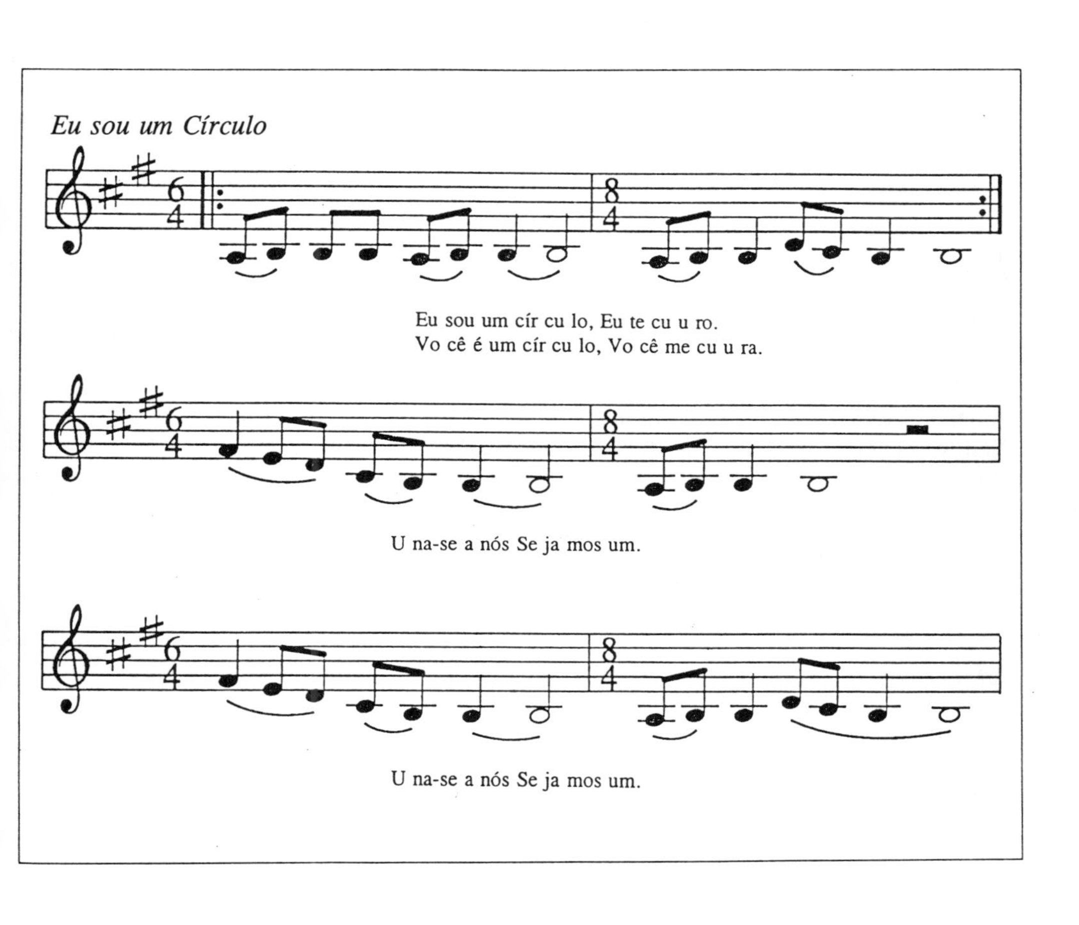
Eu sou um Círculo
Eu sou um cír cu lo, Eu te cu u ro.
Vo cê é um cír cu lo, Vo cê me cu u ra.
U na-se a nós Se ja mos um.
U na-se a nós Se ja mos um.

Fontes

Livros

Hendrix, Harville. *Getting the Love You Want*, Harper & Row.
Iyengar, B. K. S. *Light on Pranayama: The Yogic Art of Breathing*. Crossroad Publishing Company.
Johnson, Sonia. *The Ship that Sailed into the Living Room*. Wildfire Press.
Malone, Thomas Patrick. *The Art of Intimacy*. Prentice Hall.
Ram Dass & Gorman, Paul. *How Can I Help? Stories & Reflections on Service*. Knopf.
Rama, Swami, Ballentine, Rudolph & Hymes, Alan. *Science of Breath: A Practical Guide*. Himalayan International Institute.
Shandler, Michael & Nina. *Ways of Being Together*. Schocken.
Welwood, John. *Challenge of the Heart*. Shambhala.

Música

Braheny, Kevin. *Lullaby from the Hearts of Space*.
Halpern, Steven. *Spectrum Suite*. (and many others)
Ojas. *Lotusongs II*.
Roach, Steve. *Structures from Silence*.

CHAKRA CINCO

Som

Considerações Preliminares

Onde Você Está Agora?

Escreva o que pensa ou sente sobre os conceitos seguintes, relacionados com o quinto chakra:

Vibração
Ritmo
Som
Harmonia
Ligação
Telepatia
Comunicação
Criatividade
Cântico/Entoação
Redação
Falar em público

Este chakra envolve o pescoço, a garganta, a boca e o maxilar. Como você se sente com relação a essas áreas do seu corpo? Você já teve algum problema em alguma dessas áreas no decorrer da sua vida?

Preparação do Altar

A cor principal deste chakra é um azul-turquesa brilhante; portanto as velas e as toalhas para o altar devem ser escolhidas de acordo com essa tonalidade. Este é o chakra da comunicação e da criatividade, e por isso não há limites para simbolizar essas faculdades. Neste ponto da jornada, você já preparou vários altares; assim, dê asas à sua criatividade.

Se quiser se comunicar com alguém, ou se está com certa dificuldade num relacionamento, coloque uma fotografia da pessoa sobre o altar e fale com ela todos os dias. Se não tiver uma fotografia, use qualquer outro objeto que o faça lembrar-se da pessoa.

Palavras fazem parte da comunicação. O fato de escrever uma declaração objetiva de uma intenção específica num cartão, de três por cinco, pode servir para lembrar-lhe essa intenção sempre que você olhar para o altar. Você pode querer lê-lo em voz alta sempre que o vir, e o simples fato de o anotar concisamente exige que você mantenha a atenção sobre os seus aspectos essenciais.

Outros objetos que podem ser colocados sobre o altar são instrumentos musicais ou objetos que emitem sons, como sinos, chocalhos, matracas, carrilhões.

Correspondências

Nome Sânscrito	Visuddha
Significado	Purificação
Localização	Garganta
Elemento	Éter, som
Apelo/Questão Principal	Comunicação
Metas	Auto-expressão, harmonia com os outros, criatividade, boa comunicação, ressonância com o eu e com os outros
Disfunção	Incapacidade de expressar-se ou de soltar-se, criatividade bloqueada, garganta dolorida, ombros tensos, pescoço rígido
Cor	Azul brilhante
Astro	Mercúrio
Alimentos	Frutas
Direito	De Falar
Pedra	Turquesa
Animais	Elefante, touro
Princípio Operador	Vibração simpática
Ioga	Mantra Ioga
Arquétipos	Hermes, Sarasvati o Mensageiro

Partilha da Experiência

"Queimei uma boa parte da minha vela da comunicação dirigindo a ela pensamentos que eu queria transmitir-lhe; por fim, tive a oportunidade de dizer o que pensava às pessoas envolvidas, e isso ajudou muito. Isso também ajudou a aliviar a pressão que eu estava sentindo no meu coração, porque várias coisas se relacionavam com o coração. Também comecei a participar de aulas de empostação da voz neste mês, o que está ajudando a desenvolver o chakra da garganta. Tenho praticado bastante, e parece até que minha voz está mudando."

*

"Minhas comunicações neste mês estiveram concentradas principalmente em torno da distribuição de panfletos e em falar com as pessoas sobre o acontecimento em que estou trabalhando. Além disso, tive uma discussão feia com o meu namorado, fato esse que precisa ser trabalhado. Mas isso abriu a comunicação."

*

"Preciso me comunicar durante todo o dia no meu trabalho, falando com as pessoas sobre conservação de energia. Sinto-me bem, como se tivesse que desempenhar um pequeno papel na salvação do planeta. Meu marido finalmente voltou do exterior, e é necessária muita comunicação para me ajustar a ele novamente."

*

"Escrevi várias cartas para pessoas no exterior, coisas que estavam para ser ditas. E também me comuniquei com pessoas que me deixam intimidada, a quem julgava superiores a mim, experientes no trabalho ou coisa assim. Normalmente eu ficaria calada, mas abri a boca e nada de ruim aconteceu, portanto... tenho muito que trabalhar sobre isso. Uma coisa que tem acontecido é que, algumas vezes, quando as pessoas não estão exatamente falando comigo — estão apenas pensando em algo — eu tenho respondido suas perguntas como se estivessem conversando comigo. E eu só sei o que está acontecendo quando elas me dizem que apenas estavam pensando... mas eu ouço claramente como se elas estivessem falando. Suponho que meu canal de telepatia esteja se desenvolvendo por causa da energia Kundalini que estive fazendo fluir."

*

"Sinto como se tivesse feito grandes comunicações neste mês. Consegui me entender com meu marido sobre as decisões do divórcio de uma maneira objetiva. Parece que estamos chegando a um acordo depois de tantas brigas. Minha comunicação com várias pessoas — com meus filhos, por exemplo — está muito mais transparente, nos limites do possível. Consegui ser mais espontânea ao me comunicar, uma coisa que sempre foi difícil para mim."

*

"Este foi um mês de comunicação também para mim. Viajei a trabalho realizando várias demonstrações comerciais e tratando de vários negócios. Provavelmente, este foi o primeiro mês em que fiz os exercícios físicos seriamente. No ano passado, dei um mau jeito nas costas e venho lutando contra as seqüelas desse mau jeito e por isso estou recebendo tratamentos quiropráticos. Na semana passada, ao me submeter a uma consulta de avaliação, algumas coisas se esclareceram, de modo que posso ver os resultados do meu trabalho. Foi ótimo, porque me sentia muito mal. Também fui muito cauteloso em começar um diário, em anotar alguma coisa no papel. Depois da última aula, comprei um diário, e o levo comigo em minhas viagens. Na última viagem, finalmente, comecei a escrever, e as coisas estão fluindo bem."

"Também tive uma briga com o meu namorado. Mas fiz outra coisa ainda maior — escrevi uma carta para meu pai legítimo. Nunca lhe disse como me senti sobre o que acontecera no passado; quando nasci, meus pais se haviam divorciado, e meu pai nunca fez parte da minha vida, de nenhum modo; e coloquei a carta no correio, o que foi difícil, mas me senti bem. Ele me telefonou esta manhã e conversamos, e ele disse que estava aborrecido mesmo. Disse que quer me escrever e manter contato. A despeito do que possa resultar disso, eu me sinto melhor simplesmente por ter sido ouvida."

Compreensão do Conceito

Quando deixamos o ponto de equilíbrio do quarto chakra, usamos nossa vontade para levar nossa respiração para cima, para o chakra da garganta, onde a transformamos em *som*, *comunicação* e *criatividade*. Aqui, entramos no azul brilhante do quinto chakra, cujo nome sânscrito, *Visuddha*, significa "purificação". Nesse nível, nosso lótus tem dezesseis pétalas, e nelas estão escritas todas as vogais do sânscrito. Os sons vocálicos compreendem a energia do espírito, ao passo que as consoantes que aparecem nas pétalas de todos os chakras inferiores insuflam o espírito no mundo material, moldando-o. Quando entramos nas dimensões mais etéricas dos chakras superiores, penetramos no reino do espírito que permeia toda matéria. A comunicação é um elo capaz de representar tanto o espírito como a matéria.

Som

O elemento que se relaciona com este chakra é o *som*. Os hindus acreditam que o universo inteiro passou a existir através do som. A mitologia hindu ensina que, no final dos tempos, Mãe Kali, o aspecto destruidor da deusa, virá e removerá as letras das pétalas dos chakras, eliminando assim todo som e reduzindo o universo novamente ao seu vazio original. É através do som e da comunicação que criamos continuamente e insuflamos o espírito no nosso mundo, mantendo-o vivo e vitalizado. O som dá forma ao espírito. Por essa razão, o som e a comunicação se ligam à criatividade, nossa expressão única do espírito.

Purificação

Visuddha como purificação tem um significado duplo no chakra da garganta. O aprimoramento de nossas vibrações físicas, necessária para penetrar nos níveis superiores, requer certa quantidade de purificação corporal por meio da atenção à dieta alimentar, à ingestão de substâncias, às atividades e às técnicas de meditação. Através desse processo de purificação sintonizamos níveis mais sutis de percepção, oral, visual e fisicamente, e assim nos capacitamos a receber mais informações, para com elas expandir nossa consciência.

O som também cria a purificação por meio do seu efeito ordenador, tanto sobre a matéria como sobre a consciência. Purificar uma coisa significa fazê-la voltar à sua natureza essencial, levá-la à sua ordem natural — a ordem que emana do seu centro. O som, propagando-se por meio de um tambor com areia, fará a areia dançar e organizar-se num padrão ordenado semelhante a uma mandala — um padrão que se irradia a partir do centro. A comunicação pode ordenar nosso mundo, quer estejamos pedindo uma mudança em nossa vida, ou simplesmente partilhando nossa percepção de ordem com outras pessoas. Do mesmo modo, a entoação de sons pode ter um efeito ordenador e purificador sobre o nosso próprio centro, física e mentalmente. Assim como uma técnica de meditação, o uso de ritmos e de cantos nos ajuda a centrar e a "purificar" o nosso foco.

Vibração

O som é a vibração rítmica das moléculas de ar. Quando entramos no reino do som e da comunicação do quinto chakra, sentimos o mundo em termos de vibração, o princípio operador do quinto chakra. A matéria, o movimento, a energia, relacionados com os três primeiros chakras, assumem agora um padrão de relacionamento recíproco estável (quarto chakra). À medida que incorporamos o nível seguinte, sentimos essas relações mútuas como vibração. É como abrir a capota do nosso carro com o motor em marcha lenta; mesmo sabendo que a combustão move os pistões nos cilindros milhares de vezes por minuto, só sentimos a *vibração* do motor quando prestamos atenção a ele. Não vemos nem ouvimos as sutis ações recíprocas, mas só um zumbido que nos faz saber que o motor está regulado. Do mesmo modo, quando encontramos um pessoa, ou quando passamos por uma experiência, nossa consciência não pode perceber cada processo interior sutil da pessoa ou do acontecimento — em vez disso, percebemos a qualidade da vibração global.

Esta é a estrutura perceptiva do quinto chakra — som e vibração. O trabalho do quinto chakra implica realizar a sintonia fina de nossas energias vibracionais para uma auto-expressão mais clara, para uma comunicação mais aperfeiçoada com os outros e para uma harmonização geral com o nosso ambiente.

Sintonia Rítmica

Toda vibração é uma oscilação rítmica através do tempo, e é o padrão desse ritmo que constitui a comunicação. Toda vida é rítmica, desde os batimentos cardíacos, o ciclo diário dos dias e das noites, até a vibração das ondas cerebrais e os impulsos nervosos. Quando essas vibrações entram num estado de harmonia, surge um sentido enorme de ligação, de profundidade e de expansão que podemos vivenciar. Isso acontece da seguinte maneira:

Todo ritmo está sujeito a um princípio chamado *ressonância*, também conhecido como *vibração simpática* ou *sintonia rítmica*. A ressonância acontece quando ritmos ou formas de ondas de freqüência semelhante (vibrações por unidade de tempo) entram em fase uma com a outra; em outras palavras, sobrepõem-se no mesmo ritmo. Assim, os tique-taques dos antigos relógios de pêndulo ocorrem simultaneamente, e mulheres que moram juntas freqüentemente menstruam na mesma época do mês. Duas pessoas ritmicamente sintonizadas em sua conversa podem proferir a mesma frase em uníssono; um baterista sintonizado com o ritmo da música entra num estado de êxtase de união com a música, o que torna difícil perder uma batida.

Quando duas formas de onda se sobrepõem, sua amplitude aumenta (ver diagrama à direita). Isto recebe o nome de interferência construtiva. Podemos considerar a amplitude como aquilo que nos dá volume ou intensidade. Portanto, quando estamos em ressonância com algo — seja um trecho musical, uma conversa com outra pessoa ou uma verdade básica que ouvimos pela primeira vez — a intensidade da nossa experiência aumenta. Existe uma sensação expansiva que vai para fora e que retorna novamente, tudo num ritmo harmônico que sintoniza corpo, mente e espírito com uma pulsação unificadora central. Ser unificado internamente e ser expandido externamente é combinar a transcendência dos chakras superiores e a imanência dos chakras inferiores numa única experiência.

Formas de onda que estão em fase uma com a outra tendem a permanecer em fase, como se estivessem entrelaçadas pela força da sintonia. Quando estamos em ressonância com outra pessoa, queremos ficar junto dela, e o afastamento pode ser doloroso. Uma música predileta continua ressoando em nossa mente muito tempo depois que terminou de tocar. (Os *jingles* de propaganda são programados para ressoar com as freqüências humanas básicas exatamente por essa razão.) Podemos considerar o sono como um processo em que nossos pensamentos, padrões de respiração, batimentos cardíacos e pulsações corporais rítmicas entram em ressonância uns com os outros. Em geral é um som desarmônico que nos desperta de um cochilo, e quase sempre temos pressa de voltar imediatamente àquele estado de harmonia profundo — a menos que tenhamos uma forte ressonância com o que vamos fazer naquele dia!

Um instrumento tem as propriedades de ser "sintonizado" com uma freqüência específica mesmo quando está em repouso. Esse objeto pode ser "despertado" por meio do contato com uma freqüência semelhante. Assim, se você e eu temos violinos com a mesma afinação, posso fazer com que uma corda em repouso do seu violino vibre simplesmente tocando a mesma nota no meu violino. Se aplicamos este princípio à consciência, segue-se que podemos ativar um estado de consciência em outra pessoa por meio da expressão de nossas próprias vibrações se houver uma semelhança básica de vibração que possibilite o impulso inicial. A evidência desse princípio pode ser observada em casos de comunicação telepática, na cura por meio das vibrações, no despertar da energia Kundalini a partir do contato com um mestre, ou no poder da música para inspirar estados de consciência profundos. Durante concertos de *rock*, quando a marcação do compasso é forte e há um grande número de pessoas ouvindo o mesmo ritmo, muitas pessoas sentem uma sintonia de consciência. Algumas pessoas sentem isso como um estado de consciência excitado ou até mesmo como uma consciência coletiva.

Todos nós já pudemos constatar casos em que uma pessoa só consegue compreender aquilo que está disposta a ouvir. Numa escala maior, alterações de paradigmas na cons-

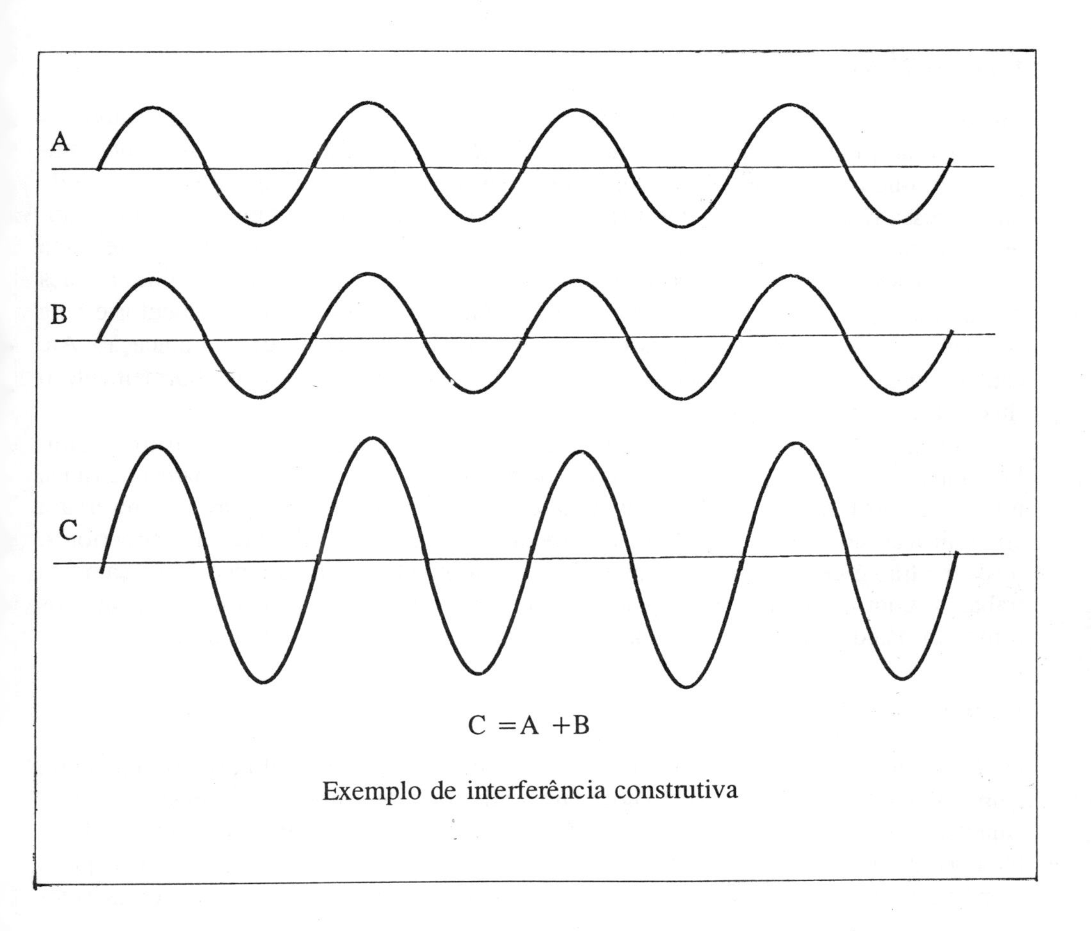

Exemplo de interferência construtiva

ciência de massa ocorrem quando uma quantidade significativa de uma população (massa crítica) conserva certos ideais e assim desperta o restante da população.

Comunicação

Em si, a comunicação é uma atividade rítmica. Estudos têm demonstrado que ouvintes e palestrantes entram em sintonia durante a explanação e que a profundidade de compreensão que procede dessa comunicação depende da capacidade que a pessoa tem de entrar nessa ressonância. Quanto mais entramos em ressonância com nossos ritmos interiores, mais facilmente podemos iniciar uma ressonância com outra pessoa e ter uma comunicação clara e profunda. Na próxima vez que você estiver enfrentando dificuldades de comunicação, preste atenção aos ritmos da fala entre você e seu interlocutor e veja se você pode desenvolver uma ressonância para ajudar o processo de comunicação. Até cantar juntos por alguns minutos antes da conversa pode intensificar enormemente o fluxo da comunicação que seguirá.

Por meio da comunicação harmoniosa, ampliamos e expandimos o espírito interior. Podemos transcender as limitações físicas de tempo e espaço — uma chamada telefônica pode alcançar uma grande distância, uma carta ou uma mensagem gravada preserva a comunicação através do tempo. Quando vamos dos chakras inferiores aos superiores, nosso padrão é de expansão e transcendência. No nível do chakra cinco, começamos a trabalhar com o mundo em símbolos, assim como através das palavras representamos o mundo físico e encontramos uma maneira de ir além de suas limitações.

Canto

O canto é uma maneira de harmonizar nossas vibrações por meio do uso consciente do som. Ele também pode ser usado como uma atividade de grupo para intensificar a ressonância e a comunicação do grupo como um todo e se tornar um instrumento eficaz para gerar uma consciência coletiva coesa. Cantos e entoações grupais são técnicas xamânicas tradicionais para criar uma vibração de cura, uma mente grupal, ou para ter acesso ao mundo do espírito por meio de estados alterados de consciência.

Criatividade

Como canal para a nossa expressão, o quinto chakra, em sua forma mais elevada, está ligado à criatividade. Toda criatividade é uma forma de comunicação. Por meio da comunicação, criamos nosso tipo de vida. As artes, em qualquer modalidade que se apresentem, são uma forma complexa de comunicação. Ao trabalhar com este chakra, disponha-se a se tornar de novo criança, incorpore a criatividade da criança, trabalhando com a voz, escrevendo, pintando, dançando ou adotando qualquer outra forma de expressão que lhe seja atraente.

Excesso e Deficiência

Se o quinto chakra apresentar excesso em termos de energia, uma pessoa poderá conversar por longo tempo dizendo muito pouco. É como se a boca precisasse manter-se em atividade, mas as palavras não estão ligadas ao corpo nem às partes mais profundas do nosso espírito. Armazenam estresse como uma "carga" no corpo, que sentimos como tensão. O quinto chakra, junto com as mãos e os pés, é um dos primeiros lugares no corpo por onde podemos descarregar a energia e liberar a tensão. Se estamos excessivamente carregados, poderá haver certa tendência para descarregar energia por meio do chakra da garganta, através de um constante tagarelar, ou mesmo gritando. Permitir-se descarregar a energia conscientemente, liberando em voz alta os sons das profundezas de seu corpo num contexto que não seja prejudicial, pode aliviar a tensão e possibilitar que seu quinto chakra se abra e funcione normalmente.

Se o chakra estiver com deficiência de energia, há dificuldade na comunicação. Garganta apertada, ombros presos e uma voz sem ritmo ou ressonância indicam um bloqueio no quinto chakra. Isso pode dever-se à falta de amor-próprio, a padrões conhecidos que desencorajaram a comunicação ("Não fale, não confie, não sinta"), ou simplesmente a um embasamento deficiente, que oferece pouquíssimo suporte para a vontade, para a respiração e para a voz.

A abertura do quinto chakra requer purificação do corpo, prática diária do uso da voz e atenção aos ritmos da nossa vida e aos nossos padrões de comunicação. O resultado é uma comunicação mais convincente, estados de consciência profundos e maior criatividade.

Trabalho com Movimento e Som

Rotação do Pescoço

Este é um tópico um tanto controvertido, porque muitos quiropráticos e outros especialistas em trabalho com a coluna consideram imprudente fazer a cabeça girar em volta do eixo da espinha. Por isso, é importante, neste exercício, o cuidado em manter o pescoço esticado, não permitindo que o peso da cabeça force o pescoço quando você o gira. Comece levantando a cabeça como se houvesse uma corda atada ao topo da cabeça, puxando-a para cima e para fora da linha da coluna. Continuando a sentir esse alongamento, deixe a cabeça pender para a frente, mantendo a espinha no lugar e fazendo com que a parte posterior do pescoço se alongue. Lentamente mude a posição da cabeça de modo que o alongamento se desloque para a lateral do pescoço. Pense naquela corda puxando a cabeça para fora da linha da coluna ao inclinar a cabeça para trás, não deixando que a cabeça penda, mas sentindo-a curvar-se para trás, alongando a frente do pescoço. Continue a girar cuidadosamente, movendo a cabeça para o outro lado e então voltando para a frente. Se sentir algum mal-estar, alongue o pes-

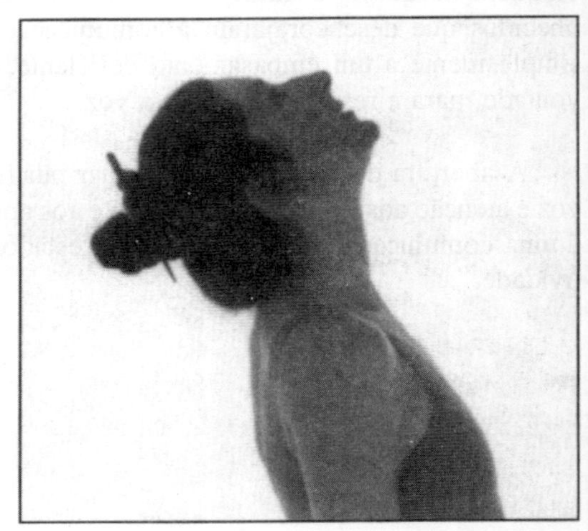

Assim

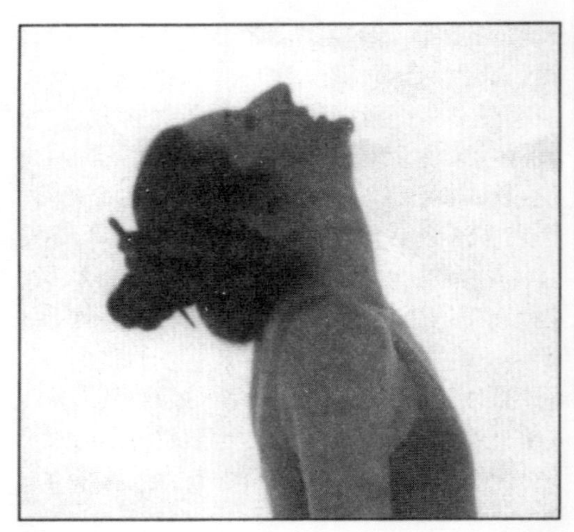

Não assim

coço permitindo que o peso da cabeça se concentre na frente, para trás, para os lados, num alongamento em cada posição, mas voltando ao centro antes de passar à posição seguinte, em vez de realizar o giro.

Rotação dos Ombros

Gire os ombros, um de cada vez, para a frente e para trás, e depois ambos ao mesmo tempo. Isto não parece estar relacionado com a área da garganta, mas liberar a tensão acumulada nos ombros melhora consideravelmente a área do chakra da garganta.

Peixe

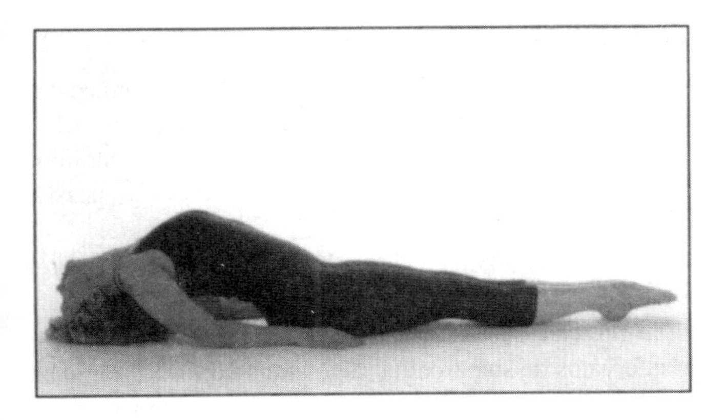

Deite-se de costas, com as pernas esticadas e simétricas em relação às articulações dos quadris. Posicione os braços de modo a ficar com as palmas das mãos voltadas para baixo. Ao inspirar, arqueie as costas levantando o peito e a frente do pescoço. Deixe a cabeça pender para trás, descansando o topo suavemente no assoalho. Use a força dos braços para ajudar as costas a manter essa posição — não concentre na cabeça o peso da parte superior do corpo. Relaxe os ombros, alongando o pescoço e tomando consciência da abertura que acontece na área. Continue a respirar. Para desfazer o arco, endireite a coluna a partir da cintura na direção da cabeça, acomodando suavemente as costas e a cabeça no assoalho.

Aquecimento das Cordas Vocais

Comece abrindo a boca o quanto lhe for possível, escancarando-a, simulando um bocejo, se puder. Sinta a abertura e emita sons enquanto abre e movimenta a boca, enquanto mordisca e alonga todos os músculos ao redor da boca, da mandíbula e da parte inferior da face. Geralmente, movimentamos pouco essa região, e esta é uma oportunidade para exercitar todos os músculos que usamos para falar, testando posições que poderiam parecer ridículas em outro contexto. Trabalhe não apenas com os lábios e com a mandíbula, mas também com o interior da boca, com a língua e a parte interna dos lábios, chupando, empurrando, estalando, emitindo sons estranhos. Isto soltará o aparelho físico que usamos para criar o som, permitindo maior liberdade e menor tensão em suas vocalizações.

Sons Vocálicos dos Chakras

Inspire profundamente e emita os sons vocálicos de cada chakra, em seqüência. Procure sentir a vibração do chakra enquanto vocaliza. Cante alto e forte.

1 ou	*5 i*
2 u	*6 mmm, nnn*
3 a	*7 ngngng*
4 ei	

Meditação Sonora em Grupo

Este exercício é uma adaptação feita com base em Emily Conrad Da'oud, uma conhecida professora no campo da meditação em movimento. Cada participante se senta em fila, ou num círculo ou em qualquer lugar da sala. Durante o tempo estipulado (no mínimo 10 minutos; meia hora ou mais é melhor), cada participante tem quatro escolhas possíveis:

1. durante a expiração, sussurrar com os lábios fechados, produzindo o som na parte posterior da garganta;
2. interrupções em *staccato* na respiração: sussurrar como em 1, mas interrompendo o sussurro e a expiração em intervalos de sua escolha (algo entre explosões rápidas e sussurros longos com apenas uma ou duas interrupções — ou qualquer outra combinação);
3. fechamento dos lábios na respiração para formar "ma-ma-mo-mo-me-me-ma";
4. ficar em silêncio, atento, na sala, ao som que o rodeia (ou ao silêncio).

Este é um exercício para sentir a criação, a sensação e a captação do som. Abandone suas expectativas e metas e permaneça presente, participando da criação desse ambiente sonoro.

Movimento com Música

Pratique com vários estilos musicais, deixando que o seu movimento expresse as diferentes maneiras de seu corpo reagir a cada estilo. Não se preocupe em "dançar" de uma maneira preconcebida; apenas permita que seu corpo responda aos sons e ritmos. Use músicas de outras culturas e de outras partes do mundo, e também os vários estilos musicais de sua própria cultura.

A Dança

A dança do quinto chakra é uma dança da garganta que abre e move a energia através e ao redor da garganta, da boca e dos ombros, criando espontaneamente um som à medida que você se movimenta. Veja aonde os sons o levam em movimento, brinque com os ritmos dos seus sons e dos seus passos.

Atividades Práticas

Purificação

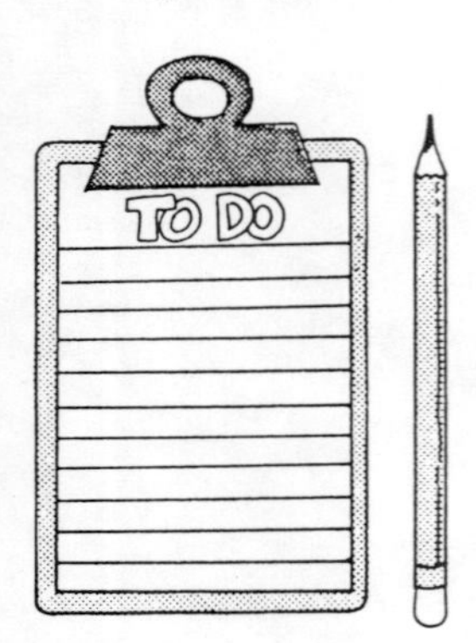

O nome Visuddha significa purificação. Isso pode ser interpretado de duas maneiras: uma, que precisamos purificar o nosso corpo com o objetivo de aprimorar nossas vibrações físicas globais de modo a termos acesso aos chakras superiores. Como ponto de passagem entre o corpo e a mente, o chakra da garganta apara as vibrações físicas grosseiras, transformando-as em vibrações sutis de luz e de pensamento. Isto não significa que os chakras superiores sejam melhores do que os chakras físicos inferiores, mas apenas que eles são de natureza diferente.

Os problemas do chakra da garganta no plano físico, como garganta inflamada ou tensão no pescoço e nos ombros, podem se tornar mais graves com o uso de certas substâncias, incluindo tudo o que vai do álcool e do tabaco até os conservantes usados na alimentação. Purificar-nos dessas substâncias pode ajudar a soltar o pescoço e os ombros, a desobstruir a garganta e a contribuir para a cura de irritações da garganta e das doenças a ela relacionadas. A cura completa, todavia, em geral é uma questão mais complexa.

O trabalho com o quinto chakra inclui certa dose de purificação, como um programa de abstinência de algum produto químico prejudicial que você possa ingerir habitualmente, ou a restrição temporária a determinados alimentos.

Sonorização

O som pode ordenar e purificar o estado da nossa consciência. Como foi descrito anteriormente, o som tem a propriedade de organizar pequenas porções de matéria, como grãos de sal ou de areia, líquido, ou vapor, em intrincados padrões semelhantes a uma mandala. Um som coerente, rítmico, pode criar ressonância com os nossos pensamentos, com a nossa respiração, com os batimentos cardíacos e com as ondas cerebrais. Este é o princípio que está por trás dos mantras.

Segue-se que podemos desenvolver o hábito de purificar o nosso espaço sagrado com o uso do som por meio do canto ou da entoação. Um mantra usado classicamente com este propósito é Om Ah Hum, mas pronunciar repetida e claramente o *Om* tem o mesmo efeito.

Essa prática deve ser feita de uma maneira concentrada, de preferência sentado com a coluna reta, sem interrupções. Comece entrando em seu interior, prestando atenção à respiração e ouvindo os sons à sua volta. Então, lenta e silenciosamente no início, deixe que um som emerja da sua garganta — qualquer sílaba ou timbre que pareça adequado. Abra a garganta, a respiração e o coração, e deixe o som sair o mais plenamente possível. Depois de produzir um som continuamente, passe a ouvi-lo com a finalidade de obter um som límpido, que reverbere através de você. É importante tentar timbres diferentes — o corpo de cada pessoa é diferente e ressoa em timbres diferentes. Você também pode tentar isso com os sons seminais ou com os sons vocálicos de cada chakra.

Quanto mais você cantar, mais límpido se tornará o seu canto (até certo ponto; não cante até ficar rouco, ou poderá irritar as cordas vocais). Não há uma fórmula mágica que diga durante quanto tempo você deve cantar até obter a sensação de purificação do espaço. Muitas pessoas entoam duas ou três vezes o Om e esperam sentir uma mudança, mas normalmente é preciso mais do que isso. Para efeitos mais eficazes, tente cantar durante 30 minutos ou mais. Ou cante até ter uma sensação de lucidez e de tranqüilidade interiores. Observe então como suas atividades prosseguem depois disso. Sua meditação ou sua comunicação com outras pessoas é mais eficiente agora? Seu corpo está diferente?

Ritmo

Prestar atenção ao ritmo e ao modo como ele nos afeta é a sintonização do quinto chakra. Observe sua vida em termos de ritmos — seu trabalho, sua diversão, sua sexualidade, sua produtividade. Consiga um gráfico do seu biorritmo e veja se ele tem alguma correlação com a sua vida. (O biorritmo faz prognósticos sobre os "altos" e "baixos" de três aspectos: os ciclos emocional, físico e mental.)

Elabore um gráfico dos seus ciclos altos e baixos de energia. Observe e compare seus ciclos de alimentação e de sono. Observar os ciclos de sua vida ao longo dos anos e ver os períodos de atividade e os de repouso são iniciativas que podem ampliar sua compreensão de onde você está agora.

Para as mulheres, o ciclo menstrual é um ritmo natural que merece atenção. Muitas culturas instituíram atividades específicas em resposta aos ciclos femininos, mas você pode aproveitar essa oportunidade para descobrir o que funciona para você — quando você quer se interiorizar e meditar? Em que ponto do ciclo seus desejos sexuais são estimulados mais facilmente? Que outras correlações você pode observar e que podem influenciar a organização da sua vida?

Preste atenção ao ritmo enquanto caminha, dança, fala, cozinha ou faz amor. Entregue-se à experiência de estar ritmicamente sintonizado com qualquer atividade que esteja realizando.

O Canto

Cantar é uma atividade do chakra da garganta, portanto, procure cantar o máximo possível durante o trabalho com este chakra. Se você acha que não canta muito bem, e não quer cantar tendo pessoas à sua volta, cante no carro, no chuveiro, ou acompanhe as gravações que mais aprecia. A idéia é abrir sua voz e fazer com que a energia reverbere pelo seu quinto chakra. Participar de algumas aulas de canto pode ajudar bastante a abertura do chakra da laringe.

Entoando Cânticos e Tocando Tambor

O uso acima descrito de sons entoados para a purificação refere-se ao emprego de tons puros. Outro tipo de entoação, mas de efeito diferente, é a repetição de sons ritmados, de frases ou cânticos enquanto se toca um tambor. Aqui o tom é menos importante do que o ritmo. Essa tem sido, há muito, uma técnica xamânica para ter acesso a estados alterados de consciência. Ela pode ser utilizada a sós ou em grupo, mas geralmente o efeito é mais intenso com um grupo.

Tente fazer isso por si mesmo, conseguindo um tambor (e, acredite ou não, o fundo de um balde de plástico vazio pode servir, se você não tiver um tambor) e tamborilando um ritmo próprio seu. Entre no ritmo para que ele o induza a atingir um estado de transe. Isso também pode ser conseguido pedindo a alguém que toque o tambor por você, o que lhe possibilitará aprofundar o estado de transe. Observe o que você sente antes e depois. (Fitas gravadas com ritmos de tambores xamânicos podem ser adquiridas na maioria das livrarias esotéricas.)

Ouvindo e Interiorizando os Sons

O pólo oposto da comunicação é o ouvir. Alimente seu quinto chakra com silêncio, interiorizando os sons do exterior. Exercite a prática do silêncio por determinado período — um dia, algumas horas, numa reunião, ou quando alguém está falando com você.

Ouça música, variando os estilos, e observe como eles o afetam. Vá a um concerto e interiorize os sons à sua volta.

Leia um livro. Preste atenção ao ritmo das palavras que você está lendo e também ao seu conteúdo. Isso é especialmente produtivo com poesia.

Ouvindo Ativamente

Ouvir ativamente é uma capacidade no campo da comunicação que ajuda as pessoas a sentir que estão sendo ouvidas. O princípio é muito simples. Uma pessoa senta-se em silêncio e ouve enquanto a outra fala ininterruptamente sobre algo que as esteja incomodando, ou sobre qualquer assunto que queiram falar. Ao terminar, a pessoa que ficou ouvindo simplesmente repete o conteúdo, sem interpretar, julgar, argumentar nem comentar, indiferente a se o ouvinte concorda ou não. Um ouvinte poderia responder com uma declaração do tipo "O que o ouço dizer é que você está cansado de ser aquele que sempre toma a iniciativa para o contato sexual, e que isso lhe dá a impressão de não ser atraente para mim. Estou certa?" O ouvinte pode então verificar se compreendeu o interlocutor corretamente e, em caso afirmativo, pode prosseguir apresentando de maneira semelhante a sua versão do caso, devendo então a primeira pessoa responder com uma afirmação de ouvinte ativo. Essa técnica pode realizar maravilhas para ajudar a resolver dificuldades na comunicação.

Criatividade

Escreva, cante, toque um instrumento musical, dance, faça teatro, pinte ou simplesmente viva a vida com mais criatividade. Em tudo o que fizer, use sempre o máximo de criatividade. Concentre-se no seu quinto chakra antes de começar um trabalho, deixando a energia fluir e se expandir numa graciosa turquesa azul que sai do seu chakra laríngeo e entra no trabalho que você está prestes a criar. Elimine todo apego a um resultado, mantendo-se fiel unicamente a um impulso criador mais puro, da sua essência. Deixe que a criança interior brincalhona venha à tona e participe do processo de criação. Deixe seu crítico interior de lado enquanto trabalha.

Não limite sua criatividade a formas artísticas padronizadas. Você pode ser criativo no modo de se vestir, no caminho para o trabalho ou na maneira como decora sua casa.

Comunicação Geral

Seu trabalho com este chakra deve incluir esforços para comunicar-se claramente sempre que possível. Se você percebe que está reprimindo o desejo de dizer alguma coisa a alguém, pare e examine seus sentimentos. Se sentir que está se contendo por uma boa razão, procure ter plena consciência disso. Caso contrário, tente proteger-se no seu terceiro chakra (o do poder pessoal), respire profundamente e diga o que precisa ser dito. Você sentirá os efeitos purificadores da boa comunicação.

Exercícios com o Diário

1. Comunicação

- Quais eram os padrões de comunicação na sua família? Você foi encorajado ou desencorajado a expressar a sua verdade? Como isso era feito?
- Com que freqüência você era ouvido? Você sentia que era ouvido?
- Você tem dificuldades em sentir-se ouvido agora? Que tipo de reação do interlocutor lhe dá a impressão de que está sendo ouvido?
- Quais são seus medos no falar? Em que parte do corpo você os sente?
- Que músculos e pensamentos você usa para deixar de se expressar quando se sente intimidado? Que chakras você reprime para fazer isso?
- Faça uma lista das pessoas que são importantes para você e com as quais você sente que tem alguma comunicação truncada. Repasse mentalmente o que você quer dizer. Veja se há semelhanças no que diz respeito ao que você quer transmitir a cada pessoa. Há um tópico geral que você evita sempre? Quais são os seus medos com relação a esse tópico? Conclua as comunicações onde puder.
- Muitas comunicações dizem respeito a ouvir vozes interiores. Com que clareza você ouve suas vozes interiores e como elas dialogam umas com as outras?

2. O Conto de Fadas

Este é um exercício divertido, e nos dá uma perspectiva arquetípica das dificuldades que sofremos quando crianças ligadas às circunstâncias do nosso nascimento, aos maus-tratos na infância, ao relacionamento com os pais e a situações corriqueiras.

Escreva sobre si mesmo como se estivesse escrevendo um conto de fadas usando a terceira pessoa. Um exemplo pode ser este:

Era uma vez, numa terra longínqua, uma menininha que não tinha amigos. Ela morava na floresta e não tinha irmãos nem irmãs, mas apenas a mãe, que era doente, e o pai mal-humorado, e só com eles podia conversar. Ela precisava cuidar da mãe durante o dia e cozinhar para o pai à noite.

Certo dia, a menininha estava tão triste e solitária, que mal podia agüentar...

A história não precisa ser inteiramente real, e você pode criar personagens e acontecimentos que solucionem alguns dos problemas que você enfrentou. O resultado pode despertar a sua própria criatividade para solucionar problemas e traumas do passado e do presente.

3. Escrever Cartas

Uma comunicação inacabada pode criar bloqueios no chakra da laringe. Você pode pensar nisso como um acúmulo no disco do chakra. Quando o disco está muito cheio, temos menos espaço para mais informação. Você já observou como pode ficar preocupado, conversando mentalmente com alguém sem ouvir realmente o que está à sua volta?

Quando possível, fale à pessoa diretamente, purifique ou conclua a comunicação. Infelizmente, isso nem sempre é possível. Às vezes, a pessoa não está disposta a ouvir, mora muito longe ou já morreu. Outras vezes, simplesmente nos assustamos com o falar, e tomar nota de nossos sentimentos no papel pode ajudar-nos a organizar o que queremos dizer.

É melhor, nesses casos, escrever as cartas em duas etapas, embora às vezes apenas uma etapa seja necessária.

A primeira etapa consiste em você escrever a carta para si mesmo — um fluxo de consciência completamente sem censura e sem revisão. Essa carta não é para ser remetida, mas serve simplesmente para abrir a comunicação bloqueada. Você pode dizer o que quiser e extravasar toda a raiva e medo que possa sentir.

Às vezes, essa etapa é suficiente e você não precisa remeter a carta. Se o seu alvo já morreu, isso pode bastar. Se você sente que pode concluir uma comunicação, entretanto, será necessária uma segunda carta, resultado de uma revisão da primeira, que você poderá remeter. Tome o cuidado de incluir os seguintes tópicos:

- Por que você decidiu se comunicar dessa maneira.
- O que você precisa dizer e por que é difícil (inclua seus sentimentos e concentre-se em afirmações na primeira pessoa).
- O que você quer como retorno a essa comunicação: se uma resposta, uma mudança no comportamento da pessoa ou simplesmente um reconhecimento.
- Deixe a carta sobre o seu altar pelo menos por uma noite antes de remetê-la. Mesmo que você não receba nenhuma resposta, simplesmente concluir sua comunicação pode ser muito útil e animador.

4. Escrita Automática

A escrita automática pode ajudar a liberar a criatividade e os bloqueios na comunicação mediante o acesso aos níveis mais profundos da consciência, normalmente reprimidos pela nossa mente consciente. A técnica consiste em redigir uma história, um pensamento, um sentimento, ou simplesmente fazer "associações livres" escrevendo palavras sem sentido que lhe ocorrem quando você concentra a atenção num determinado tópico. Isso pode ser especialmente útil para descobrir o significado dos sonhos.

Na escrita automática é útil, embora não absolutamente necessário, começar com um tópico básico. Você poderá estar em meio a um conflito profissional ou de relacionamento. Comece com poucas palavras que descrevam esse trabalho ou relacionamento e anote-as, mantendo um espaço entre elas para acréscimos posteriores.

Volte, então, e escreva livremente algumas frases junto de cada palavra — escrevendo o mais rapidamente possível o que lhe vier à mente. (Você pode fazer isso também com um gravador se sentir que escrever é um processo muito lento.) Releia o texto no dia seguinte e veja que temas emergem. Você pode sentir vontade de tornar a escrever sobre os mesmos assuntos.

5. Comunicação com a Criança Interior

Como adultos, desenvolvemos personalidades para lidar com o mundo e com nossas necessidades diárias. Todavia, às vezes, certas partes nossas são deixadas para trás na labuta diária. Nosso ser pode constituir-se de várias partes, e dentre essas, uma das mais descuidadas é a Criança Interior. A Criança Interior representa aspectos de nós mesmos que tiveram seu desenvolvimento interrompido por algum trauma ou por maus-tratos, ou a parte inocente ou brincalhona esquecida de nós mesmos. Se não reconhecemos a Criança Interior, ela pode sabotar nosso comportamento adulto agindo infantilmente num relacionamento, comportando-se tolamente, ou mostrando-se muito carente. Por outro lado, se incluímos a Criança Interior em nossas decisões, podemos ter o entusiasmo da criança, a criatividade e a inocência que energizam.

Muitas pessoas com traumas da infância têm dificuldade para encontrar ou comunicar-se com sua criança interior. Um exercício muito útil consiste em pegar uma folha de papel e dividi-la ao meio. Usando a mão dominante num lado, escreva perguntas que você gostaria de fazer à sua criança interior. Usando a outra mão, escreva a resposta, tentando escrever a partir de um estado mental infantil. Uma conversação típica poderia ser assim:

Adulto	Criança
1. Como você se sente?	1. Com medo.
2. De que você tem medo?	2. De que ninguém goste de mim.
3. Eu gosto de você. Acho você maravilhoso.	3. Não, você não acha.
4. Por que você pensa assim?	4. Você trabalha o tempo todo.
5. Você se sente abandonado quando eu trabalho?	5. Sim.
6. O que o faria sentir-se melhor?	6. Brincar comigo.
7. OK, brincaremos esta tarde, está bem?	7. Eu espero que sim!

Depois de fazer esse exercício diversas vezes e de estabelecer contato, você poderá fazê-lo interiormente à vontade.

6. Reavaliação

- O que você aprendeu sobre si mesmo ao trabalhar com as atividades do quinto chakra?

- Quais são as áreas desse chakra com as quais você precisa trabalhar? Como você fará isso?

- Quais são as áreas desse chakra com as quais você está satisfeito? Como você pode fazer uso desses pontos fortes?

Ingresso no Espaço Sagrado

Ritual em Grupo

Material Necessário

Chocalhos e tambores.

O Círculo de Poder da Palavra

Formem um círculo e comecem a entoar sons, cada participante fazendo isso da maneira que lhe parecer mais adequada. Ouçam sua entoação, e comecem a buscar uma maneira de combinar os sons, juntando a energia do grupo à medida que suas vozes se unem harmoniosamente. Permitam que o som chegue ao fim e ao silêncio, ouvindo a respiração serena do grupo.

Cada participante, um de cada vez, entra no centro do círculo e diz aos membros do grupo aquilo que ele quer que eles lhe digam e lhe lembrem. Expressem-se de uma forma simples, de maneira que o grupo possa devolver as palavras, entoando-as. Exemplo: você é querido, você é bonito, sua vida está perfeita. Os integrantes do grupo tocam chocalhos e tambores dando ritmo ao canto, enquanto o participante que está no centro absorve as palavras e a energia.

Círculo de Entoação

Um estilo comumente usado em círculos grupais é aquele em que cada pessoa do círculo começa a entoar um canto de sua escolha, e passa a liderança a cada um dos demais participantes. Essa técnica, entretanto, requer um repertório de canções e entoações. Há um livro de canções chamado *The Green Earth Spirituality Songbook,* muito útil para esses trabalhos; pode ser adquirido com J. E. Shoup. Envie seu pedido para 2804 Hillegass, Berkeley, CA 94705. Também existem fitas disponíveis com canções (ver Fontes).

Fontes

Livros

Bonny, Helen & Savary, Louis. *Music and your Mind.* Station Hill.
Drury, Nevill. *Music for Inner Space.* Prism Press.
Gardner-Gordon, Joy. *The Healing Voice.* The Crossing Press.
Goldberg, Natalie. *Writing Down the Bones.* Shambhala.
Goodman, Gerald & Esterly, Glenn. *The Talk Book.* Rodale Press.
Halpern, Steven. *Tuning the Human Instrument.* Spectrum Research.
Hamel, Peter Michael. *Through Music to the Self.* Shambhala.
Kealoha, Anna. *Songs of the Earth.* Celestial Arts.
McKay, Matthew, Davis, Martha & Fanning, Patrick. *Messages: The Communications Book.* New Harbinger.
Tannen, Deborah. *You Just Don't Understand.* Ballentine.

Música

Foundation for Shamanic Studies. Many shamanic tapes with a variety of instruments.
Gyuto Monks. *Tibetan Tantric Choir.*
Halpern, Steven. *Hear to Eternity.*
Hamouris, Deborah & Rick. *Welcome to Annwfn.* (Open Circle distributors, PO Box 773, Laytonville, CA 95454.)
Hart, Mickey. *Planet Drum. At the Edge.*
Lewis, Brent. *Earth Tribe Rhythms.* (Brent Lewis Productions, P.O. Box 461352, Los Angeles, CA 90046.)
Libana. *A Circle is Cast Fire Within*
Prem Das & Muruga. *Journey of the Drum.*
Reclaiming Collective. *Chants: Ritual Music.* (Reclaiming Collective, P.O. Box 14404, San Francisco, CA 94114.)
Riley, Terry. *A Rainbow in Curver Air.*
Urubamba. *Good News for Pan Pipes.*
Wolff & Henning. *Tibetan Bells I & II.*
Ztiworoh, Drahcir. *Eros in Arabia.*

CHAKRA SEIS

Luz

Considerações Preliminares

Onde Você Está Agora?

Reserve algum tempo para refletir sobre os conceitos a seguir e anote todos os pensamentos ou frases que lhe venham à mente sobre o modo como eles operam em sua vida.

Luz	*Sonhos*
Escuridão	*Memória*
Cor	*Imaginação*
Visão	*Visualização*
Beleza	*Clarividência*
Padrão	*Intuição*

Este chakra inclui os olhos e a testa. Como você se sente com relação a essas áreas do corpo? Você teve algum problema nessas áreas em alguma época da sua vida?

Preparação do Altar

Já que o trabalho deste chakra se relaciona especificamente com material visual, dê uma aparência especialmente bela ao seu altar. Você não precisa ficar preso à cor índigo, própria deste chakra, mas pode explorar as cores em todas as variações do arco-íris. Arranje seus cristais na forma de uma mandala, com velas das cores do arco-íris, lenços coloridos, objetos de arte, flores ou fotografias que sejam do seu agrado. Use espelhos e velas que reflitam tanto a luz como o seu semblante e que lhe lembrem o poder da imagem. Divirta-se e deixe sua imaginação manifestar-se livremente.

Correspondências	
Nome Sânscrito	Ajna
Significado	Saber, perceber, comandar
Localização	Tecnicamente, na caverna de Brahma, ou no centro da cabeça atrás das sobrancelhas. Também chamado de chakra frontal, o terceiro olho está entre os dois olhos físicos
Elemento	Luz
Apelo/Questão Principal	Percepção visual, imaginação, intuição, clarividência
Metas	Capacidade de perceber padrões, de "ver"
Disfunção	Dores de cabeça, pesadelos, alucinações, percepção visual fraca
Cor	Azul índigo
Astro	Netuno
Alimentos	Nenhum. Substâncias que alteram a consciência
Direito	De Ver
Pedras	Lápis-lazúli, alguns cristais de quartzo
Animais	Coruja, borboleta
Princípio Operador	Formação de imagem
Ioga	Yantra ioga, a ioga da meditação sobre objetos visuais
Arquétipos	Eremita, Psíquico, Sonhador

Partilha da Experiência

"A coisa mais importante que me aconteceu neste mês foi prestar atenção aos meus sonhos. Geralmente não me lembro deles, por isso nunca lhes dei maior atenção; mas, neste mês, enquanto cuidava de manter um diário de sonhos, eu me senti mais sintonizada com eles e com melhores condições de lembrá-los. Assim fazendo, aprendi muito a meu respeito."

*

"Passei este mês observando a divisão entre o que eu posso ver e o que eu posso dizer. Meu bloqueio ainda está na comunicação — vejo uma porção de coisas que não sei como transmitir com palavras. Assim, eu me peguei desenhando e usando métodos não-verbais para me expressar, e isso ajudou muito."

*

"Aproveitei a oportunidade de estar trabalhando sobre o sexto chakra para fazer uma coisa que me dá prazer mas que abandonei há muito tempo, que é pintar. Retirei minhas tintas do armário, tranquei-me no quarto e comecei a pintar. O ato de pintar me trouxe de volta toda uma parte de mim mesma que eu havia esquecido. Como resultado, me senti mais consciente visualmente, observando as coisas com mais atenção, vendo como as cores e formas se mesclam."

*

"Estou passando por várias mudanças. Não sei como situar esse processo no contexto do sexto chakra, mas acredito que me vejo emergindo de um padrão antigo e querendo criar um novo padrão, mas não sabendo como fazer isso. Estou procurando visualizar como isso funcionaria, mas estou tendo dificuldades, ou talvez a dificuldade esteja em acreditar no que está acontecendo."

*

"Tive uma visão maravilhosa esse mês. Participei de um cerimonial noturno de busca da visão, para o qual eu havia me preparado na noite anterior com purificações e jejum. Perto do final da noite, houve uma viagem de grupo ao futuro em busca de orientação que nos ajudasse a ir daqui para lá. Vi no futuro uma imagem da consciência global, uma percepção de que a rede de consciência havia se conectado ao redor do globo e de que estava se ligando com a Terra. Foi desconcertante e, ao mesmo tempo, algo com força impulsora muito grande."

Compreensão do Conceito

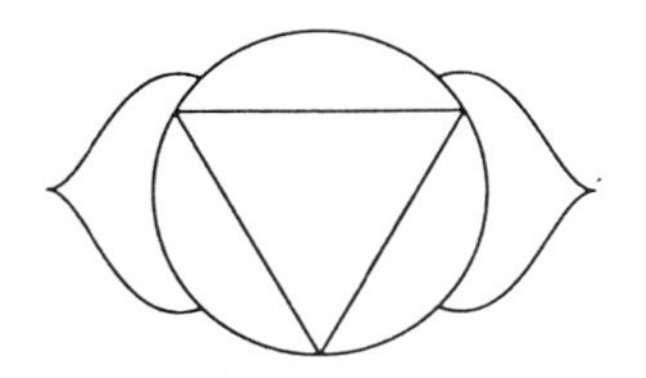

O chakra seis, localizado na testa, é também conhecido como o terceiro olho. Simbolizado por um lótus com apenas duas pétalas, visualize-o como um azul índigo intenso. Este é o centro da *percepção visual*, *psíquica* e *intuitiva* — o lugar onde armazenamos nossas lembranças, percebemos nossos sonhos e imaginamos nosso futuro.

No chakra cinco, experimentamos a emissão ondulatória do som e sua capacidade de transportar a informação por meio de símbolos como as palavras. No chakra seis, experienciamos a percepção de um fenômeno ondulatório de uma oitava superior — o fenômeno da luz e da sua capacidade de nos trazer a informação sob a forma de *cores e de imagens*.

Visão

Este chakra se relaciona intimamente com a visão. Como a tela mental interior sobre a qual projetamos todas as nossas imagens visuais da memória, dos sonhos, da clarividência e da imaginação, este chakra é o centro que *recebe, armazena, interpreta, cria e projeta visualmente a informação codificada*. Seu nome, *Ajna*, significa ao mesmo tempo perceber e comandar. Manter uma visualização com intensidade é o primeiro passo para tornar manifesta uma forma-pensamento etérea. Podemos assumir o comando de nossa vida por meio das imagens que temos em nossa mente.

Capacidades Psíquicas

O chakra *Ajna* tem relação com capacidades psíquicas e intuitivas, mais especificamente com a *clarividência*. A clarividência — derivada da palavra francesa *clairvoyance*, significando "ter uma visão clara" — é a capacidade de ver claramente através das limitações do espaço e do tempo e de perceber padrões energéticos, como os chakras e a aura, informações futuras (pré-cognição), ou informações de lugares distantes (visão a distância). É a capacidade de perceber e de interpretar com a própria mente imagens que contêm informações válidas sobre uma pessoa, um lugar ou uma situação.

A intuição, uma qualidade psíquica mais sutil, é a capacidade de ver ou de sentir uma situação através de meios não-lógicos, como se por meio de "saltos intuitivos", denominados (apropriadamente) de introvisão, embora a intuição nem sempre envolva a percepção de uma imagem visual interna. Todos nós temos e usamos a intuição como parte de nossa vida diária. Muitas pessoas são pelo menos parcialmente clarividentes, e as capacidades psíquicas básicas podem ser desenvolvidas por qualquer pessoa que esteja disposta a despender tempo e energia nelas.

Padrões

Para aprender a ver, precisamos desenvolver a capacidade de perceber e de reconhecer padrões. Os padrões revelam a ordem subjacente das coisas. Por meio da compreensão de um padrão podemos prever qual será a próxima peça do quebra-cabeça. O ato de ver é um re-conhecimento, ou o processo de re-conhecer. Quando, finalmente, compreendemos alguma coisa, nós dizemos, "Oh, eu vejo!" querendo dizer que reconhecemos o padrão — ele repercute com padrões anteriormente percebidos na nossa consciência. A capacidade de ver, quer se trate de ver aqui e agora no mundo físico, quer se trate de ver clarividentemente algo num tempo futuro ou num lugar distante, é sempre uma questão de reconhecer padrões. Podemos dizer, "Eu me lembro do que aconteceu na última vez em que vi isso, e se sei o que é bom para mim, é melhor ter cuidado!" e estaremos reconhecendo um padrão e prevendo um futuro possível. A clarividência é o processo de reconhecer padrões mais sutis no tecido de nossa realidade.

Quase todos nós tendemos a observar um padrão até que o reconhecemos. Se vemos alguém na rua que nos pareça vagamente conhecido, observamos essa pessoa até que a "reconhecemos," e então dizemos, "Oh, é Jackie", e logo interrompemos nossa procura de mais detalhes. Geralmente, paramos de "ver" nesse ponto, significando que paramos de ir em busca de mais informações. O que se requer para desenvolver o terceiro olho é o aprimoramento da capacidade de olhar além do nosso ponto de interrupção costumeiro. O que determina o quanto vemos é o grau de profundidade que imprimimos ao nosso "olhar". Para "olhar" realmente, precisamos abandonar nossos padrões preconcebidos e ver com novos olhos, captando novos detalhes e estando abertos à percepção de novos padrões. Isto exige práticas que ajudam a purificar a mente de antigos padrões e imagens, como a prática da meditação.

Memória

Nós armazenamos as experiências do nosso passado, constituído de padrões, na *memória*. A memória chega à consciência como uma projeção de imagens (ou de sensações) armazenadas sobre a tela do terceiro olho. Se você decide que vai se sentar e se lembrar do seu primeiro apartamento, você estará evocando essa imagem e projetando-a sobre sua tela interior. Aqui, você pode vê-la em terceira dimensão e em cores, e reviver todos os sentimentos e sensações ligados ao fato. Nossa memória trabalha como um holograma: cada fragmento reflete o quadro todo, e a resolução vai se tornando cada vez mais clara à medida que uma nova porção é acrescentada. (Para uma descrição mais detalhada dos hologramas e do funcionamento do terceiro olho, veja *Wheels of Life*, pp. 328-333.)

Visão Interior

Nós projetamos em nossa tela imagens da imaginação, da fantasia, dos sonhos e da intuição. Quando encontramos alguém, podemos projetar nossos "quadros" de relacionamentos passados, adaptados à nova situação, ou podemos conectar essa nova pessoa diretamente às nossas fantasias. É importante observar que, *quer olhemos para algo imaginado ou lembrado, o processo de visão interior é, em grande parte, o mesmo.* Isto pode dificultar nossa percepção da diferença entre memória e imaginação, que podem se confundir. A boa notícia, entretanto, é que, se você é capaz de lembrar visualmente, com grande probabilidade você pode também aprender a desenvolver capacidades de clarividência. Ambas implicam a capacidade de visualizar, a capacidade de recuperar a informação e de lançá-la sobre a tela interior. A diferença depende da questão — se é uma questão quanto ao passado, de onde extraímos a imagem da memória, ou se é uma questão quanto ao futuro, criada pela imaginação. Obviamente não há garantia de que uma imagem criada pela imaginação em resposta a uma questão irá necessariamente proporcionar-lhe a resposta certa, mas ela fornece um método para obter a informação. Examine todas as respostas empiricamente para ver se são válidas. Por meio da retroalimentação, que obtemos pela avaliação de nossas respostas, começamos a conhecer a diferença entre a informação criada por nós mesmos e baseada na imaginação, e a verdadeira pré-cognição, clarividência ou visão a distância.

Nós também projetamos imagens sobre o futuro, com base no passado, o que influencia nosso comportamento. Nós projetamos uma imagem de que um certo relacionamento não será bem-sucedido, de que um certo emprego é uma exploração, de que não estamos seguros ou de que temos pouco valor. Se eu for a uma entrevista para emprego imaginando que não serei contratado, ficarei nervoso e com medo, causando uma impressão menos favorável. Se eu formar uma imagem de que vão gostar de mim, eu me apresentarei de modo bem diferente e criarei um resultado mais favorável. O poder de nossas percepções tem a capacidade de comandar a nossa realidade, relacionando assim os dois significados da palavra *ajna*: perceber e comandar.

Transcendência

À medida que subimos a escada dos chakras, nós nos tornamos mais abertos no nosso intento. Nós nos afastamos dos detalhes específicos e nos aproximamos dos metapadrões. Dessa perspectiva, os padrões dos chakras inferiores se revelam rotina secundária. Nos chakras superiores, transcendemos as limitações normais de tempo e espaço. Podemos nos lembrar do que fizemos a semana passada ou dez anos atrás como também imaginar o que gostaríamos de fazer no próximo verão. O movimento ascendente é o movimento da transcendência, o movimento descendente é o da imanência. Por meio da transcendência, aprendemos a ir além das nossas limitações; podemos chegar a uma pequena distância que nos possibilite ver de uma perspectiva diferente.

O chakra seis, então, é o lugar onde podemos transcender as limitações que nos foram impostas pelo físico e onde podemos entrar em novos reinos da imaginação. Desenvolvemos novas maneiras de obter informação, expandindo assim a nossa consciência para níveis de compreensão cada vez mais profundos e amplos, como o reino mítico, um mundo de rico simbolismo. É necessário um abrandamento do constante fluxo de imagens e de pensamentos da mente consciente para perceber o reino mítico. A meditação é um dos instrumentos para alcançar esse objetivo; outras técnicas geralmente usadas ao longo da história são o ritual, as substâncias psicoativas e os sonhos.

Sonhos

Os sonhos nos possibilitam entrar no mundo atemporal do simbolismo arquetípico. Nossos sonhos nos transportam numa jornada simbólica visualmente codificada através do nosso inconsciente, das nossas emoções e da nossa vida espiritual. Cada imagem de um sonho é rica de significado. Cada imagem combina memória e imaginação e representa um drama de relações entre padrões, fazendo com que uma nova ordem emerja, desde que nos abramos a ela. Os sonhos são a catalogação inconsciente de padrões, de imagens e de emoções. Quando trabalhamos com os nossos sonhos, desenvolvemos o chakra Ajna e encontramos o nosso fértil mundo de simbolismo interior.

O nível arquetípico simbólico mais profundo revela muitos aspectos de nossa vida. Quando permanecemos serenos nesse centro, os padrões começam a ficar claros. Podemos usar a meditação como uma ferramenta para penetrar em nossos sonhos e também para centrar a mente e observar com menos apego a passagem constante das imagens que fluem através da nossa consciência a cada momento.

Luz e Cor

A criação de imagens no reino abstrato do pensamento é o primeiro passo descendente no caminho da manifestação. Antes de criar alguma coisa, precisamos ter em nossa mente uma imagem do que estamos tentando criar. Gosto de pensar no arco-íris como a primeira manifestação de luz em sua trajetória para a escuridão porque, logo que a luz toca a matéria, ela se divide em cores. A luz e a cor são aspectos significativos do sexto chakra, pois são os meios através dos quais as imagens chegam à nossa consciência.

Muitas vezes, os sete chakras estão relacionados com as sete cores do arco-íris: vermelho, laranja, amarelo, verde, azul, índigo e violeta. O primeiro chakra, que é a vibração mais lenta, é vermelho-claro, que é a freqüência mais lenta do espectro visual. O segundo chakra é laranja, e cada cor avança em ordem até o chakra da coroa, que corresponde ao violeta — a vibração mais rápida do espectro visível. A visualização dessas cores em meditações que visam purificar os chakras é um instrumento simples que nos ajuda a entrar em contato com os nossos chakras e também desenvolve habilidades de visualização. Incluímos uma meditação baseada nessa idéia na p. 248.

Excesso e Deficiência

É difícil determinar o excesso e a deficiência nos dois chakras superiores. Por serem orientados para estados mentais, eles não são observáveis como os comportamentos dos chakras inferiores. Além disso, pelo fato de a nossa cultura ser um tanto cética com relação ao "psiquismo" e à "consciência superior", temos de nos livrar das idiossincrasias culturais quando examinamos o que é excessivo ou deficiente.

Falando em termos gerais, o excesso no chakra seis apareceria como psiquismo aberrante — fantasias paranóicas, pesadelos, alucinações e uma incapacidade de selecionar respostas adequadas para material intuitivo. Um exemplo seria o de alguém que se deixa envolver pela raiva de um amigo, supõe que seja dirigida contra ele mesmo, e age de acordo com essa suposição, sem fazer nenhuma avaliação cuidadosa. Usar a comunicação para verificar intuições psíquicas ajuda a assentá-las na realidade. Algumas pessoas passam pela experiência de serem bombardeadas por estímulos psíquicos, e acham difícil "ver direito" porque não conseguem separar adequadamente todos os elementos que estão recebendo. Isto pode ser visto como uma incapacidade de se proteger, e as técnicas de embasamento do primeiro chakra podem ajudar a criar um anteparo mais forte.

Um sexto chakra deficiente pode ter como conseqüência a insensibilidade. Uma pessoa pode estar completamente inconsciente às sutilezas que a rodeiam. Pessoas assim são as que não conseguem "captar a mensagem," e pode ser necessário dizer-lhes explicitamente o que está acontecendo antes de serem capazes de responder. Elas podem ser incapazes de imaginar novas idéias, ou podem denegrir a sintonia de outras pessoas com os sonhos, com vislumbres intuitivos ou com a imaginação. A dificuldade de perceber qualquer coisa menos correta à sua frente é uma deficiência da capacidade de visualizar e de projetar.

Imagens

Fora da nossa imaginação, as imagens que nos cercam e que nos dirigem são um fator importante na formação da consciência de massa. A televisão, os cartazes, as tendências da moda, o cinema e outros meios visuais se introduzem diretamente na nossa consciência e se tornam parte do estoque de imagens da memória que afetam o nosso modo de pensar e de sentir. Para purificar o chakra, é importante esvaziar a mente dessas imagens para que possamos novamente perceber com clareza e nitidez de visão. Só então poderemos começar a penetrar nos planos psíquicos. E quando fizermos isso, descobriremos um mundo maravilhoso de padrões e de cores sem igual no mundo físico.

Trabalho com o Movimento

Danças Arquetípicas

Em nossos cursos, levamos muitos baralhos de tarô e outros símbolos arquetípicos para a sessão de estudo do sexto chakra. Escolha um baralho com figuras que sejam do seu agrado. Distribua as cartas voltadas para cima e observe as figuras. Escolha uma carta pela qual você se sinta atraído.

Comece fechando os olhos e concentrando-se na respiração, deixando o corpo relaxar. Imagine uma tela em sua mente. Em seguida, abra os olhos e olhe para a carta que você escolheu. Não se preocupe com o que a figura "supostamente" deva significar, apenas "esteja" com a figura. Que impressões você tem ao deixar a imagem penetrar em sua mente? Procure perceber suas sensações enquanto olha para a figura. Que sensações o tocam? O que o atraiu a essa figura?

Transforme o seu corpo numa estátua que expresse alguma coisa do que você vê ou sente na figura. Não há necessidade de recriar a postura de um elemento da carta, embora isso também possa ser feito. O importante é achar uma maneira de incorporar a sensação do que está acontecendo na figura. Depois de encontrar a postura que lhe parecer apropriada, deixe que um movimento comece a se manifestar. Este pode ser um movimento sutil ou um movimento amplo e vigoroso. Pode ser também um movimento repetitivo, rítmico, ou um movimento irregular e intermitente. Comece a brincar com esse movimento, seguindo-o à medida que ele altera suas formas. Veja aonde ele vai, fique com ele, mantendo sua sensação da figura enquanto ela o move. Imagine que você colocou essa imagem no seu corpo e que agora você está vendo o que ressoa de dentro de você. Perceba como é mover-se desse modo, realizando a dança dessa imagem. Os sentimentos que você teve antes estão se intensificando? Talvez surjam novos sentimentos à medida que você explora a imagem que de dentro para fora permeia todo o seu corpo. Deixe que a dança se diversifique e flua com o que aflorar.

Trabalho em Grupo: Representação de Sonhos

Esta é uma técnica para pesquisar sonhos em profundidade num trabalho em grupo, embora uma versão modificada possa ser feita apenas com duas pessoas. O sonho de uma pessoa se torna o foco, e a pessoa que sonhou começa lendo ou relatando o sonho ao grupo. Ela escolhe outras pessoas do grupo para representar papéis de coisas e de pessoas que aparecem no sonho. Se o grupo é grande e o sonho comporta apenas uma ou duas pessoas ou criaturas, algumas pessoas podem representar um elemento do ambiente, como o mar, ou a floresta, ou partes de uma casa velha. Qualquer coisa que apareça no sonho pode ser parte da recriação do mesmo.

A recriação pode ser fiel ao sonho, ou a pessoa que sonhou pode mudá-lo para criar um resultado diferente. Muitas vezes, as mudanças acontecem na segunda representação, depois que a pessoa que sonhou e o grupo trocam sentimentos e reações que surgiram com a recriação do sonho tal qual ele aconteceu. Os membros do grupo podem ter idéias que surgiram enquanto desempenhavam seu papel sobre mudanças que poderiam ser feitas, e essas podem ser incorporadas nas recriações subseqüentes.

Este exercício é apenas parcialmente feito em benefício da pessoa que sonhou. Muitas vezes, os membros do grupo descobrem que vêm à luz temas semelhantes em seus próprios sonhos, e a representação pode transformar-se em algo que todos os participantes vivenciam como algo pessoal.

Atividades Práticas

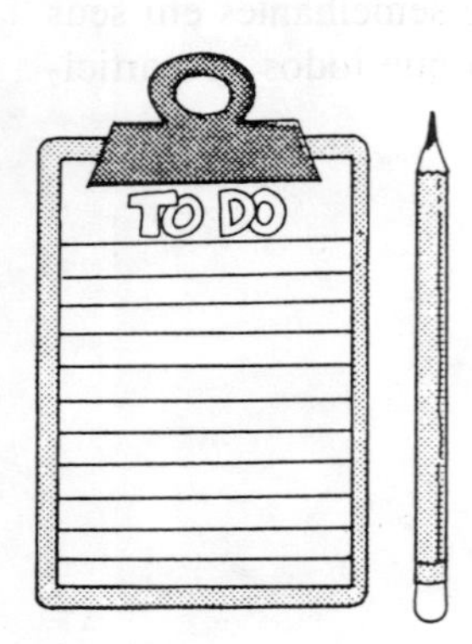

Aqui estamos, no chakra seis, o chakra da luz, da cor, da imagem, da imaginação, da intuição, da visão e dos sonhos. Elevando-nos dos reinos do corpo e dirigindo-nos para as profundezas da mente, chegamos agora nos reinos psíquicos da percepção, da intuição e da visualização.

Preste atenção especial ao modo como as coisas se manifestam, como essa manifestação o influencia. Por exemplo, como sua aparência afeta a sua maneira de sentir? Como você se sente a respeito das outras pessoas, da sua casa, de uma parte da paisagem, de um anúncio ou de uma peça de arte? Também preste atenção à reação das outras pessoas à sua aparência e à sua reação com relação à aparência delas.

Procure criar uma sensação de harmonia e de beleza no seu ambiente físico. O terceiro olho se fecha quando o que olhamos é desprovido de atração ou é desagradável, e se abre quando o que vemos é atraente e agradável.

Proporcione um espetáculo a seus olhos. Faça uma viagem ao campo, uma visita a um museu, assista a um filme visualmente estimulante. Exponha-se à luz, às cores e imagens. Reveja antigas fotografias e sinta o que as imagens lhe evocam.

Sonhos

Preste especial atenção aos seus sonhos, talvez iniciando um diário de sonhos ou, pelo menos, fazendo um esforço para registrar os sonhos que tiver. Os sonhos são a comunicação da psique por meio de símbolos visuais. Eles revelam um padrão que representa as relações dos diferentes aspectos da sua personalidade e propósito. Aqui está o terceiro olho em atividade, não contaminado pela mente consciente. Os símbolos que aparecem têm informações especiais a transmitir-lhe para a ampliação e o reconhecimento consciente de sua vida emocional e espiritual. Damos a seguir algumas sugestões para o trabalho com os sonhos.

Procure perceber os símbolos que aparecem repetidamente. Tome nota deles, imagine coisas a respeito deles, estabeleça um diálogo com os seus personagens oníricos, ou desenhe figuras. Como eles se relacionam com os acontecimentos da sua vida neste momento, especialmente com conflitos atuais? Que energias arquetípicas eles representam? Como essa energia arquetípica se manifesta na sua vida? Como você gostaria que ela se manifestasse? Como você poderia usar melhor essa energia? Quais são os temas emocionais? Você está freqüentemente assustado, excitado, quieto, correndo ou parado? Seu comportamento nos sonhos é muito diferente de sua vida consciente ou é uma extensão dela? Se for diferente, o sonho pode estar revelando aspectos reprimidos seus que você agora tem oportunidade de retomar.

Problemas com os Sonhos

"Eu não me lembro de nenhum dos meus sonhos." Esta é uma queixa comum quando você não está muito ligado com o sexto chakra. Isto não significa que você não sonha, mas que você não traz a sua consciência do sonho à consciência de vigília. Às vezes, o sonho é tão desprovido de sentido para a mente consciente que é como se ele tivesse uma linguagem diferente, e assim ele é descartado automaticamente. Às vezes, a mente consciente não está preparada para enfrentar o material reprimido revelado no sonho. Outras vezes, trata-se apenas de um hábito não desenvolvido, conseqüência de praticamente não prestarmos atenção aos nossos sonhos. Seguem-se algumas sugestões:

Antes de dormir, repita para si mesmo que você irá lembrar-se de pelo menos um aspecto de um sonho. Pode ser uma palavra, uma imagem, um símbolo ou uma sensação. Ao começar a despertar, fique na mesma posição em que estava ao dormir. Mantenha os olhos fechados e evite até mesmo mexer um dedo, se puder. Se você se mexeu para desligar o despertador, volte à posição anterior o mais rápido possível. Observe as imagens que vêm à consciência. Procure não analisá-las; simplesmente concentre-se nelas. Depois de rever mentalmente tudo o que puder lembrar, anote ou desenhe no seu diário tudo o que lhe veio à mente, mexendo-se o menos possível. O proveito será maior se isto for feito antes de falar com alguém, antes de ir ao banheiro ou de se vestir. Se nada veio à tona, assim mesmo registre seus pensamentos ou sentimentos presentes no momento de acordar, de vez que eles podem ser os vestígios de um sonho que você acabou de ter, mas que não consegue lembrar. Comece com coisas pequenas, e quando conseguir recuperar uma coisa você pode expandi-la para recuperar segmentos inteiros de sonhos.

Se o ato de escrever num diário de sonhos se torna uma atividade freqüente ao despertar, você vai descobrir que começará a lembrar automaticamente uma quantidade maior de sonhos e terá uma vida onírica mais rica. É útil manter um diário das imagens e dos símbolos que surgem e lê-lo com freqüência, buscando os padrões e símbolos que se repetem.

Análise do Sonho

Há inúmeros livros sobre análise de sonhos que podem fornecer-lhe tabelas de símbolos e do seu significado, mas recomendamos que você fique longe deles. É mais importante pesquisar o que o símbolo do sonho significa para você e como ele se relaciona com a sua vida — passada, presente e futura. Como é a mente inconsciente que cria cada porção do sonho, é útil considerar cada segmento como um aspecto do seu próprio eu. Isto inclui objetos inanimados, como carros e casas, e também personagens ameaçadores, como demônios e criminosos. Um sonho comum, por exemplo, pode ser o de estar num carro em alta velocidade ou num carro sem combustível. Se o carro representa um aspecto seu, você pode concluir que ele está lhe dizendo que você está indo rápido demais ou que está esgotando sua energia.

Com muita freqüência, nosso lado sombra, ou aspectos de nossa personalidade que foram reprimidos, irão se revelar em sonhos sob uma forma assustadora. Podemos transformar esses aspectos-sombra quando deparamos com eles por meio da compreensão, e não com medo ou agressão. Falar com o personagem ameaçador que o está perseguindo, em vez de fugir, ou imaginar que você é o personagem, pode ser uma maneira de penetrar no seu sentido. Elabore diálogos no diário entre os aspectos do sonho — em que o carro fala com a casa ou em que o perseguidor fala com a vítima, até que você possa chegar a uma solução ou a um vislumbre intuitivo. Em geral nos lembramos dos sonhos que são interrompidos pelo despertador ou pelo barulho, e concluí-los num estado semidesperto pode facilitar a resolução de questões que o sonho tentava expressar.

O Sonho Lúcido

O sonho lúcido é a capacidade de perceber que você está sonhando sem acordar, e de agir conscientemente em seus sonhos. No sonho lúcido, você pode resolver enfrentar uma figura ameaçadora, mudar um símbolo ou criar uma nova imagem onírica, enquanto ainda está dormindo. Para passar a ter sonhos lúcidos, você pode começar dando-se a sugestão, no momento de adormecer, de que quer ter um sonho lúcido. Ao acordar de manhã, procure lembrar-se do sonho sem se mexer até que o tenha memorizado bem. Repita a si mesmo a sugestão dizendo, "Na próxima vez que sonhar, quero me lembrar de perceber que estou sonhando". Em seguida visualize-se voltando ao sonho que acabou de ter; dessa vez, porém, veja-se percebendo que está sonhando, e observe-se assumindo uma parte ativa nele. Repita essas etapas até dormir ou até que estejam fixadas em sua mente. Você pode também acrescentar uma sugestão tranqüilizadora ao comando do seu sonho lúcido. Muitas vezes, quando temos um sonho lúcido pela primeira vez, ficamos tão excitados que acordamos! É importante deixar essa parte da mente consciente ser simplesmente um observador sereno, de modo a não alterar o estado de sonho. Recomenda-se também que, no sonho lúcido, você não mude o sonho em demasia para não dissipá-lo e então acordar. Steven LaBerge, autor do livro *Lucid Dreaming*, diz que é melhor "você controlar a si mesmo, e não a seus sonhos". Ele sugere que se mude de posição ou de atitude ou que se volte ao seu eu sonhador. Outros descobriram que simplesmente piscar os olhos pode ajudar a alterar a cena.

Exercícios de Visualização

A prática da visualização ajuda a desenvolver o sexto chakra.

Cores

Comece a prática da visualização com uma cor simples. Os chakras correspondem à progressão das cores do arco-íris, do topo à base: violeta, índigo, azul, verde, amarelo, laranja e vermelho. Sua meditação pode ser a visualização de luz em cada uma dessas cores por vez, impregnando o chakra relacionado com essa cor. Imagine-se retirando cada cor de um depósito infinito de luz branca, pois o branco é a combinação de todas as cores. Visualize a si mesmo e aos chakras como o prisma pelo qual a luz passa em seu caminho para a manifestação. (Observação: Se você puder fazer apenas um exercício este mês, este é o exercício que deve ser feito.)

Formas

Pratique a visualização de formas com exercícios simples, como imaginar um copo sendo enchido com água. Visualize quadrados, círculos ou outras formas, e imagine-os mudando de cor ou de tamanho.

Imagens

Em seguida, você pode praticar com imagens, pensando em coisas que está procurando manifestar em sua vida neste momento e visualizar-se indo para o seu novo emprego, vestindo suas roupas novas, sentando-se e falando com seu novo amor. Você pode imaginar o saldo do seu talão de cheque com um zero a mais no final, ou sua casa pintada e limpa ou ainda o seu corpo com um aspecto diferente. A visualização diária dos seus sonhos ajuda a transformá-los em realidade.

Perguntas

Use a visualização para responder perguntas com que você está se debatendo (ou pelo menos para dar "dicas"). Sente-se tranqüilamente em meditação e deixe que sua mente entre num estado de vazio. Limpe sua tela visual e deixe-a escurecer. Em seguida, faça a sua pergunta e deixe que as imagens se formem em sua mente. Isto funciona mais ou menos como os sonhos — as imagens podem ser representantes misteriosos dos aspectos psicológicos do seu dilema em vez de respostas diretas. Você deve então chegar à resposta por meio das imagens.

Outra técnica é imaginar um medidor em sua tela visual. O medidor pode ir de 0 a 100, ou de sim a não, ou deste trabalho para aquele, ou definir qualquer parâmetro que se adapte à sua questão. Apresente a questão e, sem decidir intelectualmente em que ponto o indicador deve se fixar, simplesmente deixe-o livre e observe a informação que lhe passa. Você pode perguntar, "Esse trabalho será lucrativo para mim?" e o indicador se posicionará em algum ponto entre 0 a 100. Ou "Devo mudar-me para uma nova cidade ou não?" e o indicador se moveria no eixo sim/não. A idéia é deixar que sua mente inconsciente, e não a consciente, responda a pergunta.

Clique Fotográfico

Este exercício é uma maneira simples de perceber a aura de alguém, se em geral você não vê a aura. Ele também ajuda a aperfeiçoar a observação visual.

Fique diretamente à frente da pessoa que você quer observar, a uma distância de um metro e meio a dois. Feche os olhos e limpe sua tela mental. Espere até sentir-se firme sobre sua base e concentrado, livre de pensamentos específicos ou de imagens que passem pela mente. Uma vez apenas, abra e feche os olhos novamente — o oposto

de um piscar de olhos — de modo a obter apenas um rápido vislumbre da pessoa à sua frente, imprimindo uma "imagem fotográfica" congelada na sua mente. Mantenha essa imagem e examine-a. Que características se sobressaem? Você vê uma imagem persistente ou certo brilho em torno do corpo? Destacam-se certas cores ou posições do corpo? Quando a imagem se esvaecer, torne a abrir e a fechar os olhos rapidamente para reforçá-la. Descubra quantos detalhes você pode decifrar nessa imagem persistente. Que partes desaparecem antes e quais permanecem por mais tempo? Todas essas coisas lhe revelam algo sobre a força e a fraqueza da aura da pessoa.

Meditação

O caminho da meditação para este chakra se chama *yantra ioga*, que é a meditação que utiliza uma mandala ou outro objeto visual como instrumento para concentrar a mente. Na página anterior está uma mandala em preto e branco. Como este chakra se relaciona com a cor e com a imagem, procure fotocopiar e colorir essa mandala com as cores com as quais você se sente em harmonia e use-a como objeto de meditação, fixando-a rapidamente, concentrando-se e respirando profundamente.

Trabalho Psíquico

O desenvolvimento das capacidades psíquicas é fruto do trabalho com o sexto chakra. Associado com a clarividência ou "visão clara", este chakra trabalha com símbolos visuais como um sistema de comunicação. Simultaneamente ao desenvolvimento do nosso poder de visualizar, desenvolvemos a capacidade de ver psiquicamente.

Leitura da Aura

Qualquer pessoa pode fazer uma leitura simples da aura. Com prática, podemos nos aperfeiçoar bastante.

Sente-se diante de uma pessoa e observe-a atentamente. Perceba como ela posiciona o corpo, observe as cores que veste, o aspecto de sua compleição. Procure distinguir as partes que parecem ter mais energia. Observe as partes que parecem retraídas ou congeladas ou sem energia. Veja como essas partes se ligam e imagine os caminhos que a energia tomaria para passar pelo corpo dessa pessoa. Imagine que você está vendo o fluxo passando pelo seu corpo. Que conteúdo o seu relatório de tráfego teria?

Em seguida, tente o mesmo exercício com os olhos fechados. Algumas pessoas acham vantajoso manter uma mão levantada, com a palma voltada para a pessoa que estão lendo, com a finalidade de sentir a energia. Procure perceber as imagens que lhe ocorrem. Comece a relatar essas imagens à pessoa que você está "lendo", mesmo que elas não façam sentido. Você pode obter a imagem do vermelho, ou a de um cachorro, ou de um carro trafegando pela estrada. Sem prática e treinamento não há como garantir se o que você está vendo é uma percepção clarividente da aura da pessoa ou se é a sua própria imaginação; mas quando você relata as imagens à pessoa, ela pode dizer se elas são relevantes para a sua vida no momento, e por esse tipo de comentário você pode começar a aprender a diferença entre "visão clara" e imaginação. As imagens clarividentes em geral são mais fortes e surgem por sua própria conta — elas parecem surgir da pessoa que estamos vendo, e não de nossa cabeça.

Intuição

Há muitos livros repletos de exercícios psíquicos, mas há poucas coisas mais úteis do que simplesmente usar sua intuição em todos os casos possíveis e verificar os resultados. Por exemplo, pare um instante antes de atender ao telefone e veja se você pode sentir quem está telefonando. Tente imaginar a cor da roupa que estará usando um amigo que você está prestes a encontrar. Projete uma imagem de alguém de quem você gostaria de ter notícias ou de encontrar, e veja se você pode fazer isso acontecer. Cada vez que você acerta, a retroalimentação que você recebe reforça a sua confiança em suas capacidades psíquicas, o que também fortalece as habilidades em si.

Desenho dos Chakras

É possível fazer uma leitura dos seus próprios chakras por meio da criação de uma representação visual da sua experiência interior. Esta sempre tem sido uma parte favorita de nossas aulas, e a troca recíproca de desenhos sempre mostra a incrível variedade de expressão possível. Os únicos materiais necessários são uma ou duas folhas grandes de papel-jornal (18" x 24" é o melhor) por pessoa, e uma caixa de *crayon* ou de giz colorido. Não é necessário ter pendores artísticos.

Dedique algum tempo para entrar num estado de meditação. Deixe a mente esvaziar-se, eliminando de sua tela visual distrações, preconceitos ou expectativas com relação a si mesmo como artista. Quando estiver pronto para começar, sintonize-se com o seu primeiro chakra e deixe que se forme uma imagem que expresse os padrões de energia que aí se encontram. Pode ser uma imagem aberta ou fechada, clara ou escura, etérea e cheia de ondulações, ou densa e cheia de quadrados e ângulos pesados. É importante ficar distante do que se *supõe* que os chakras devam ser — não use o vermelho porque esta é a cor do primeiro chakra, a menos que ele se harmonize com a sua experiência interior.

Ao obter uma sensação do padrão, pegue os *crayons* e desenhe o chakra na base da folha de papel.

Em seguida, interiorize-se novamente e contemple o seu segundo chakra. Ao senti-lo, comece a desenhá-lo no papel, acima do primeiro chakra. Repita, desenhando um chakra de cada vez até chegar ao chakra da coroa. (Se preferir, você pode desenhar na ordem inversa, começando com o chakra da coroa e descendo.)

Quando tiver terminado, olhe o desenho como um todo. Que impressão você tem dessa pessoa? Os chakras estão ligados uns com os outros? Alguns chakras são significativamente maiores ou menores do que outros? Se esse desenho representa tudo o que você conhece a respeito dessa pessoa, que conselhos você poderia lhe dar para que ela equilibre os seus chakras?

Criatividade Visual

Reúna algumas revistas velhas com figuras que sejam do seu gosto e faça uma colagem numa folha de papel grande ou num papelão. Não se preocupe com o porquê da escolha de cada figura ou do local em que está colando sobre o papel; apenas siga seu próprio sentido estético. Depois de terminar, coloque essa colagem em algum lugar onde possa vê-la todos os dias e deixe que surjam intuições enquanto pensa sobre ela ao longo do tempo.

Imaginação

Use a imaginação. Não faça as coisas sempre do antigo jeito já conhecido. Imagine algo novo. Vista-se de modo imaginativo, faça alguma coisa fora do comum, desenhe ou pinte um quadro, crie uma representação colorida com flores, alimento, roupas ou rabiscos em seu diário. E, mais do que tudo, divirta-se!

Exercícios com o Diário

1. Reconhecimento de Padrões

Observe os padrões presentes em sua vida — em seus relacionamentos, em seu comportamento, em sua dinâmica familiar. Um exemplo de um padrão familiar poderia ser o de você ficar ansioso às refeições porque sua família costumava discutir nesses momentos. Talvez você tenha se separado da pessoa querida na mesma idade que tinham seus pais quando eles se separaram. Você pode perceber que continua a escolher parceiros que têm algumas das mesmas características, apesar de jurar que nunca vai fazer isso novamente! Se vem mantendo um diário, você pode observar que os mesmos temas são recorrentes, talvez com pequenas variações a cada vez, e ficar intrigado, "Por que isso sempre acontece comigo?"

Muitas vezes, repetimos padrões até que compreendemos o que nos leva a repeti-los e nos orientamos para as questões fundamentais. Este não é um processo que acontece da noite para o dia, mas podemos nos familiarizar com ele pesquisando as origens dos padrões que carregamos pela vida e procurando os sentidos que eles têm.

Para iniciar esse processo, faça-se as seguintes perguntas:

- Quais são os padrões que sigo atualmente e que não me trazem benefício?
- No meu passado, quem apresentava padrões semelhantes? Como isso me afetava?
- Pelo que me lembro, quando fiz isso pela primeira vez, e que acontecimentos, sentimentos e pensamentos associo com esse tempo?
- Qual foi ou é minha necessidade fundamental que ativa esse padrão?
- De que outra maneira eu poderia lidar com essa necessidade fundamental?
- Que padrão novo posso entrever que seria mais apropriado?

2. Imagem

- Que imagem tenho de mim mesmo fisicamente?
- Que importância tem para mim a minha aparência e a minha afeição à minha imagem física?
- Quanto presumo sobre os outros ou os julgo por sua imagem?
- Que imagem quero que as pessoas tenham de mim?
- Qual a comparação que posso fazer disso com a retroalimentação que recebo dos outros?
- Que sacrifícios fiz, ou estou disposto a fazer, para projetar uma certa imagem?
- Quais são as pessoas que participam da minha vida para as quais não preciso projetar uma imagem? Como me sinto com elas?

Exercícios com o Diário

3. Diário de Sonhos

Manter um diário pode ser uma maneira excelente para revelar o sentido dos seus sonhos. Você pode manter um diário especial apenas para os sonhos e para o trabalho com os sonhos, e conservá-lo ao lado da cama, ou pode registrar o seu trabalho com os sonhos numa parte específica do diário costumeiro. Incluímos mais detalhes sobre o trabalho com sonhos na seção de tarefas.

4. Visuais

Uma figura vale por mil palavras. Não limite seu diário às palavras e à escrita. Sinta-se livre para desenhar e colar figuras de revistas ou fotos para estimular o sentido da visão. Dê ao seu diário uma qualidade pictórica.

5. Reavaliação

- O que você aprendeu sobre si mesmo ao trabalhar com as atividades próprias do sexto chakra?
- Quais são as áreas desse chakra sobre as quais você precisa trabalhar? Como você vai fazer isso?
- Quais são as áreas desse chakra com as quais você está satisfeito? Como você pode fazer uso desses pontos fortes?

Ingresso no Espaço Sagrado

A Criação do seu Templo Interior

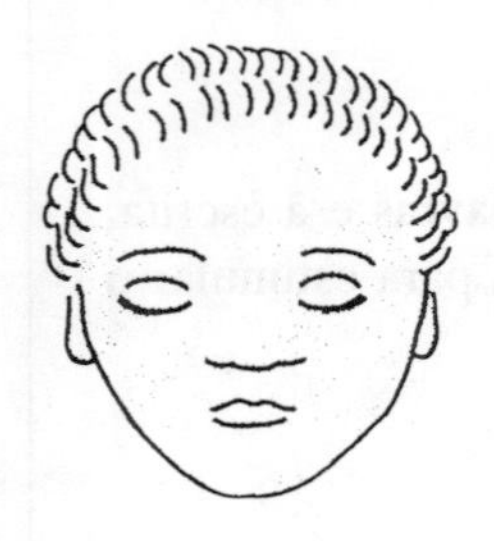

Esta jornada pode ser feita sozinho ou em grupo. Uma pessoa pode liderar os demais participantes através da jornada, ou você pode gravá-la e tocá-la. Os participantes podem assumir e manter uma posição confortável durante todo o tempo, mas alguns podem achar mais eficaz movimentar-se com os olhos fechados, deixando que seu corpo represente alguns dos movimentos visualizados. A preparação é útil para qualquer sessão de transe que você queira participar, seu único limite sendo sua própria imaginação.

Feche os olhos e relaxe profundamente o corpo (ver capítulo introdutório). Imagine que você está no seu quarto, em casa, no escuro, e você se conscientiza de que há uma passagem atrás do seu guarda-roupa. Vá até essa passagem e dê um passo para uma escada que desce em espiral. No começo, está muito escuro, e você avança às apalpadelas, sentindo cada degrau cuidadosamente com os artelhos antes de descansar o seu peso sobre o degrau. Desça com cuidado até chegar ao chão, onde os pés tocam a areia e você ouve sons de água. Siga o som até a margem de uma grande massa de água. Perto dali, está um barco ornamentado com almofadas confortáveis. Entre no barco e acomode-se. Quando você está pronto, o barco começa a se distanciar da praia e você sabe que ele o está levando a um lugar especial, um lugar que terá tudo o que você precisa para explorar seus mundos interiores. Deixe que o barco o leve, embalando-o sobre as águas, a esse lugar, e no caminho olhe ao seu redor, percebendo o que você vê. Que tipo de lugar é esse por onde você está passando? Está claro ou escuro, ou nem um nem outro? Você pode ver o céu ou alguma outra coisa? Aparecem criaturas ao longo da jornada?

Ao aproximar-se do seu templo, observe as redondezas. Como você entra? Há outras pessoas aí? O espaço do seu templo pode ser interior ou exterior, ou algo intermediário, mas é definido de alguma maneira; os limites do seu espaço são definidos. Perceba esses limites agora, andando ao redor do perímetro do seu espaço com o corpo ou com os olhos. O que está aqui nesse espaço com você? Existe alguma coisa mais que você precisa aqui? O que quer que você precise, apenas peça. Tudo está à sua disposição. Passe algum tempo aqui, fazendo o que precisa fazer para ficar bem à vontade, para fazer desse espaço o seu espaço. Se houver alguém que você gostaria que estivesse aqui

— animal, humano, ou algo mais —, quer seja alguém que você já conhece ou que gostaria de conhecer, convide esse ser a juntar-se a você.

Ao terminar, despeça-se do seu espaço e dos seres que tenham estado com você, e retorne ao barco que o está esperando. Entre nele e retome o caminho de volta, até chegar à escada espiral, e daí subindo ao seu quarto, passando pela passagem atrás do guarda-roupa. Ali chegando, volte sua atenção ao corpo, aqui nesse quarto, começando a respirar profundamente, inalando oxigênio e energia e deixando que permeiem todo o seu corpo, despertando cada célula, cada músculo. Comece a se movimentar lentamente, espichando-se, bocejando, pois o seu corpo precisa movimentar-se para tornar-se plenamente consciente uma vez mais. Quando estiver pronto, abra os olhos e escreva no diário tudo o que puder se lembrar. Você também pode desenhar o espaço do seu templo ou alguma coisa que lhe tenha parecido importante. Se estiver num grupo, partilhe sua experiência com os demais.

Fontes

Livros

Capacchione, Lucia. *Lighten Up Your Body — Lighten Up Your Life*. Newcastle Pub.
Cunningham, Scott. *Sacred Sleep*. The Crossing Press.
Greer, Mary. *Tarot for Your Self*. Newcastle.
Houston, Jean & Masters, Robert. *Mind Games*.
Hutchinson, Marcia. *Transforming Body Image*. Crossing Press.
LaBerge, Steven. *Lucid Dreaming*. Ballantine.
Mariechild, Diane. *Motherwit: A Guide to Healing & Psychic Development*. The Crossing Press.
Samuels, Mike & Nancy. *Seeing with the Mind's Eye*. Random House.
Targ, Russell & Harary, Keith. *The Mind Race: Understanding and Using Psychic Abilities*. Villard Books.
Tucci, Giuseppe. *The Theory and Practice of the Mandala*. Weiser.

CHAKRA SETE
Pensamento

Considerações Preliminares

Onde Você Está Agora?

?

Escreva suas idéias sobre os seguintes conceitos:

Consciência	*Divindade*
Percepção	*Deus*
Aprendizado	*Deusa*
Inteligência	*Espírito*
Informação	*Vazio*

Este chakra abrange o córtex cerebral. Estamos em reinos menos físicos, e por isso, em vez de perguntar-se sobre sua cabeça, é mais adequado inquirir a respeito de sua mente. Isto implica refletir sobre você como ser pensante, sobre como você se relaciona com suas capacidades mentais e sobre os problemas que você tem de enfrentar.

Preparação do Altar

A cor deste chakra é o violeta, embora muitas pessoas achem que deva ser o branco, que é uma combinação de todas as cores. Procure combinar ambas as cores, usando flores brancas e violetas, talvez uma manta de cor púrpura esmaecida sobre a toalha branca do altar. O deus hindu Shiva tem ligação com o chakra da coroa — seu raio se projeta de sua cabeça e destrói a ignorância. Visto que este chakra é o lótus de mil pétalas, pode-se montar uma imagem apropriada dele com flores de múltiplas pétalas flutuando num recipiente com água.

No plano material, o sétimo chakra representa o vazio, e por isso não se deve pôr muita coisa sobre o altar. É suficiente colocar uma toalha simples com uma só vela e talvez uma flor. Você pode acrescentar um espelho que lhe lembre a Divindade que está dentro de você.

Correspondências	
Nome Sânscrito	Sahasrara
Significado	Multiplicidade
Localização	Topo da cabeça, córtex cerebral
Elemento	Pensamento
Apelo/Questão Principal	Compreensão
Metas	Consciência expandida
Disfunção	*Deficiência*: Depressão, alienação, confusão, tédio, apatia, incapacidade de aprender ou de compreender. *Excesso*: Demasiadamente intelectual, obstinado, disperso
Cor	Violeta
Astro	Urano
Alimentos	Nenhum, jejum
Direito	De Saber
Pedras	Ametista, diamante
Animais	Elefante, boi, touro
Princípio Operador	Consciência
Ioga	Jnana Ioga, meditação
Arquétipos	Sábio, Mulher sábia, Shiva

Partilha da Experiência

"Chegar ao sétimo chakra passo a passo tem sido uma nova experiência para mim. Sempre trabalhei do chakra da coroa para baixo, mas nunca do chakra da base para cima. E tudo era sempre branco. Agora eu vejo todas as cores. Foi uma grande mudança sair daquela base sólida. Em cada etapa, eu realmente abria a área correspondente. As coisas começaram a funcionar, a andar e a afetar a minha vida! Relacionei-me amorosamente e tive condições de fazer o meu negócio andar e mudar. Fui para a área do poder e fui capaz de me irritar. Geralmente, saía do corpo, mas não consigo mais fazer isso. Eu me senti bloqueado nas comunicações, mas, depois do trabalho, comecei a sentir uma abertura. Foi necessário alimentar aquela criança para que ela desabrochasse. Mas agora eu tenho uma compreensão totalmente diferente, de modo que o meu comentário é menos sobre o sétimo chakra do que sobre a experiência toda."

*

"Durante este mês, passei bastante tempo examinando meus processos de pensamento. Percebi que é grande a minha autoprogramação com pensamentos negativos — 'você não é bom o bastante; ninguém vai gostar do que você tem a dizer; você não sabe o que está dizendo.' Fiz um esforço para ver de onde esses registros mentais vinham e para transformá-los em algo mais positivo, e a diferença foi grande. Desde então, venho aprendendo a compreender em vez de julgar."

*

"Passei este mês me obrigando a meditar. Sempre meditei ao acaso, dez minutos aqui, interrompia por alguns dias, dez minutos ali. Sendo este o chakra com que estávamos trabalhando, comprometi-me a meditar durante quinze minutos todas as manhãs, antes de fazer qualquer outra coisa. No momento, isto está se tornando um hábito — a única vez que não meditei foi num fim de semana em que saí da cidade. Por estranho que pareça, embora esse chakra se refira à extremidade superior das coisas, a meditação me fez sentir mais embasado. Espero continuar o processo agora que o Curso Intensivo terminou."

*

"Li uma porção de livros este mês. Em geral, leio muita ficção científica, o que realmente me agrada muito, mas não me prendo a uma literatura não-fictícia. Sempre considerei isso muito intelectual, mas este mês me lancei numa porção de coisas — livros de psicologia, filosofia moderna, nova física— atividades verdadeiramente intelectuais. Embora pareça estranho, gostei muito da experiência e me sinto menos 'analfabeta' intelectualmente. Acho que vou manter um equilíbrio maior entre ficção e não-ficção de agora em diante."

*

"Também li bastante durante este mês, principalmente aprofundando-me em Joseph Campbell e examinando mitos e arquétipos. Procurei listar as influências arquetípicas da minha vida e ver que arquétipos meus amigos incorporavam. Também observei meus sonhos a partir dessa perspectiva e aprendi bastante. Isso me possibilitou certo afastamento dos meus problemas, o que me permitiu vê-los sob uma luz diferente. Não sei se já tenho as respostas, mas isso parece ter mudado as questões."

*

"Procurei me concentrar na meditação, mas não tive o mesmo êxito de Frank. Percebi que meu corpo me distraía — ou era uma dor nos músculos ou uma comichão, ou sentia frio ou calor. Então, usei os exercícios de respiração do quarto chakra para me ajudar a ficar calmo e concentrado, e deixei que eles fossem a minha meditação. Acredito que isso me proporcionou maior lucidez, o que para mim tem alguma relação com o sétimo chakra. Mas tenho muitas coisas para trabalhar em meu corpo, e por isso é mais importante concentrar-me nele. É isso que minhas reflexões sobre o sétimo chakra me dizem."

*

"Trabalhei com o conceito que envolve o saber em si, no sentido de tentar confiar em minha própria sabedoria interior. Meu pai sempre me forçou a me defender fazendo-me provar que eu estava certo, no que ele sempre foi melhor do que eu. Assim, aprendi a não confiar na minha voz interior a não ser quando ela era extremamente racional. Por isso, este mês, aprendi a dar ouvidos às minhas vozes menos racionais e a encontrar uma sabedoria oculta dentro delas. Ter aprendido a compreender a base para alguns dos meus sentimentos e perceber que algo pode ser verdadeiro, mesmo que eu não o possa provar empiricamente, foi uma experiência de desenvolvimento."

Compreensão do Conceito

Nós nos encontramos agora na extremidade superior da nossa coluna dos chakras, com o lótus de mil pétalas florescendo serenamente do chakra da coroa no topo da cabeça. Este chakra se relaciona com o *pensamento*, a *consciência*, a *informação* e a *inteligência*. Como as raízes que se ramificam do nosso chakra da base, filamentos de consciência partem do chakra da coroa, percebendo, analisando e assimilando unidades infinitas de informação, cada um envolto em nossa matriz de compreensão em constante expansão. Este chakra tem que ver com o nosso modo de pensar, com os nossos sistemas de crença e com a nossa ligação com o poder superior.

Pensamento

O chakra da coroa tem relação com o processo de *conhecimento*, do mesmo modo que os outros chakras trataram da visão, da audição e da sensação. Observamos o modo como pensamos — tanto o conteúdo como os padrões — e perguntamos, "Como sabemos o que sabemos?" e "Quem ou o que é que sabe?" A resposta a essa pergunta é a própria consciência que procuramos compreender, incorporar e ampliar. Nossa tarefa aqui é examinar nossos pensamentos, nossas crenças e nosso processo de receber, de analisar e de armazenar a informação — o exame da consciência em si.

Introduzimos o conceito de chakra como sendo algo análogo a um disquete usado num computador, cada chakra contendo um programa específico sobre o modo de conduzir nossa vida. Usando essa analogia, o chakra da coroa pode ser visto como o disco que contém o *sistema operacional* para todo o biocomputador mente-corpo. Nossas crenças íntimas determinam o sistema operacional que temos. Se acredito que todos querem me "pegar", perceberei as informações por meio de um sistema operacional paranóico e me comportarei de acordo com ele. Se acredito que o mundo é um lugar onde floresce a benevolência, é mais provável que eu atue de maneira a reforçar essa crença — e como decorrência continue a perceber o mundo como benevolente. Em outras palavras, muitas vezes o mundo se comporta da maneira como pensamos que ele se comportará — e é porque acreditamos que assim acontece.

O pensamento, o elemento associado com o chakra da coroa, é a primeira emanação da consciência em seu caminho para a manifestação. Podemos conceituar o pensamento como a semente da manifestação — a matriz que dá forma a tudo o que é criado. Para ver como é a consciência, basta que observemos ao nosso redor. Tudo o que vemos é a manifestação da consciência, quer se trate de um prédio criado pela imaginação de um arquiteto, de uma árvore crescendo na direção do sol ou de um animal procurando alimento.

Mas o que é essa coisa esquiva chamada consciência, e o que ela faz?

A Ordem

Para os hindus, a única realidade subjacente a este mundo transitório é a ordem. Mesmo considerando o mundo uma ilusão, devemos admitir que se trata de uma ilusão muito bem-ordenada. Os planetas giram ao redor do Sol de uma maneira precisa, a Terra regula sua própria atmosfera, e a precisão rege o denso universo físico. É essa ordem que, por meio de nossa consciência, nos possibilita perceber o padrão — nós reconhecemos uma flor, uma face ou uma voz pelo seu padrão.

A ordem é um padrão percebido através da visão de um ponto específico da consciência, que em si mesmo está ordenado de uma maneira única. A ordem que uma abelha percebe pela perspectiva de sua consciência é bem diferente do que nós percebemos, e o mesmo acontece com a informação que cada um de nós obtém do mesmo conjunto de circunstâncias. Percebemos de acordo com os nossos padrões.

Do nosso ponto de vista único, cada um de nós cria uma "matriz" interior que é o núcleo estrutural do nosso sistema de ordenamento consciente. Em termos simples, poderíamos chamar essa matriz de nossos sistemas de crença, mas é mais do que isso. Esse núcleo é criado ao longo de toda a nossa vida, mas mais particularmente na infância, quando se desenvolvem nossos sistemas nervoso e muscular. A matriz nuclear então fica "implantada" no nosso sistema e pode ficar além do nosso controle consciente, embora não imutável, se nos decidirmos a examiná-la. Alguém que se feriu fisicamente, por exemplo, pode ter na sua matriz nuclear um padrão de medo e de defesa mesmo quando está na presença de uma pessoa de confiança e que não "acredita" que o prejudicará. Esse padrão passa a fazer parte do seu sistema de crenças inconsciente, e seu padrão constelar (taquicardia, estômago dilatado, etc.) tornou-se um "hábito", e precisa ser trazido à consciência, onde possamos examiná-lo e alterá-lo. Desse modo, reprogramamos nosso sistema operacional. Essa é a tarefa do chakra da coroa.

Outras porções da nossa matriz nuclear são feitas de coisas que estudamos, aprendemos, adotamos e que então escolhemos conscientemente para nossos sistemas de crenças. São nossas crenças espirituais, o domínio de conteúdos profissionais, os construtos filosóficos, as crenças sobre si mesmo, os gostos e rejeições, as capacidades e nosso banco de dados interior de padrões formados por associação livre e mantidos num sistema de arquivos subconsciente, aguardando por uma integração mais profunda na matriz. Cada unidade de informação que a nossa consciência apreende é arquivada através da nossa matriz enquanto "procuramos" internamente o lugar mais apropriado para fixar a nova informação. Se alguém diz que me ama, procuro na minha matriz interior para saber o que isso significa. Cada matriz é única, entretanto, e o sentido que eu atribuo a essa afirmação pode ser diferente do adotado pela pessoa que afirma. Integração e assimilação são o processo de absorver a nova informação e de incorporá-la à matriz.

Quando alguma coisa não pode ser absorvida, a consciência se dispersa ou se fragmenta. Experiências opressivas, como traumas de guerra ou da infância ou tensão excessiva sobrecarregam a matriz mental e provocam seu colapso. Em situações extremas, a coesão natural do nosso processo de pensamento pode desintegrar-se em processos de pensamento psicótico, de personalidades múltiplas ou de uma total rejeição da informação através da amnésia. Em casos de tensão menos graves, sentimos dificuldades em concentrar a atenção, em pensar clara e calmamente ou em ser racional quando queremos sê-lo. Uma nova informação pode ser rejeitada como espúria ou ridícula, simplesmente porque nossa matriz não lançou no tempo adequado as bases para incorporar a informação. A menos que nossa matriz seja forte e ampla, ela não consegue assimilar novas informações, e o chakra se fecha.

A presença da ordem implica a existência de algum tipo de consciência. Quando retiramos nossa atenção de um sistema durante um longo tempo, como perder uma semana de trabalho ou atrasar tarefas domésticas, é muito provável que esse sistema se mova na direção da entropia, da desordem. Um dos argumentos mais fortes para considerar o nosso planeta Terra como um ser vivo, consciente, são as propriedades de auto-regulagem e de auto-organização da nossa biosfera. A ausência de entropia ao longo de bilhões de anos sugere a existência de uma consciência gigantesca, uma teoria conhecida como a *Hipótese Gaia.*

O próprio processo de pensar é o ato de levar a nossa atenção ao longo de linhas de ordem. Um pensamento leva a outro, e a outro ainda, e ao exame do relacionamento entre várias porções do padrão que estamos percebendo. Estamos sempre seguindo as porções que podemos perceber, buscando uma ordem dentro da qual as possamos colocar (ou fugindo das implicações da ordem que apresentam!). Uma vez que tenhamos entrelaçado internamente um conjunto de fragmentos de informação, de modo a dispô-lo numa ordem funcional, há um agradável momento de compreensão, o triunfante "Ah!" que implica a integração holística de um novo padrão.

Nenhum ato de criação ou de manifestação pode ter prosseguimento sem o conceito de uma ordem. Esse conceito pode estar celularmente codificado no DNA, e, portanto, pode ser inconsciente, ou pode ser a idéia na mente de um pintor, ou as matrizes desenhadas para um novo produto. Essa concepção modela a energia bruta em sua forma futura. Se tentarmos manifestar alguma coisa, é a nossa consciência que dá ordem e forma àquilo que estamos criando. Nossa mente provê as sementes da manifestação do mesmo modo que o corpo provê as raízes da consciência, por meio do nosso sistema nervoso e dos órgãos da percepção.

A consciência, portanto, é o princípio ordenador do universo. De fato, poderíamos dizer que a ordem é tanto o que a consciência *é* como o que ela *faz.*

Consciência

No chakra da coroa, muitas vezes falamos em "consciência superior". Esta é uma questão de perspectiva — pode-se ver melhor do topo de uma montanha do que de dentro de uma floresta. Em termos dos níveis dos chakras, passamos do perceber as "coisas" para as relações que elas descrevem, para seus padrões e para seus metapadrões mais profundos. A consciência superior não é necessariamente "melhor", mas é mais ampla, e isso está de acordo com o padrão de expansão criado pelo movimento ascendente no Sistema de Chakras. Ter consciência superior é abranger padrões metafísicos mais amplos e mais profundos, dos quais nossos padrões diários não são mais do que sub-rotinas. A vista do topo da montanha, porém, não consegue ver a pequena flor que cresce junto ao córrego no vale, visão essa que também é válida e digna de ser vista.

Isso nos leva de novo às questões da transcendência a da imanência: ambas se referem à consciência em relação ao mundo físico. Na transcendência, afastamo-nos dos padrões menores para abarcar um ponto de vista mais amplo e mais profundo. Subimos na direção do chakra da coroa, deixando para trás as limitações do pequeno, do físico, do individual. Podemos alcançar um estado de meditação de unicidade por meio da consciência transcendente — um lugar de paz e de compreensão, deixando o corpo para chegar ao amplo e ilimitado reino dos planos mentais. A transcendência nos permite evadir-nos, repousar e nos renovarmos com uma nova perspectiva.

A imanência é o caminho da consciência que *entra* no corpo. Imanência significa que prestamos atenção ao aqui-e-agora, ao específico e ao finito. Por meio da imanência, avivamos e enriquecemos a matéria inerte, alimentando-a com a inteligência divina. Por meio da imanência, a consciência é criativa, incorporada, manifestada. Por meio da imanência, nós enfrentamos e mudamos o que precisamos para fugir do profano e para torná-lo sagrado. Ao equilibrar o Sistema de Chakras, procuramos sentir ambos.

A consciência, embora expansiva, é uma experiência interior. Um único cérebro humano contém em torno de 13 bilhões de células nervosas interligadas capazes de fazer mais ligações entre si do que o número de átomos no universo. Essa desconcertante comparação nos põe diante de um instrumento fantástico. Visto que há 100 milhões de receptores sensoriais no corpo e 10 trilhões de sinapses no sistema nervoso, achamos que a mente é 100.000 vezes mais sensível ao seu ambiente interno do que ao externo. É realmente a partir de um lugar interior que adquirimos e processamos o nosso conhecimento.

Mover-nos interiormente é uma maneira de penetrar numa dimensão que tem localização no tempo e no espaço. Se postulamos que cada chakra representa uma dimensão de uma vibração menor e mais rápida (alta freqüência), teoricamente chegamos a um lugar no chakra da coroa em que temos uma onda de velocidade infinita e sem comprimento, o que lhe permitiria estar em toda a parte ao mesmo tempo e todavia não estando em nenhum lugar perceptível. Os estados de consciência divinos são descritos como onipresentes. Reduzindo o mundo a um sistema de padrões que não ocupa uma dimensão física, temos uma capacidade infinita de armazenamento para seus símbolos. Em outras palavras, carregamos o mundo todo dentro da nossa cabeça.

Trabalhar no chakra da coroa é examinar e expandir a nossa consciência. Fazemos isso expandindo nosso banco de informações, pesquisando e buscando, aprendendo e estudando. Fazemos isso examinando nossos sistemas de crenças, nossa programação interna, e eliminando os defeitos do nosso sistema operacional. Podemos fazer isso através da meditação, a qual possibilita que nossa consciência se volte para dentro e transcenda os padrões menores da dimensão mundana. E também fazemos isso entrando em nossos corpos, prestando atenção à informação que entra através dos nossos receptores sensoriais e expressando a nossa consciência por meio das ações do corpo. Por esses esforços, obtemos clareza, sensibilidade, inteligência, compreensão, inspiração e paz.

Excesso e deficiência

Todos nós já entramos em contato e conhecemos pessoas que estão "sempre na cabeça", que parecem saber tudo, que insistem em estar certas ou que tentam dominar as outras com sua atitude de "mais virtuoso do que você". Essas pessoas têm um sétimo chakra com excesso. Elas podem estar compensando no sétimo chakra para equilibrar deficiências nos chakras inferiores. Seu elitismo espiritual e intelectual é muitas vezes opressivo, embora os que apresentam deficiências no sétimo chakra possam ser atraídos a eles como seguidores. As pessoas com um sétimo chakra excessivo podem "ir para o espaço" com muita freqüência, ou tornar-se claramente desligadas ou dissociadas.

As pessoas que têm dificuldade para pensar por si mesmas e que dependem de outras para guiá-las estão demonstrando um sétimo chakra deficiente. Estreiteza mental e radicalismo nos sistemas de crença nos mantêm fechados e limitam a expansão da consciência característica de um sétimo chakra forte. Estamos agindo com base na deficiência se optarmos por manter um estado de ignorância, em vez de aprender com nossa experiência e de buscar mais intuição e conhecimento.

A opressão espiritual ou o ato de negar a alguém a sua própria experiência natural da espiritualidade, obrigando-o a um sistema rígido de crenças, pode criar tanto o excesso como a deficiência nesse chakra. Essa opressão pode nos afastar de toda espiritualidade, deixando-nos espiritualmente alienados ou vazios.

Como o primeiro chakra forma as nossas raízes no mundo material, assim também o sétimo chakra é a nossa ligação com o mundo espiritual e com a expansão da consciência, e é a porta para tudo o que está além.

Trabalho com o Movimento

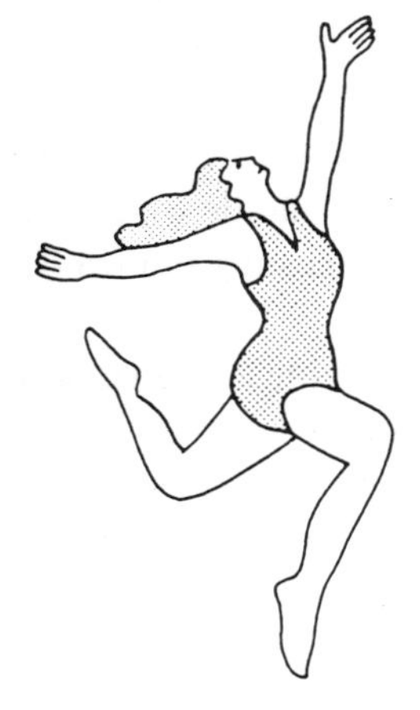

Há muitos sistemas de movimentos destinados a nos ajudar na nossa jornada rumo à iluminação ou consciência espiritual. Um dos mais conhecidos é a hatha ioga, origem de muitas das posturas apresentadas neste livro. Outros incluem o T'ai-Chi, o Chi-Kung, danças sufis, Arica, o Paneurritmo de Peter Deunov e a Percepção Espacial de Chogyan Trungpa, para citar apenas alguns. A premissa fundamental é que o nosso corpo é a ferramenta mais simples que temos para trabalhar para o desenvolvimento da nossa consciência superior. O corpo proporciona um meio para praticar que usa todos os nossos recursos físicos e mentais, voltando-os para a meta da transcendência. Isso não significa que deixamos o corpo para trás, mas, antes, que nossa consciência pode expandir-se para além dos limites estreitos do corpo, que não estamos limitados ao corpo.

Hatha Ioga

O Sistema de Chakras tem sua origem no sistema da ioga, e nós recomendamos enfaticamente a prática da hatha ioga como uma técnica de meditação que se concentra no corpo. Recomendamos especificamente a abordagem Iyengar à hatha ioga, visto que os professores treinados na tradição de B.K.S. Iyengar em geral têm um treinamento excelente, não apenas nas posturas formais, mas também nas técnicas para adaptá-las a todos os tipos de corpo e níveis de flexibilidade, força e equilíbrio. Eles têm condições de ajudá-lo a lidar com qualquer lesão ou áreas problemáticas que possam criar dificuldades se você está trabalhando apenas com base num livro ou com um professor que não dá atendimento e correção individualizados. Se você mora numa região em que não é possível encontrar professores treinados nesse sistema, os livros citados na seção Fontes deste capítulo podem lhe dar o impulso inicial. Esses livros podem atuar como um complemento a qualquer curso que você possa freqüentar, e podem servir-lhe de meio para praticar sozinho no caso de não ser encontrado absolutamente nenhum professor, do sistema de Iyengar ou outro. Se você pratica sozinho, você pode pensar na possibilidade de fazer um retiro ou de participar de um curso para uma experiência intensiva de modelagem e correção por um professor, experiência essa que lhe serviria de base para a sua prática individual. O *Yoga Journal*, uma revista bimestral voltada para as práticas de ioga, muitas vezes relaciona cursos, seminários, conferências e professores em várias áreas do mundo, e isso pode ajudá-lo em sua busca.

Meditação em Movimento

Esta é uma atividade que tem poucas regras formais ou estrutura. Ela lhe permite passar algum tempo com o seu corpo, deixando-o dançar como ele bem quiser, sem levar em conta estilo ou adequação, mas com atenção aos sinais que ele emite para encontrar a direção e a qualidade do movimento. O dançarino deixa que a dança seja determinada pela gravidade e pelo peso, pelo *momentum* e pela respiração, pelo estado de espírito e pelo nível de energia. Seguem-se algumas idéias básicas para organizar uma prática de meditação em movimento.

1. Pelo menos no início, pratique sozinho. Entregue-se completamente, deixando sua consciência de si fora do espaço sagrado durante o tempo de prática.

2. Escolha uma música que reflita o seu estado de espírito. Outra alternativa é escolher uma música que o conduza, que o leve a movimentar-se sem dirigir o corpo conscientemente. Adote melodias que extraiam o movimento de dentro de você sem distraí-lo dos sinais do próprio corpo.

3. Concentre-se na respiração, expandindo a capacidade dos pulmões, inalando uma quantidade maior de ar fresco e de oxigênio do que a respiração superficial comum permite.

4. Ouça os sinais do seu corpo, sintonizando-se com a informação que em geral é bloqueada por ser considerada intrusa (como rigidez, dores, comichões) e encontre a sua maneira de aliviar a tensão por meio do movimento e do alongamento. Sinta com renovado vigor o esqueleto, os músculos, as juntas e os fluidos que constituem seu corpo físico.

5. Encontre o seu centro, seu equilíbrio, e trabalhe com o peso do corpo e com o efeito da gravidade sobre ele, brincando com o impulso do momento e com a dinâmica do movimento.

6. Inicie a prática sem expectativas. Deixe que o corpo o leve onde você precisa estar, em vez de tentar impor uma idéia preconcebida de como seus movimentos deveriam ser ou das sensações que deveriam provocar.

7. Continue a praticar uma técnica que proporcione ao seu corpo um treinamento em alinhamento e em movimento apropriado (isto é, hatha ioga, técnicas de Feldenkrais ou de Alexander), de modo que, quando se entregar às inspirações de movimento do corpo, ele as possa executar sem causar lesões.

Outras Abordagens à Meditação em Movimento

Descrevemos abaixo duas práticas de movimento bem diferentes, mas que também são orientadas para a meditação. Para aulas e cursos, os interessados podem entrar em contato com os endereços citados.

Movimento Autêntico

Esta prática envolve movimento com uma testemunha. Há uma estrutura específica em que acontece a ação recíproca entre a pessoa que se move e a testemunha, criando um espaço seguro para que o movimento se manifeste e seja recebido por ambas. Embora aulas e professores de movimento autêntico sejam encontrados principalmente nos círculos de terapia da dança, há uma percepção profunda dessa técnica como uma prática mística e ritual. Para maiores informações, entre em contato com Michael Reid, 3217 14th Ave. S. 4, Minneapolis, MN 55407, (612) 729-4328.

Movimento Contínuo

Continuum é o movimento e o trabalho com som idealizado por Emilie Conrad Da'Oud, que ministra cursos sobre suas teorias e técnicas. Ela trabalha com o movimento a partir de um nível celular, começando com o movimento de energia sutil que acontece no corpo antes de trabalhar com movimentos que poderiam ser vistos a olho nu. Informações sobre cursos podem ser obtidas junto a Susan Harper, 13432 A Beach Ave., Marina Del Rey, Ca 90290, (213) 827-2704.

Atividades Práticas

Ao entrar no chakra da coroa, começamos a examinar o processo da consciência em si. Antes estivemos sentindo, agindo, vendo ou ouvindo; agora dirigimos nossa atenção para o ato de pensar e para a percepção auto-reflexiva que pode realizar uma coisa tão estranha como "pensar sobre o seu próprio pensar".

A experiência de *Sahasrara* é a experiência do Divino, da nossa própria Divindade interior e da união com o vasto além. Este é um processo de abertura a um poder superior, mais profundo e maior — a essência da consciência expandida a que, comumente, temos acesso através de técnicas de meditação.

Meditação

Não existe atividade mais eficaz para abrir o chakra da coroa do que a meditação. Listamos abaixo vários tipos diferentes. Se você ainda não tem uma técnica de meditação, faça experiências com várias delas até encontrar a que lhe seja mais apropriada. Ao fazer essas experiências, porém, é importante que você use uma técnica regularmente por algum tempo antes de julgar se ela lhe convém. Se você medita todos os dias, adotar uma por semana é um período de avaliação suficiente. Se não é seu hábito meditar regularmente, você pode adotar uma técnica durante um mês ou mais, até ter condições de avaliar adequadamente os seus efeitos. Como muitos outros exercícios relacionados com os chakras, a meditação também é cumulativa.

Tratakam (Olhar Fixamente)

Num ambiente moderadamente iluminado, sente-se confortavelmente numa cadeira, sobre um travesseiro ou no chão, mantendo a coluna reta. Coloque uma vela acesa à sua frente, e simplesmente concentre seu olhar e sua atenção na chama, serenando a respiração e a mente.

Meditação com Mantra

Esta é uma técnica popularizada pela Sociedade de Meditação Transcendental (MT).

Sente-se confortavelmente, coluna reta, na sua postura de meditação preferida. Acalme a mente e concentre os pensamentos escolhendo uma ou duas sílabas e pronunciando-as internamente, bem devagar, repetidas vezes. Os mantras mais comuns são sons como OM, SO HAM, etc. A idéia é internalizar o mantra e deixar que sua vibração crie ressonância (veja Chakra Cinco) em suas ondas cerebrais, respiração e batimento cardíaco.

Respiração Controlada

Esta meditação simplesmente concentra a mente na respiração. Sente-se confortavelmente e conte os movimentos de sua respiração, seguindo-as atentamente enquanto faz a inalação e a expiração. Deixe que elas se ajustem a um ritmo lento e constante.

Fluxo de Energia

Esta meditação permite que a energia flua através de você, iniciando seu fluxo no chakra da coroa, descendo para cada um dos chakras e escoando na terra. Pense na energia que faz esse percurso como a água que jorra da ducha, banha o topo da cabeça, se derrama sobre todo seu corpo, e daí se escoa pelo ralo. Como um banho, essa é uma meditação de limpeza. A única diferença é que fazemos a energia fluir por *dentro* de nós, e não por fora.

Simplesmente imagine o chakra da coroa abrindo-se como a flor de lótus conotada pelo seu nome. Quando ele se abrir, imagine um jato de energia jorrar dos céus e entrar nele. Você pode visualizar essa energia como um raio de luz, como uma brisa fresca ou como o calor do sol, mas procure fazer com que seja uma experiência cinestésica de ser inundado por uma fonte de energia vinda do alto.

Depois de entrar em sua coroa, essa energia flui para baixo e banha o seu terceiro olho, a garganta, o peito, a barriga, os genitais e o períneo e se escoa do corpo indo para o solo. Ao terminar, volte ao topo da cabeça e extraia mais energia desse depósito infinito de sua imaginação, e repita novamente o mesmo fluxo descendente de energia. Trabalhe com o intuito de sentir que a energia flui através de você num fluxo constante, limpando-o e acalmando-o.

Depois de aprender a meditação básica do fluxo de energia, você pode praticar usando diferentes tipos de energia. Você pode optar por um fluxo de energia quente ou fria, masculina ou feminina, vermelha, azul ou amarela. Cada um desses tipos de energia produzirá uma experiência diferente e o deixará num estado ligeiramente modificado. Você pode escolher uma energia apropriada para as suas necessidades do momento, como movimentar uma energia fria quando você precisa se acalmar depois de um dia tenso, ou uma energia vigorosa antes de uma entrevista para conseguir um emprego.

Outras Atividades

Não faça nada durante um dia; apenas permaneça em silêncio e contemplação.

Jejue por um ou mais dias, afastando-se do mundo material. (Esta não é uma tarefa a ser feita às cegas, e às vezes não é recomendada para todos. Consulte seu médico antes de tomar uma decisão.)

Entre numa cabine de isolamento de todos os sentidos da percepção e mantenha sua mente em observação.

Prossiga em seus exercícios de visualização ou vá a um retiro espiritual. Em geral, isso requer um período de tempo num lugar isolado, muitas vezes sozinho, em silêncio contemplativo. Não é objetivo deste livro ensinar a fazer uma busca de visão. Consulte seu livreiro esotérico local para informações sobre centros de retiro ou sobre pessoas que possam ter experiência em dirigir buscas de visão, ou reporte-se à lista de livros na seção de referências, no final do capítulo.

Estude uma nova religião ou um sistema metafísico.

Tome nota de uma invocação ou de uma oração.

Exercícios com o Diário

1. O Exame da sua Programação

Muito do que nós pensamos que somos — nossos valores, nossas atitudes, nossas percepções — se desenvolve por meio de uma programação que é feita nas fases iniciais da nossa vida com base em modelos e professores que temos à disposição no momento. Obviamente, isso significa que nossos pais, ou aqueles que cuidaram de nós em primeiro lugar, têm uma enorme influência sobre os pensamentos que temos a respeito de nós mesmos e do mundo ao nosso redor, e sobre as idéias relativas a como devemos nos relacionar com esse mundo. Tudo aquilo com que entramos em contato à medida que crescemos influencia a programação que desenvolvemos para processar a imensa riqueza de informações que nos chegam a todo momento por meio dos órgãos dos sentidos. A maior parte desse processamento ocorre antes que a informação chegue à consciência — nós reagimos aos estímulos automaticamente, muitas vezes sem mesmo saber o que perdemos, uma vez que nossos programas inconscientes removeram as partes que eles decidiram que não precisávamos. (Um livro excelente que expõe esse tema e oferece idéias para estimular a consciência e a reprogramação é *Mind Magic*, de Bill Harvey, relacionado na lista da seção de Fontes para este chakra.)

Começamos o processo de reprogramação examinando que programas estão possibilitando que aconteçam as coisas certas neste momento e onde se originaram. Uma maneira de fazer isso é relacionar algumas de suas crenças numa folha de papel.

Para cada crença listada, faça a si mesmo as seguintes perguntas:

- Quando desenvolvi esta crença pela primeira vez?
- Quem na minha vida, passada ou presente, tinha uma crença como essa?
- Quem gostaria que eu tivesse essa crença?
- Tenho essa crença para conquistar a aprovação dessas pessoas?
- Que efeito o fato de ter essa crença exerce sobre a minha vida e como eu a vivo?
- Quanta felicidade ou infelicidade o fato de ter essa crença me proporcionou?
- Eu realmente acredito nisso, ou estou apenas seguindo a programação que recebi?
- Como me sinto com relação a mim mesmo por ter essa crença? Essa crença se harmoniza com o que quero ser no momento?
- Que experiências eu tive que me levaram a desenvolver essa crença?
- O que aconteceria se eu não tivesse tido essas experiências, ou se as tivesse

Exercícios com o Diário

tido sabendo o que sei agora sobre a influência inconsciente dessa experiência? Como eu seria se não tivesse desenvolvido essa crença?
- Quero continuar acreditando nisso, ou existe alguma outra crença que faz mais sentido para mim?

2. *Reavaliação*

- O que você aprendeu sobre si mesmo ao trabalhar com as atividades específicas do sétimo chakra?
- Sobre que áreas deste chakra você precisa trabalhar? Como você fará isso?
- Com que áreas deste chakra você está satisfeito? Como você pode usar essas forças?

Ingresso no Espaço Sagrado

Ritual de Grupo

Material Necessário

Instrumentos musicais.

Círculo da Divindade

Criem um espaço sagrado da maneira que o grupo achar melhor. Coloquem os instrumentos musicais (tambores, chocalhos, varetas, sinos, o que as pessoas trouxerem) no centro do espaço ou num lugar onde os participantes possam alcançá-los rapidamente. Cada participante se posiciona em algum lugar na sala, sem se preocupar com a formação de um círculo agora. Um participante orienta o grupo para um relaxamento profundo e para a preparação para o transe (p. 256). Uma batida de tambor constante é útil para isso, e se a pessoa que lidera a visualização tem dificuldade para falar e ao mesmo tempo manter uma batida ritmada, outra pessoa pode tocar o tambor. O guia então conduz o grupo através do seguinte:

Aqui, no seu templo interior, aquiete-se, esvaziando a mente de todos os pensamentos. Agora que você chegou a esse estado de vazio e de receptividade, você sente a presença de alguém, uma presença que pode estar fora de você ou que pode estar no seu íntimo mais profundo. Você sente que essa é a divindade, que é algo além da sua existência solitária, como um ser humano único vivendo essa vida única. Você sente uma abertura no topo da cabeça, um afrouxamento dos limites do corpo e, então, uma sensação de que está sendo invadido, preenchido por algo intangível, por uma energia ao mesmo tempo vibrante e suave, fluindo dentro e fora de você, ligando-o a uma fonte universal. Ao mesmo tempo, uma ressonância emerge do seu ser mais profundo, uma sensação daquele mesmo tipo de energia girando e subindo dentro de você e fundindo-se com a energia ilimitada que entrou em você. Sinta-se expandir, cada célula do seu corpo viva e brilhante, irradiando. Deixe que seu corpo físico manifeste essa convocação da energia divina, movimentando-se enquanto respira, deixando que essa energia irradiante guie seus músculos e ossos numa dança com o espaço ao seu redor. Não há um padrão que estabeleça como essa dança deva se manifestar, já que ela é diferente para cada pessoa, diferente cada vez que nos abrimos para ela.

(Deixe-se levar por essa dança pelo tempo que quiser, fazendo uma pausa entre as frases, e em seguida deixando que os participantes trabalhem com a batida do tambor a seu modo.)

Agora, deixe que o seu movimento o leve a formar um círculo com os demais dançarinos, escolhendo qualquer instrumento que o atraia e começando a usá-lo para juntar-se ao ritmo do tambor. Cada um por vez, todos entram no centro do círculo, dançando sua dança enquanto os demais acompanham o seu movimento com som, tocando impetuosamente se você dança impetuosamente, tocando suavemente se sua dança é suave e serena. Cada um concentra o foco da sua energia divina na pessoa que está no centro, dando-lhe apoio com o som e celebrando a divindade que brilha a partir dela.

Quando todos passaram pelo centro, escoem a energia para o solo e completem o círculo da maneira que preferirem.

Fontes

Livros e Revistas

Couch, Jean. *The Runner's Yoga Book: A Balanced Approach to Fitness*. Rodmell Press, 1990. (Não só para corredores — um dos melhores manuais disponíveis)

Foster, Stephen & Little Meredith. *The Book of the Vision Quest*. Sun Bear Books.

Hampden-Turner, C. *Maps of the Mind.* Macmillan.

Harvey, Bill. *Mind Magic: The Ecstasy of Freeing Creative Power*. Unlimited Publishing, 1989. Pedidos para Unlimited Publishing, Box 1173, Woodstock, New York 12498.

Kravette, Steve. *Complete Meditation*. Para Research.

McDonald, Kathleen. *How to Meditate: A Practical Guide*. Wisdom Publications.

Mehta, Silva, Mira & Shyam. *Yoga: The Iyengar Way*. Knopf.

Tart, Charles. *Waking Up: Overcoming the Obstacles to Human Potential*. Shambhala.

Tobias, Maxine & Stewart, Mary. *Stretch & Relax.* The Body Press.

Weinman, Ric. *One Heart Laughing: Awakening Within Our Human Trance*. The Crossing Press.

Yoga Journal, P.O. Box 3755, Escondido, CA 92033.

CONCLUSÃO

Compreensão do Conceito

Integração

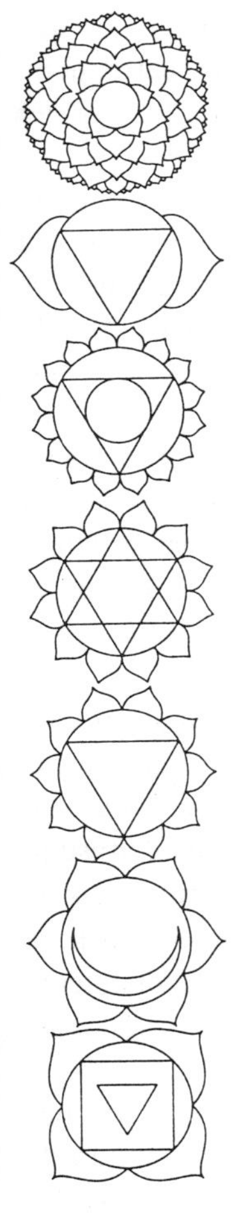

Agora que estudamos cada chakra em profundidade, temos uma compreensão maior e, a partir dela, podemos examinar o sistema como um todo. É aqui que abordamos o aspecto final e mais importante do trabalho com os chakras: a integração.

Nenhum dos chakras funciona por si mesmo. Como rodas que giram no íntimo do nosso ser, os chakras são engrenagens encaixadas que trabalham juntas para pôr em funcionamento o delicado maquinário de nossas vidas. Um desequilíbrio em qualquer chakra afeta os outros chakras, e esses podem influenciar o primeiro. Nosso chakra do poder é afetado pela consistência da nossa base. Nossa capacidade de nos abrirmos sexualmente pode ser influenciada pela nossa habilidade de comunicação. Apego excessivo ao poder e ao controle pode interferir no amor e nos relacionamentos.

Todos os chakras precisam estar abertos e funcionando equilibradamente para que sejamos seres humanos plenamente vitalizados. Não acreditamos que um chakra seja necessariamente mais importante do que outro, ou que devamos sufocar um chakra para abrir outro. Pode ser importante para alguém concentrar-se num chakra em particular se esse chakra foi pouco desenvolvido, mas isso se aplica apenas no caso de ter como objetivo o equilíbrio geral do sistema. É possível também que o conferencista queira se concentrar no seu chakra da garganta, ou um artista no seu centro visual. É bom evidenciarmos nossos talentos, desde que não seja com a exclusão de outras áreas da nossa vida.

Em geral queremos que nossos chakras inferiores sejam um apoio forte e sólido para o nosso desenvolvimento espiritual. Queremos lucidez, tranqüilidade e consistência. Queremos o apoio da nossa base, satisfação na nossa sexualidade e vigor quando nos concentramos no nosso poder. Queremos um corpo sadio, cheio de sensação e de vitalidade.

Nos chakras superiores, queremos liberdade e flexibilidade, criatividade e expansão. Queremos novas idéias, novas informações e muito tempo para refletir sobre elas. Queremos a inspiração que torna as rotinas de sobrevivência dos chakras inferiores dignas de serem vividas. Queremos expandir sempre mais nossos horizontes, nosso conhecimento e nossas percepções.

No chakra do coração, nosso centro nuclear, queremos um senso de equilíbrio e de paz — equilíbrio entre nossos chakras inferiores e superiores, harmonia entre interior e exterior, entre dar e receber, entre mente e corpo. E queremos que esse equilíbrio concretize uma integração dessas polaridades, uma integração que nos permita abraçar uma multiplicidade de possibilidades e uma abundância de amor. De um ponto de equilíbrio dentro de nós mesmos, temos condições de entrar em equilíbrio com as outras pessoas, tanto na intimidade como no nosso ambiente social geral.

É importante também que todos os chakras trabalhem juntos — que comuniquemos nossas visões, que embasemos nosso poder, que haja prazer no nosso trabalho e nos nossos relacionamentos, que haja aprendizado contínuo em cada nível. Como engrenagens encaixadas, os chakras devem estar suficientemente cheios para "tocar" os que estão em cima e os que estão embaixo, e não tão cheios, para que não se sobrecarreguem, ficando livres para girar. Se você observar o diagrama na página seguinte, poderá ver como um chakra deficiente ou excessivo pode bloquear todo o fluxo.

Ao examinar o sistema como um todo, podemos avaliar nossos padrões de energia globais. Se somos fortes nos chakras superiores e fracos nos inferiores, somos um sistema de energia "do alto para baixo." Isto é, absorvemos mais energia nos níveis superiores e lentamente a transmutamos para baixo. Podemos intelectualizar alguma coisa antes de decidir o que sentimos sobre ela, ou fantasiar sobre coisas muito tempo antes de agir sobre elas.

Um sistema de energia "de baixo para cima" é exatamente o oposto. Estamos diante de uma pessoa que quer ter tudo acertado antes de partir para um novo território. A segurança é importante, por ser manifestação física. Essa pessoa pode passar um longo tempo classificando os seus sentimentos antes de decidir o que pensar. Pode querer apegar-se aos métodos testados e verdadeiros do seu passado e resistir a tentar novas coisas.

A aparência do corpo indica muitas vezes, embora não sempre, o sistema de energia interior. As pessoas com fluxo energético de baixo para cima têm a tendência de colocar o peso na parte inferior do corpo, ou ser pesadas em geral, ao passo que os tipos com fluxo energético de cima para baixo tendem a ser esguios e leves, uma vez que se afastam do físico. Porém, isso nem sempre é assim, visto que muitas pessoas com problemas de peso passam a maior parte do tempo na cabeça. Nesse caso, o corpo físico enorme é uma tentativa de formar base e de se proteger através de um corpo apenas parcialmente ocupado. Chegar a um acordo com o físico pode ajudar a dar ao corpo uma forma mais apropriada.

Há também um tipo de divisão mente/corpo que dá a sensação de estar aberto nas extremidades mas fechado no meio. Pode haver um bom embasamento, no sentido de um corpo sadio, ou no da capacidade de fixar-se num emprego, e muita imaginação, criatividade ou capacidade intelectual, como uma sensação bloqueada de ser capaz de agir na vida, ou de medo de ir em busca de relacionamentos. Esse tipo de pessoa tende a ter contradições em sua vida, uma sensação confusa de conhecer seu próprio eu, ou

Padrões de chakras com fluxo energético de cima para baixo e de baixo para cima.

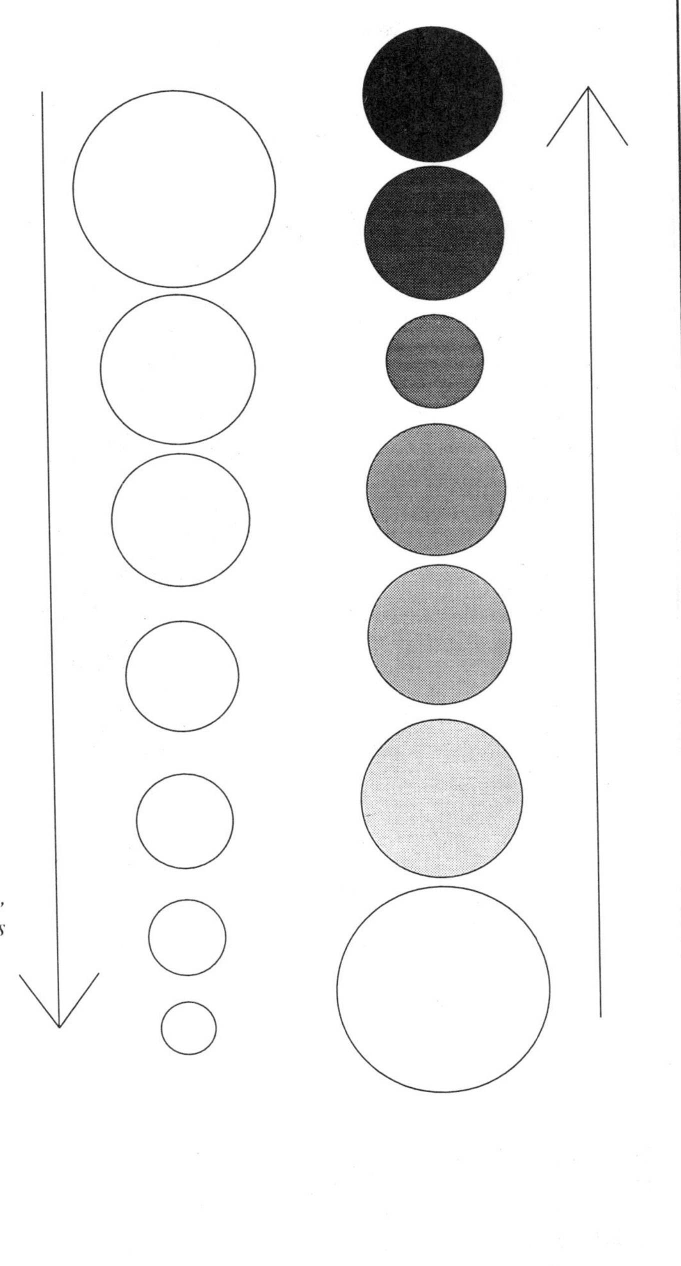

Podemos visualizar os chakras como fechados, ou não-desenvolvidos, como na estrutura do fluxo energético de cima para baixo, à direita, ou como ativamente presentes mas bloqueados, como na estrutura do fluxo energético de baixo para cima, na extrema direita. Com um chakra não-desenvolvido, sentimos desconexão. Com um chakra bloqueado sentimos o conflito. Ambos os estados refletem o fluxo global e a expressão energética da pessoa.

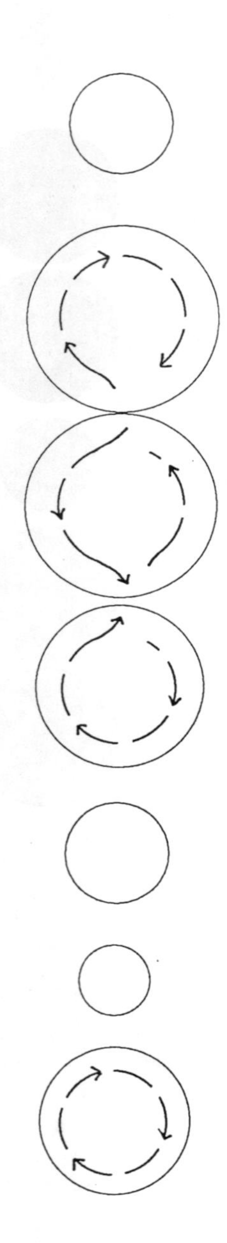

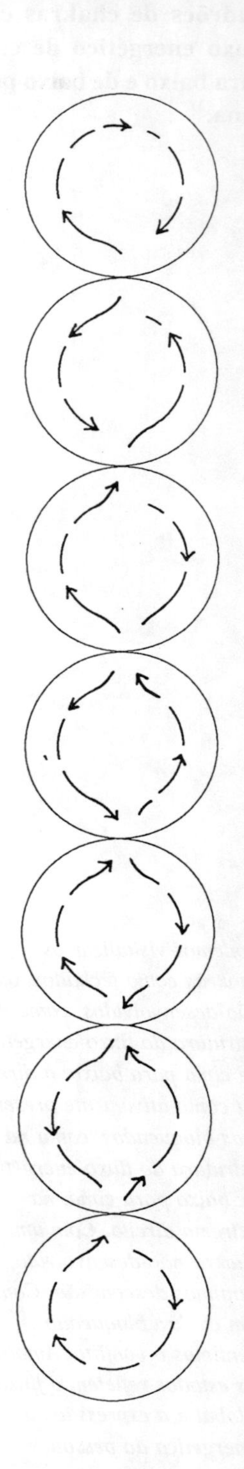

Os chakras, girando como engrenagens, encaixam-se uns nos outros quando são suficientemente grandes para se tocarem. O caminho serpentino de energia fluindo através das "engrenagens" simboliza a oscilação da energia Kundalini.

no extremo, uma espécie de "personalidade dividida". A cura aqui está em conectar mente e corpo e concentrar-se nas questões dos chakras bloqueados.

É uma tendência humana irmos na direção do que fazemos bem e evitar o que é difícil. A pessoa "de cima para baixo" com mais probabilidade lerá livros para o desenvolvimento pessoal em vez de participar de uma aula de aeróbica. Tipos calmos gostam de fazer ioga, enquanto tipos energéticos estudam artes marciais. Ao trabalhar no desenvolvimento dos chakras, é importante desenvolver as áreas mais débeis. Se a meditação for difícil para você, continue procurando uma maneira de começar a praticá-la. Se os exercícios não o atraem, procure encontrar algo que os torne mais atraentes. Depois que a resistência inicial se dissipar, com grande probabilidade você descobrirá grande valor na sua atividade.

Onde Você Está Agora?

Pontos Fortes e Pontos Fracos

Depois de terminar sua jornada pelos sete chakras, é hora de fazer uma avaliação geral de todo o sistema. No seu diário, trace uma linha de alto a baixo no meio da página e escreva num dos lados o título *Pontos Fortes* e no outro *Pontos Fracos*. Escreva sua avaliação para cada chakra, e examine como os pontos fortes e os pontos fracos podem afetar os chakras. Seja o mais honesto possível com relação a onde você está, inclusive compartilhando sua avaliação com um amigo de confiança para verificar se suas percepções se equiparam às percepções de alguém que o conhece bem.

Os Sete Direitos

- Numa escala de um a dez, quanto você sente que reconquistou de seus sete direitos básicos referentes a cada chakra?

  O Direito de Ter
  O Direito de Sentir, o Direito ao Prazer
  O Direito de Agir
  O Direito de Amar e de Ser Amado
  O Direito de Falar e de Criar
  O Direito de Ver
  O Direito de Saber

- Que trabalho você ainda precisa fazer para recuperar esses direitos plenamente?

Avaliação dos Relacionamentos

Depois de termos uma percepção do nosso equilíbrio geral, podemos examinar como os nossos padrões de chakra se manifestam nos relacionamentos. Nossa tendência natural é buscar o equilíbrio, consciente ou inconscientemente. Se não conseguimos encontrá-lo dentro de nós, iremos em busca de parceiros que de alguma maneira nos irão equilibrar, quase sempre de modo inconsciente. O exame do nosso sistema de chakras com relação a outro sistema pode informar-nos em que pontos provavelmente ocorrerão os problemas e os benefícios ligados aos relacionamentos.

Se, por um lado, nossa tendência inconsciente é encontrar o equilíbrio com outra pessoa e dirigir-nos para aquilo que precisamos para nos desenvolvermos, por outro lado é também verdade que os padrões de chakras tendem a se perpetuar e a se fortalecer a si mesmos. Duas pessoas com fluxo energético de cima para baixo podem passar um longo tempo intelectualizando, ao passo que estruturas de fluxo energético de baixo para cima podem fortalecer o apego ao mundo material às expensas do desenvolvimento espiritual.

Desenhe um diagrama do seu Sistema de Chakras, à esquerda, e o do seu parceiro, à direita. Faça um círculo pequeno e preto para um chakra fechado ou deficiente e um grande e preto para um chakra excessivo. Para um chakra aberto e forte, desenhe um círculo grande e aberto. Os níveis intermediários podem ser parcialmente sombreados. O tamanho do círculo pode representar sua avaliação acerca do desenvolvimento do chakra. Você também pode ter um chakra basicamente aberto, mas em conflito, como em alguém que tem um apelo sexual muito forte mas tem dificuldade para atingir o orgasmo, ou alguém que tem poderes psíquicos mas que é perseguido por pesadelos.

Agora, examine os dois sistemas lado a lado. Chakras abertos próximos um do outro tenderão a reforçar-se reciprocamente, com muita troca de energia nesses níveis. Um chakra fechado tenderá a retirar energia de um chakra aberto do parceiro, como uma pessoa emocionalmente bloqueada que precisa de alguém mais aberto para ajudá-la a perceber seus sentimentos. Chakras abertos em extremidades opostas às do parceiro tenderão a se equilibrar, como no caso de pessoas inteligentes que se orientam para a base sólida do companheiro.

Desenhe setas entre os chakras que apresentam maior possibilidade de atração entre si, e trace uma linha de pontos entre os que têm probabilidade de apresentar problemas.

Como esses desenhos refletem a sua experiência do relacionamento?

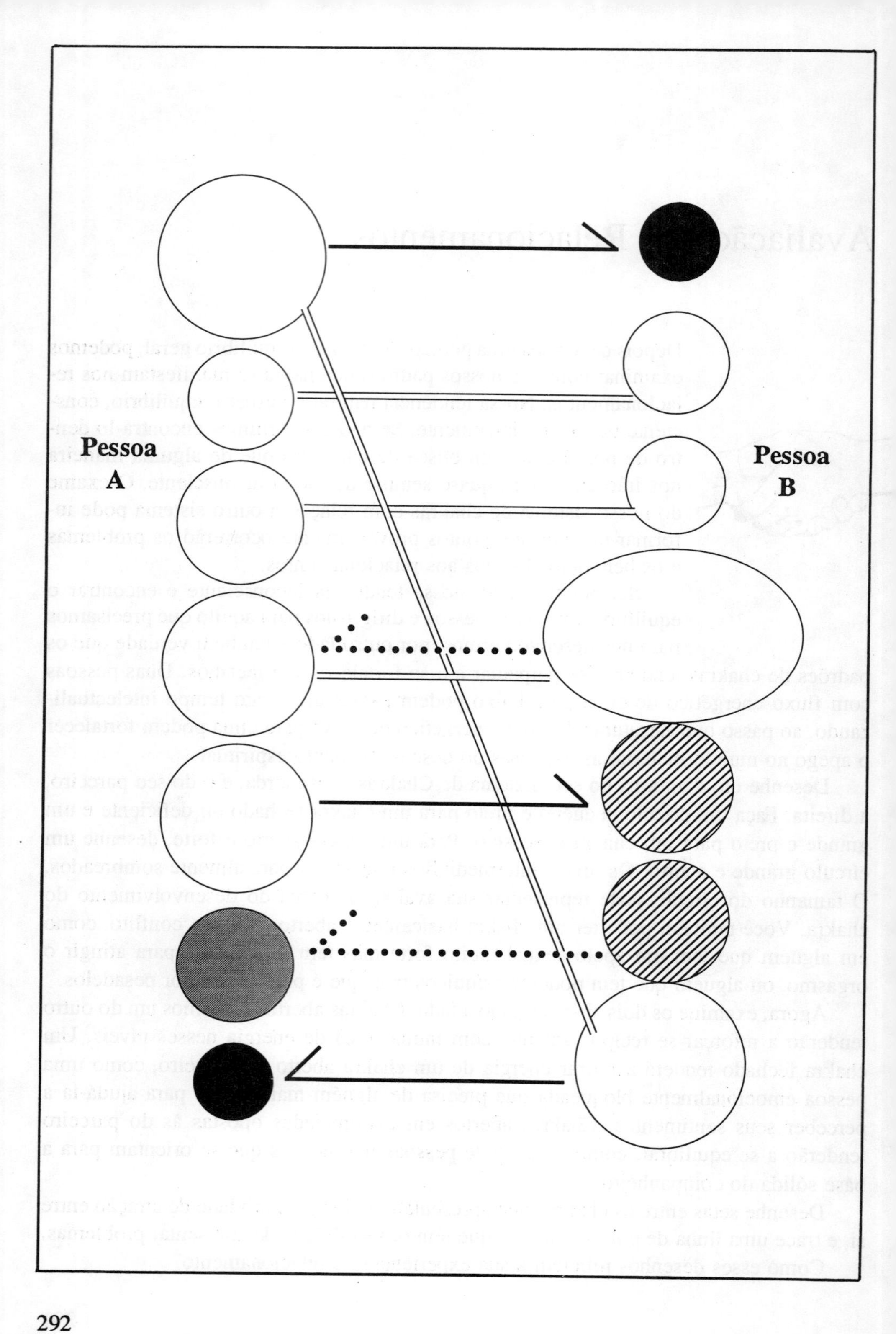
Pessoa
A
Pessoa
B

Quais são os chakras que estão funcionando nas áreas em que você tem mais problemas nesse relacionamento?

Que pontos fortes do chakra você poderia usar para ajudá-lo a combater esses problemas?

Para obter mais informações, você poderia comparar a estrutura de chakras do seu parceiro com a estrutura de chakras do seu pai, se o paciente for do sexo masculino, ou com a da sua mãe, se for do sexo feminino, e ver se há semelhanças ou grandes diferenças. Esse exercício também pode ser feito com os seus filhos, com o seu patrão ou com uma pessoa que você considere de relacionamento particularmente difícil.

Descrição do Diagrama do Relacionamento entre os Chakras

No diagrama da página anterior, a pessoa A apresenta basicamente um fluxo energético de cima para baixo com grande abertura e desenvolvimento nos chakras superiores. A pessoa B apresenta um fluxo energético de baixo para cima com um quarto chakra desequilibrado. A modo de estereótipo, poderíamos imaginar aqui o relacionamento heterossexual americano médio, onde A é o macho positivo, intelectual, e B é o tipo doméstico, devotado, embora essas estruturas possam ocorrer com qualquer sexo.

A é atraído pela base resistente e sólida de B e pelo que parece ser uma qualidade nutritiva, devido ao chakra do coração bem desenvolvido e ao segundo chakra moderadamente aberto. B é atraída ao intelecto de A, e existe certo nivelamento nas áreas da intuição e da comunicação, como também a base para uma boa ligação cordial. A ligação mais forte será entre a coroa de A e a base sólida de B, já que isso a estimulará intelectualmente e o ajudará a estar em seu corpo. Essa é uma ligação mútua.

As linhas reforçadas representam trocas basicamente unidirecionais, as linhas duplas representam energia recíproca e as linhas pontilhadas refletem trocas em conflito. Já que A está fora do seu corpo, sua energia sexual está bastante bloqueada. O segundo chakra de B está um pouco mais aberto, com alguns bloqueios, e nós podemos imaginar que eles teriam conflitos sexuais mascarados pela atitude maternal dela com relação a ele. A tem um terceiro chakra bastante forte, enquanto que o terceiro chakra de B está mais bloqueado; por isso, ela pode deixá-lo assumir a condução na maioria das questões que exigem positividade. Por ela não obter o prazer que precisa, seu segundo chakra não estimula o seu senso de poder. A energia bloqueada do segundo e do terceiro chakras transborda para o chakra do coração, que então se expande excessivamente na tentativa de fechar a lacuna, dando em demasia com a esperança de receber o amor que ela precisa. Este chakra de coração excessivo beira a co-dependência, o que pode produzir ligações do coração conflituosas misturadas com a forte ligação do coração que os une.

Apesar dos conflitos, há muita coisa que pode ser dita sobre esse relacionamento. Se A e B puderem transformar seus conflitos em oportunidades para o crescimento, cada um poderá se beneficiar dos pontos fortes do outro.

Trabalho com o Movimento

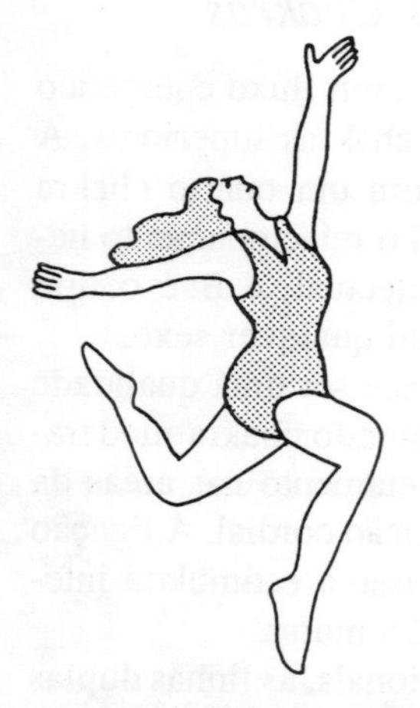

Agora que você testou as práticas de movimento de cada chakra, crie a sua própria seqüência de movimentos selecionando um movimento ou postura de cada chakra. Elabore transições graciosas entre eles e pratique essa seqüência até conhecê-la bem. Você pode usá-la para percorrer o seu sistema de chakras sempre que desejar. Você pode incluir visualizações que acompanhem o movimento de cada chakra, ou usar essa seqüência com a meditação das cores do arco-íris do chakra seis para intensificar seus efeitos.

Outra abordagem seria montar uma fita com suas músicas preferidas para cada chakra. Você pode usar essa fita para improvisar cada vez que quiser refazer a jornada dos chakras por meio do movimento. A jornada da dança improvisada também pode ser feita sem música, abrindo-o aos movimentos apropriados a cada chakra no momento, sem a influência da música ditando o que deveria acontecer. Essa pode ser uma dança-diagnóstico que lhe fornecerá informações sobre o que está acontecendo em cada chakra, visto que isso se expressa no movimento.

A coisa mais importante é lembrar que o seu corpo é uma parte integrante da compreensão de si mesmo e do seu processo de desenvolvimento contínuo. Encontre uma maneira de incluir o movimento em sua prática e você terá como recompensa informações sobre o seu estado de ser e também a ligação com uma fonte de prazer e de expressão. Uma prática de movimentos diária não precisa ser estafante para fortalecer a sensação de estar plenamente no seu corpo e de estar plenamente envolvido com sua vida e desenvolvimento.

Atividades Práticas

Avaliação Diária

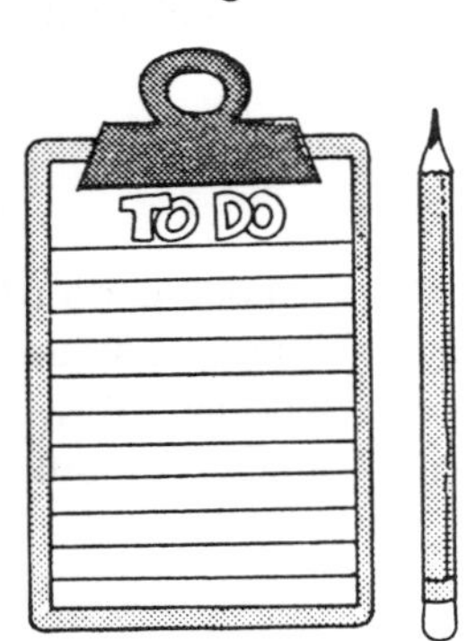

Faça em si mesmo uma breve leitura dos chakras, no início ou no fim de cada dia, ou uma vez por semana. Com um pequeno esforço você pode elaborar uma tabela de suas leituras, procurando ver se existe algum padrão. Comece pela base e pergunte-se, "aberto ou fechado?" e marque 0 para aberto e X para fechado. Você também pode registrar os seus sentimentos do momento, as condições de sua vida, os exercícios que está fazendo ou deixando de fazer, e outras relações que pareçam pertinentes.

Se você perceber que um dos seus chakras está passando por uma crise, fechando-se, ou precisando de atenção, retome alguns dos exercícios para esse chakra e trabalhe com ele por certo tempo. Lembre-se, porém, que todos os chakras estão inter-relacionados e que raramente um problema é causado por um chakra apenas. Não deixe de se perguntar se um outro chakra poderia servir de ajuda (como trabalhar com o embasamento para diminuir a falta de força).

Prática Diária

Recomendamos com ênfase meditações e purificações diárias. Simplesmente reserve algum tempo para ficar em silêncio e deixar sua energia acomodar-se. Exercícios de respiração (pranayama) são bons para sua energia e espírito em geral, estimulando todos os chakras. E também são ótimos os exercícios físicos, a massagem, o sexo, a diversão, festas visuais e auditivas e o aprendizado de coisas novas. O exercício do chakra seis, o de visualizar as cores do arco-íris para cada chakra, é uma boa meditação para purificar e energizar os chakras ligados ao plano mental. Dança livre, ioga e trabalho de corpo são bons meios de energizar os chakras relacionados com o plano físico.

Exercício Diário

Se você consegue fazer só uma coisa, recomendamos o exercício diário para o restabelecimento do equilíbrio, especialmente com a meditação da Árvore da Vida (ver p. 82). Direcionar sua energia para a terra e criar raízes nela pode ser muito eficaz no sentido de criar a harmonia. Em seguida, deixar que a energia suba e se derrame sobre o chakra da coroa abre a percepção de todos os chakras.

Não se esqueça de se concentrar na direção que sua energia precisa ir para poder equilibrar-se. Isto significa que se você for basicamente uma estrutura energética "com peso em cima", mais mental do que física, é melhor concentrar-se em enviar a energia para baixo através dos chakras, para a corrente de manifestação. Se você se apóia mais nos seus chakras inferiores, com uma tendência a ficar indolente ou fixado, então você precisa concentrar-se na corrente de liberação, movendo sua energia para cima. Em todas as coisas, o equilíbrio é a sua meta.

Trabalho com Outras Pessoas

Forme um grupo para partilhar esse material com outros. Não há maneira melhor de aprender alguma coisa do que visualizar o modo de ensiná-la!

Integração

Seja criativo com relação ao modo como você se integra. Não existe um modo certo e único. Os melhores exercícios são aqueles que você desenvolve para si mesmo porque funcionam para você. (Foi neste ponto que começamos com todo este material!) Basicamente, se você entende o sistema, o modo de usá-lo depende unicamente da sua imaginação. Divirta-se!

Ingresso no Espaço Sagrado

Ao terminarmos o curso intensivo de nove meses, pedimos aos alunos que criem seu próprio ritual como uma celebração do nosso trabalho conjunto. Cada aluno escolhe um chakra sobre o qual trabalhará, e cada dupla ou grupo cria o segmento do ritual que nos levará através de um chakra. Nós juntamos esses segmentos, trazemos alimentos e celebramos juntos.

Se você vivenciou com um grupo as jornadas pelos chakras que apresentamos, você pode seguir o exemplo e criar um ritual em conjunto com o grupo. Se trabalhou sozinho, decida por si o que gostaria de fazer para cada um dos chakras e em seguida realize o ritual individualmente. Como alternativa, você poderia convidar alguns amigos interessados e celebrar com eles o seu ritual dos chakras.

Parabéns!

Concluímos nossa exposição aqui, depois de entrar no espaço sagrado para celebrar o término deste ciclo da *Via Sétupla*.

Parabéns! Se você percorreu seu caminho, passo a passo, através deste manual, você conhece melhor do que ninguém o trabalho e a dedicação exigidos. Esperamos sinceramente que o crescimento e a cura recebidos tenham tornado a caminhada frutífera.

Depois de terminar esta jornada em particular, esperamos que você tenha agora uma estrutura sólida para continuar o trabalho em sua vida — que você retorne a estes exercícios muitas vezes — dedicando-se aos chakras que apresentem dificuldades específicas ou às questões que possam surgir em diferentes épocas da sua vida. É sua a oportunidade de continuar a Via Sétupla a seu modo, revisitando lugares conhecidos em si mesmo e descobrindo novos territórios com cada giro das rodas interiores.

Na verdade, a jornada rumo à iluminação nunca termina, mas se expande e se transforma para muito além de uma série de exercícios e de tarefas para abarcar a sua vida toda. A estrutura dos chakras permeará as atividades dos seus dias, sua compreensão de si mesmo e sua relação com o mundo em que você vive. Possam suas excursões futuras ser plenas e prazerosas!

Fontes

Cursos

Selene e Anodea ministram anualmente um *Curso Intensivo sobre os Chakras* na Califórnia, e viajam a outras partes do país para cursos mais curtos de final de semana. Recebemos com satisfação avaliações e sugestões sobre o material aqui exposto, pois esta foi a maneira como nossas informações cresceram e se desenvolveram no decurso do tempo. Para escrever para as autoras, ou para maiores informações sobre cursos e aulas, entrar em contato com

LIFEWAYS, 2140 Shattuck Ave. Box 2093, Berkeley, CA 94704.

Fitas

Existe também uma fita de meditação que acompanha o livro:
Journey Through the Chakras, disponível através da:
Association for Consciousness Exploration
1643 Lee Rd. Rm 9, Cleveland Heights, OH 44118.

Livros

O primeiro livro de Anodea, *Wheels of Life: A User's Guide to the Chakra System*, contém descrições mais extensas dos chakras, aprofundando mais a filosofia e dedicando-se menos à prática. Pode ser obtido através de:

Llewellyn Publications, P.O. Box 64383, St. Paul, MN 55164.

Kasl, Charlotte. *Many Roads, One Journey*. Harper.
Levine, Stephen. *Guide Meditations, Explorations and Healings*. Anchor Books.
Macy, Joanna, *World as Lover, World as Self.* Parallax Press.
Small, Jacquelyn. *Transformers*. DeVorss.

Anodea Judith, uma das principais autoridades sobre a integração dos chakras e as questões terapêuticas, é a autora de *Wheels of Life: A User's Guide to the Chakra System*. Ela tem um M.A. em Psicologia Clínica e treinamento em bioenergética, acupressura e xamanismo.

Selene Vega é educadora, com um M.A. em Psicologia Clínica. Ela ministra aulas e cursos sobre danças sagradas e seminários universitários sobre terapia do movimento e das drogas. Ambas as autoras residem no norte da Califórnia.

DEPOIMENTOS DE ALUNOS DO CURSO INTENSIVO SOBRE OS CHAKRAS, BASE DESTE LIVRO:

"*Turning the Wheels of Life* foi uma experiência definitiva. Eu posso dizer com toda a honestidade que a minha vida melhorou desde que participei do curso e incorporei alguns dos exercícios na minha rotina diária. Embora meu contato com os chakras tivesse sido mínimo antes desse curso, descobri que ele me ofereceu um quadro de referência para alguns fenômenos até então inexplicáveis. O que aprendi influenciou muitos aspectos da minha vida familiar, profissional e até da minha saúde física. O investimento foi válido."

Carmalita Marshall Kemayo, MA/LMFCC

"O Curso Intensivo sobre os Chakras é verdadeiramente uma jornada de transformação. Detendo-me em cada chakra, pude perceber maneiras novas de levar a cabo mudanças positivas na minha vida. Esta é uma jornada que eu repetiria com a maior boa vontade e que recomendo enfaticamente a todos os que desejam passar pelo processo de transformação pessoal."

Jessica Weiss

"Comecei a sentir algumas mudanças — uma confiança maior, uma ligação maior, talvez um pouco mais de controle. Percebi que estabelecia relações novas com as pessoas."

David Isler

"Foi uma jornada abrangente no rumo da cura e da transformação de mim mesma."

Cathy Eberle

MÃOS DE LUZ

Barbara Ann Brennan

Este livro é de leitura obrigatória para todos os que pretendem dedicar-se à cura ou que trabalham na área da saúde. É uma inspiração para todos os que desejam compreender a verdadeira essência da natureza humana.
ELISABETH KUBLER-ROSS

Com a clareza de estilo de uma doutora em medicina e a compaixão de uma pessoa que se dedica à cura, com quinze anos de prática profissional observando 5000 clientes e estudantes, Barbara Ann Brennan apresenta este estudo profundo sobre o campo energético do homem.

Este livro se dirige aos que estão procurando a autocompreensão dos seus processos físicos e emocionais, que extrapolam a estrutura da medicina clássica. Concentra-se na arte de curar por meios físicos e metafísicos.

Segundo a autora, nosso corpo físico existe dentro de um "corpo" mais amplo, um campo de energia humana ou aura, através do qual criamos nossa experiência da realidade, inclusive a saúde e a doença. É através desse campo que temos o poder de curar a nós mesmos.

Esse corpo energético – pelo qual a ciência só ultimamente vem se interessando, mas que há muito é do conhecimento de curadores e místicos – é o ponto inicial de qualquer doença. Nele ocorrem as nossas mais fortes e profundas interações, nas quais podemos localizar o início e o fim de nossos distúrbios psicológicos e emocionais.

O trabalho de Barbara Ann Brennan é único porque liga a psicodinâmica ao campo da energia humana e descreve as variações do campo de energia na medida em que ele se relaciona com as funções da personalidade.

Este livro, recomendado a todos aqueles que se emocionam com o fenômeno da vida nos níveis físicos e metafísicos, oferece um material riquíssimo que pode ser explorado com vistas ao desenvolvimento da personalidade como um todo.

Mãos de Luz é uma inspiração para todos os que desejam compreender a verdadeira essência da natureza humana. Lendo-o, você estará ingressando num domínio fascinante, repleto de maravilhas.

EDITORA PENSAMENTO

LUZ EMERGENTE

A Jornada da Cura Pessoal

Barbara Ann Brennan

O primeiro livro de Barbara Ann Brennan — *Mãos de Luz*, publicado pela Editora Pensamento — consagrou-a como uma das mais talentosas mestras da atualidade no seu campo específico de atuação. Agora, neste seu novo livro há muito esperado, ela continua sua pesquisa inovadora sobre o campo energético humano e sobre a relação de nossas energias vitais com a saúde, com a doença e com a cura.

Com base em muitas das novas descobertas que ela fez na sua prática diária, a autora mostra de que modo tanto os pacientes como os agentes de cura podem ser energizados para entender melhor e trabalhar com o nosso poder de cura mais essencial: a luz que se irradia do próprio centro da condição humana.

Nas suas várias partes, este livro explica como e por que a imposição das mãos funciona; descreve o que um curador pode ou não fazer para beneficiar as pessoas, ensina a forma básica de uma sessão de cura e como uma equipe constituída por um curador e um médico pode funcionar com resultados excelentes; apresenta depois o conceito do sistema interno de equilíbrio e mostra como podemos desenvolver doenças quando não seguimos a orientação desse sistema; transcreve a seguir uma série de interessantes entrevistas com pacientes que ajudam a explicar o processo de cura de um modo muito simples; explica o modo como os relacionamentos podem afetar a saúde, tanto positiva como negativamente, e propõe, para finalizar, maneiras práticas de criar relacionamentos saudáveis, além de mostrar a conexão entre saúde, doença e cura com o processo criativo.

O livro traz, ainda, uma série detalhada de casos clínicos esclarecedores, propõe exercícios, além de incluir ilustrações em preto e branco ou em cores para a melhor compreensão do texto.

Apresentando os aspectos práticos e teóricos desse novo campo de pesquisa, Barbara Ann Brennan coloca-se na liderança da prática da cura na nossa época.

EDITORA CULTRIX

CERIMÔNIAS DE TRANSFORMAÇÃO

Rituais que você mesmo pode criar para celebrar e transformar a sua vida

Lynda S. Paladin

Este livro responde a um anseio contemporâneo. Ele reacende e revitaliza uma das mais naturais e necessárias atividades humanas: a participação ativa, por intermédio de cerimônias e de rituais, no processo de criação e manifestação. Ele trata do ritual dinâmico e inovador — da celebração criativa de mitos.

Neste livro inovador, Lynda Paladin oferece-nos uma visão geral de símbolos e enredos, visando à expressão e ao reconhecimento de nossas aspirações e nossos louvores. Ele nos orienta quanto ao preparo e ao desempenho de nossas próprias histórias individuais e coletivas, pois um dos maiores desafios com que nos defrontamos, seja do ponto de vista cultural, seja individual, é a necessidade de criar cerimônias significativas em nossa vida social e pessoal. Nossa mente precisa religar-se com o nosso espírito.

Cerimônias de Transformação nos dá uma estimulante síntese da sabedoria antiga, de tradições temperadas pelo tempo, elementos contemporâneos e liberdade criativa para criar os nossos próprios rituais e cerimônias de passagem.

Enfim, um livro moderno e indispensável para quem quer compreender o valor sagrado dos rituais e dos símbolos na transformação da consciência.

EDITORA PENSAMENTO